Rainer Scherg    EIB planen, installieren und visualisieren

Rainer Scherg

# EIB planen, installieren und visualisieren

Planung, Installation und Visualisierung in der Gebäudesystemtechnik

2., erweiterte Auflage

Vogel Buchverlag

**Rainer Scherg**
ist seit seiner Meisterprüfung 1986 als Ausbildungsmeister tätig. Er betreute von 1986 bis 1989 ein Berufsbildungswerk und arbeitet seit 1989 vorwiegend in der Meisterausbildung und Erwachsenenbildung der Elektroinnung Würzburg. 1994 absolvierte er eine Ausbildung zum Betriebswirt.

*Haftungsausschluss, Warenzeichen und Herstellerhinweis*
Texte und Bilder wurden mit größter Sorgfalt erstellt. Dennoch können Fehler nicht ausgeschlossen werden. Eine juristische Verantwortung oder Haftung für direkte oder indirekte Folgeschäden aus Anwendungen des Buches ist deshalb ausgeschlossen.

Im Buch genannte Erzeugnisse mit eingetragenem Warenzeichen wurden nicht besonders gekennzeichnet. Aus dem Fehlen des eingetragenen Warenzeichens kann nicht geschlossen werden, dass es sich um einen freien Warennamen handelt, ebensowenig ist zu entnehmen, ob Patent- oder Gebrauchsmusterschutz vorliegen.
Beispielhafte EIB-Anwendungen, die auf ein bestimmtes Fabrikat oder einen bestimmten Hersteller zurückgeführt werden können, sind zufällig und stellen keine Empfehlung dar.
Bei Recherchen für dieses Buch konnte sich der Autor überzeugen, dass bei allen Herstellern von EIB-Produkten für Auskünfte zum EIB kompetente Berater zur Verfügung stehen.

## Weitere Informationen:
## www.vogel-buchverlag.de

ISBN-13: 978-3-8343-3055-0
ISBN-10: 3-8343-3055-8
2. Auflage 2006
Alle Rechte, auch der Übersetzung, vorbehalten. Kein Teil des Werkes darf in irgendeiner Form (Druck, Fotokopie, Mikrofilm oder einem anderen Verfahren) ohne schriftliche Genehmigung des Verlages reproduziert oder unter Verwendung elektronischer Systeme verarbeitet, vervielfältigt oder verbreitet werden. Hiervon sind die in §§ 53, 54 UrhG ausdrücklich genannten Ausnahmefälle nicht berührt.
Printed in Germany
Copyright 2004 by
Vogel Industrie Medien GmbH & Co. KG,
Würzburg
Umschlaggrafik: Michael M. Kappenstein, Frankfurt/M.
Herstellung: dtp-project Peter Pfister,
97222 Rimpar-Maidbronn

# Vorwort

Sensibilisiertes Energiebewusstsein und ständige Änderungen im Zweckbau führen heute bei der konventionellen Elektroinstallation sehr schnell an die Grenzen der Schaltungsmöglichkeiten. Die Gebäudesystemtechnik ist aber durch zunehmende Ansprüche der Betreiber von elektrischen Anlagen und durch fortschreitende technische Entwicklungen eine Technik mit kontinuierlich wachsenden Perspektiven. Wünschenswert war daher eine flexibel schaltbare Installation, die Schaltungsvarianten durch Umprogrammieren statt durch Umverdrahten löst. Das ist einfacher durchführbar, und diese Anlagen sind leichter und schneller zu bedienen.

Mit dem *Europäischen Installationsbus, EIB*, wurde deshalb ein praktisches Instrument der programmierbaren Bedienung von Elektroinstallationen entwickelt – ein Baustein, der bei Innovationen in der Gebäudesystemtechnik auch zukünftig komfortable und kostengünstige Problemlösungen garantiert. Getragen wird diese Entwicklung von mehr als 200 namhaften europäischen Industriefirmen, die sich im Dachverband EIBA sc, Brüssel, zusammengeschlossen haben.

Wie diese Technik funktioniert, können Planer, Meister, Techniker und Monteure der Elektrotechnik in diesem Buch nachvollziehen. Komplexe Schaltungen, z.B. von Jalousien-, Heizungs- und Lichtsteuerungsanlagen, werden detailliert erklärt. Eine genaue Beschreibung der am Markt erhältlichen Zusatzkomponenten bietet einen umfassenden Überblick der vielfältigen Anwendungsmöglichkeiten dieses Bussystems.

Anhand vieler Beispiele werden alle wichtigen Grundschaltungen eingehend erläutert. Die Funktionalität aufgeführter Schaltungen wird demonstriert, auf mögliche Fehlerquellen untersucht, und es wird präzisiert, wie man die Probleme beheben kann. Das erleichtert die Projektierung von EIB-Anlagen und macht das Buch zusätzlich zu einem Nachschlagewerk bei Anwendungen der täglichen Praxis. Einen allgemeinen Überblick zum EIB liefert Kapitel 4. Dort werden einzelne Produkte geschildert, deren einwandfreie Funktion bereits in der Praxis nachgewiesen ist. Die Fortsetzung erfolgt in Kapitel 6; dort sind einzelne Schaltungen, Praxisbeispiele und Ideen in der Umsetzung erläutert.

Kenntnisse der herkömmlichen Installation und die Benutzeroberfläche Windows werden vorausgesetzt.

Ich danke allen, die die Veröffentlichung dieser Technik ermöglicht haben, insbesondere der EIBA sc, Brüssel, mit deren freundlicher Genehmigung die Software ETS 3 veröffentlicht wird, der Gesellschaft für Informationstechnik mbH, der Aston Technologie GmbH sowie den Firmen ABB, Busch Jaeger, Berker, Hager/Tehalit und Siemens.

Würzburg                                                                                                          Rainer Scherg

# Visualisierung besonders handhabungsleicht für EIB

**WinSwitch 2 SE**
**WinSwitch Comand**
**WinTouch 15**

- zeitsparende Projekterstellung durch handhabungsleichte Software bei Erst- sowie bei Repetiernutzung
- Fernbedienbar über Internet, LAN und ISDN. Meldungen über SMS und E-Mai
- WS Comand: **Multimedia-Steuerung** mit moderner innovativer Technologie (6 Audio-/ Bild-/ TV-Aplikationen)
- WinTouch: Der WinSwitch-Touchscreen-PC

**QuickVisu**

- Miniatur-Visualisierung im USB-Stick
- Alle wesentlichen Funktionen der WinSwitch enthalten

## EIB-Gateways LAN / ISDN

*iPort* **Merlin**
*iPort* **Martin**

- Abarbeiten von Logik- und Zeitschaltfunktionen, Lichtszenen
- WAP-Zugriff per Handy
- SMS Meldungsversand
- Fernkonfiguration der EIB-Anlage über ISDN/LAN (integrierter IETS-Server)

## Grundriss-/Bedientableaus

**VISU-Switch**
**VISU-Smile**

- extrem robust, repräsentativ, Fräskonturen
- tableauspezifische EIB-Funktionen möglich
- bis 640 LED/Taster raumbezogen plazierbar
- Ein-/Aufbau-/Format-/Designvarianten

**ASTON TECHNOLOGIE**
Ruhrorter Straße 9 - D-46049 Oberhausen
Tel: 0208/6201930 - Fax: 0208/6201950
Info anfordern: pinfo@aston-technologie.de

# 10 Jahre Kompetenz in Visualisierung

# Inhaltsverzeichnis

| | | |
|---|---|---|
| **Vorwort** | | 5 |
| **1** | **EIBA – KNX** | 13 |
| 1.1 | Anwendungsbereich | 14 |
| 1.2 | Grundlagen der Planung | 15 |
| **2** | **Grundlagen des Bussystems** | 21 |
| 2.1 | Aufbau von Linien und Bereichen | 21 |
| 2.2 | Adressierung | 24 |
| 2.3 | Telegrammaufbau | 26 |
| | 2.3.1 Kontrollfeld | 28 |
| | 2.3.2 Adressfeld | 29 |
| | 2.3.3 Routingzähler | 31 |
| | 2.3.4 Längenfeld | 33 |
| | 2.3.5 Prüffeld | 33 |
| | 2.3.6 Quittung | 33 |
| | 2.3.7 Auswertung | 34 |
| 2.4 | CSMA/CA-Verfahren | 37 |
| 2.5 | Zahlensysteme | 38 |
| | 2.5.1 Dezimalsystem | 38 |
| | 2.5.2 Dualsystem | 38 |
| | 2.5.3 Hexadezimalsystem | 39 |
| 2.6 | Verknüpfungen der Digitaltechnik | 40 |
| | 2.6.1 UND-Verknüpfung | 40 |
| | 2.6.2 NAND-Verknüpfung | 41 |
| | 2.6.3 ODER-Verknüpfung | 41 |
| | 2.6.4 NOR-Verknüpfung | 42 |
| | 2.6.5 ÄQUIVALENZ-Verknüpfung | 42 |
| | 2.6.6 ANTIVALENZ-Verknüpfung | 42 |
| 2.7 | Flags | 43 |
| 2.8 | EIS-Typ / DPT-Datenpunkttyp | 45 |
| | 2.8.1 EIS 1: Schalten | 46 |
| | 2.8.2 EIS 2: Dimmen | 46 |
| | 2.8.3 EIS 6: relative Werte | 47 |
| | 2.8.4 EIS 7: Antriebssteuerung | 48 |
| | 2.8.5 EIS 8: Priorität | 49 |
| | 2.8.6 EIS 3: Uhrzeit | 51 |
| | 2.8.7 EIS 4: Datum | 51 |
| | 2.8.8 EIS 5: Gleitkomma-Wert | 51 |
| | 2.8.9 Sonstige EIS-Typen | 51 |
| **3** | **Installationstechnik und Vorschriften** | 53 |
| 3.1 | Leitungsauswahl und Näherung | 53 |
| 3.2 | Platzbedarf / Verteiler | 56 |
| 3.3 | Anzahl der Linien | 57 |
| 3.4 | Überspannungsschutz | 58 |

| | | |
|---|---|---|
| 4 | Systemkomponenten | 61 |
| 4.1 | Datenschiene | 61 |
| 4.2 | Spannungsversorgung | 62 |
| 4.3 | Drossel | 64 |
| 4.4 | Busankoppler | 66 |
| 4.5 | Verbinder und Klemmen | 68 |
| 4.6 | Tastersensoren | 68 |
| 4.7 | Jalousien Taster und Jalousien-Aktor | 71 |
| 4.7.1 | Funktionsbeschreibung | 72 |
| 4.8 | Schaltaktor | 76 |
| 4.9 | Schalt-Dimm-Aktor | 82 |
| 4.9.1 | Relatives Dimmen (EIS 2) | 83 |
| 4.9.2 | Absolutes Dimmen (EIS 6) | 83 |
| 4.10 | Lichtszenenbaustein | 86 |
| 4.11 | Temperatursensor | 89 |
| 4.11.1 | 2-Punkt-Regelung | 89 |
| 4.11.2 | 3-Punkt-Regelung, PI-Regler | 89 |
| 4.11.3 | Pulsweitenmodulations-Regelung (PWM-Regelung) | 89 |
| 4.11.4 | Raumtemperaturregler | 90 |
| 4.12 | Schaltaktor und Stellantriebe für Ventile | 92 |
| 4.13 | Verknüpfungsbausteine | 95 |
| 4.14 | Filter-/Zeitfunktionen | 98 |
| 4.15 | RS232-Schnittstelle | 99 |
| 4.16 | Binäreingang | 100 |
| 4.17 | Info-Display im Taster integriert (Triton) | 104 |
| 4.18 | Binäreingang UP | 109 |
| 4.19 | Bewegungsmelder – Präsenzmelder | 111 |
| 4.20 | Zeitschaltuhr – Synchronisationsuhr – DCF 77 | 112 |
| 4.21 | instabus im Telefonnetz | 113 |
| 4.22 | Kanaleinbaugeräte | 115 |
| 4.23 | Koppler | 116 |
| 4.23.1 | Erklärung der Parametereinstellungen | 119 |
| 4.24 | Busch-Powernet®-EIB | 120 |
| 4.24.1 | Übertragungsverfahren | 120 |
| 4.24.2 | Topologie | 121 |
| 4.25 | Unterbrechungsfreie Spannungsversorgung | 124 |
| 4.26 | tebis TS und EIB EASY | 125 |
| 4.27 | Diagnosebaustein | 126 |
| 4.28 | TP-Leitstelle | 127 |
| 4.29 | Applikationsbaustein | 128 |
| 4.30 | Strommodul | 130 |
| 4.31 | Leistungsmesser «Delta meter» | 131 |
| 4.32 | Meldegruppenterminal | 132 |
| 4.33 | Rauchmelder | 132 |
| 4.34 | Analogeingang und Wetterstation | 133 |
| 4.35 | Funk-Umsetzer | 135 |
| 4.36 | Zusammenfassung | 135 |
| 5 | ETS 3 | 137 |
| 5.1 | Datenimport | 140 |
| 5.2 | Projektierung | 141 |
| 5.2.1 | Projekt anlegen | 142 |
| 5.2.2 | Einteilung in die Gebäudestruktur | 142 |

|  | 5.2.3 | Einfügen von Geräten | 143 |
|---|---|---|---|
|  | 5.2.4 | Physikalische Adresse einstellen | 145 |
|  | 5.2.5 | Teilnehmereinstellungen vornehmen | 146 |
|  | 5.2.6 | Programm ändern | 148 |
|  | 5.2.7 | Gruppenadressen anlegen | 150 |
|  | 5.2.8 | Verbinden der Geräte mit den Gruppenadressen Löschen von Gruppenadressen | 152 |
|  | 5.2.9 | Topologie zuordnen | 155 |
|  | 5.2.10 | Anlage prüfen | 156 |
|  | 5.2.11 | Objekte bearbeiten | 156 |
|  | 5.2.12 | Filtertabelle erstellen | 157 |
|  | 5.2.13 | Filter anwenden | 157 |
| 5.3 | | Inbetriebnahme | 158 |
|  | 5.3.1 | Kommunikation mit dem Bus | 158 |
|  | 5.3.2 | Programmierung durchführen | 159 |
|  | 5.3.3 | Physikalische Adresse vergeben | 161 |
|  | 5.3.4 | Applikationsprogramm laden | 162 |
| 5.4 | | Diagnosefunktionen | 162 |
|  | 5.4.1 | Geräteinformationen übertragen (auslesen) | 162 |
|  | 5.4.2 | Physikalische Adresse prüfen und suchen | 164 |
|  | 5.4.3 | Telegramme aufzeichnen – Busmonitor verwenden | 165 |
|  | 5.4.4 | Telegramme mit dem PC senden | 167 |
|  | 5.4.5 | Wert lesen mit dem PC | 168 |
|  | 5.4.6 | Teilnehmer entladen | 169 |
|  | 5.4.7 | Teilnehmer zurücksetzen | 170 |
| 5.5 | | Extras – Anpassen der Oberfläche | 170 |
| 5.6 | | Datensicherung und Ausdruck | 172 |
|  | 5.6.1 | Drucken | 172 |
|  | 5.6.2 | Projekte importieren/exportieren | 173 |

# 6 Funktionen — 175

| 6.1 | Ein-/Aus-Funktion allgemein | 175 |
|---|---|---|
| 6.2 | Ein-/Aus-Treppenhausfunktion | 177 |
| 6.3 | Ein-/Aus-Treppenhausfunktion und Dauerlicht | 178 |
| 6.4 | Ein/Aus mit Einschaltverzögerung | 181 |
| 6.5 | Ein/Aus mit Ausschaltverzögerung | 182 |
| 6.6 | Ein/Aus mit UND-Verknüpfung | 183 |
| 6.7 | Ein/Aus mit ODER-Verknüpfung | 184 |
| 6.8 | Ein/Aus mit Zeitumschaltung | 184 |
| 6.9 | Ein/Aus über einen Binäreingang bzw. Tasterschnittstelle | 187 |
| 6.9.1 | Konventioneller Taster mit Ein-/Aus-Funktion | 187 |
| 6.9.2 | Taster mit Mehrfachbetätigung | 188 |
| 6.9.3 | Taster als Schaltfolge | 189 |
| 6.9.4 | Taster alle Möglichkeiten («Gray-Code») | 190 |
| 6.10 | Ein/Aus mit Lampentest oder «Dauer EIN» | 190 |
| 6.11 | Ein/Aus mit Sperren | 190 |
| 6.12 | Ein/Aus mit Status und Rückmeldung | 191 |
| 6.13 | Ein/Aus als Vorrang (2-Bit-Befehl) | 192 |
| 6.14 | Ein/Aus als Zentralfunktion | 195 |
| 6.15 | Dimmen allgemein | 197 |
| 6.16 | Dimmen ein- und ausschalten | 199 |
| 6.17 | 2-mal dimmen und 2-mal schalten mit dem 4fach-Taster | 199 |
| 6.18 | Dimmen mit Binäreingang | 200 |

6.19  Lichtwerte setzen .................................................. 201
6.20  Lichtwert setzen mit Binäreingang .................................. 201
6.21  Lichtwert setzen mit EIB-Taster .................................... 202
6.22  Lichtszenen ........................................................ 203
6.23  Lichtregelung ...................................................... 204
      6.23.1  Lichtregler im Objektgeschäft ............................. 209
6.24  Jalousien-Auf-/Ab-Funktion, Lamellen- und Stopp-Funktion ........... 209
6.25  Jalousien-Windalarm ................................................ 210
6.26  Jalousien-Positionierung ........................................... 211
6.27  Heizungsanlagen Ein/Aus und Fensterkontakt ......................... 213
6.28  Heizungsanlagen mit Frostschutz .................................... 214
6.29  Heizungsanlagen mit Nachtabsenkung und Temperaturprofil ............ 215
6.30  Heizungsanlagen mit Wert setzen .................................... 216
6.31  Heizung mit Pulsweitenmodulation (PWM) ............................. 217
      6.31.1  Heizungsregelung mit der Tasterschnittstelle .............. 219
6.32  Analogwertverarbeitung ............................................. 221
      6.32.1  Licht in Abhängigkeit des Außenlichtes schalten ........... 221
      6.32.2  Licht in Abhängigkeit des Außenlichtes dimmen ............. 223
      6.32.3  Konstantlichtregelung ..................................... 225
6.33  Logikgatter: 1-Bit- bzw. 4-Bit-Verarbeitung ........................ 226
      6.33.1  Logikgatter: 1-Byte-Verarbeitung .......................... 233
      6.33.2  Logikgatter: 1-Bit-/4-Bit-/1-Byte-Verarbeitung über Torfunktion ..... 233
6.34  Windalarm unterbrechen ............................................. 234
6.35  Minitableau MT701: alte Ausführung ................................. 236
6.36  Minitableau MT701: neue Ausführung ................................. 242

## 7  Inbetriebnahme und Fehlersuche (Einführung) ........................ 243
7.1  Überspielen der Applikationen ....................................... 243
7.2  Testen der Applikationen ............................................ 244
      7.2.1  Jalousien-Aktor ............................................ 244
      7.2.2  Windwächter ................................................ 244
      7.2.3  Lichtregelungen ............................................ 245
      7.2.4  Lichtschaltung im Flur ..................................... 245
      7.2.5  Taster ..................................................... 246
      7.2.6  Taster mit Display ......................................... 246
      7.2.7  Heizungsanlage ............................................. 246
7.3  Fehlersuche ......................................................... 246
7.4  Linienkoppler ....................................................... 248

## 8  Visualisierung ..................................................... 251
8.1  Kosten .............................................................. 251
8.2  Gruppenadressen auswählen ........................................... 252
8.3  Aufbau der Kundenanlage und Erstellung eines Pflichtenheftes ........ 254
8.4  Startbild anlegen ................................................... 255
8.5  Visualisierung ELVIS ................................................ 256
      8.5.1  *.csv-Datei erzeugen ....................................... 256
      8.5.2  Elvis-Projektierung starten ................................ 257
      8.5.3  Datenpunkte importieren .................................... 259
      8.5.4  Busanschluss prüfen ........................................ 260
      8.5.5  Grundriss anlegen .......................................... 261
      8.5.6  Kontrollelemente erzeugen .................................. 263
      8.5.7  Prozessserver starten ...................................... 265
      8.5.8  Bedienstation starten ...................................... 266

|        | 8.5.9  | Fazit | 267 |
|--------|--------|-------|-----|
| 8.6 | Visualisierung WinSwitch | | 267 |
|     | 8.6.1 | Startbild anlegen | 268 |
|     | 8.6.2 | Licht ein- und ausschalten per Bildschirm | 270 |
|     | 8.6.3 | Sammelmeldung bei Stockwerkbeleuchtung | 272 |
|     | 8.6.4 | Lichtszenen zur Grundeinstellung | 274 |
|     | 8.6.5 | Texte bzw. Bilder ein- und ausblenden | 276 |
|     | 8.6.6 | Analogwerte anzeigen | 277 |
|     | 8.6.7 | Sonstige Funktionen | 278 |
|     | 8.6.8 | Fazit | 283 |

## 9 Tools — 285
- 9.1 Power Project als Leitstelle TP — 285
- 9.2 Rekonstruktion — 289
- 9.3 Design — 292

## 10 Bilder aus der Praxis — 295
- 10.1 Montage eines Ventilkopfes — 295
- 10.2 Demontageschutz von Tastern — 300
- 10.3 Verdrahtung im Verteiler — 302
- 10.4 Elektronikdose — 303
- 10.5 Kalibrierung einer Konstantlichtregelung — 305
- 10.6 Montage von Regen- und Windsensoren — 307
- 10.7 Montage von Tastsensoren — 308

## 11 Schulungen — 313
- 11.1 Parameterfenster des Raum-Controllers — 320

## Anhang — 323
- 150 Prüfungsfragen und Antworten zum Thema EIB — 323
- Glossar — 343
- Liste der DIN-/VDE-Vorschriften — 348

## Stichwortverzeichnis — 349

# 1  EIBA – KNX

EIBA (European Installation Bus Association) ist die Gesellschaft zur Betreuung und Verbreitung des EIB-Systems mit Sitz in Belgien, ein Zusammenschluss verschiedener Hersteller. Zu deren Hauptaufgaben gehört z.B. die Vergabe des EIB-Warenzeichens, Festsetzung von Prüfstandards, Überwachung von Qualität und Kompatibilität, die Vorbereitung von Normen, Absatzförderung und Koordination der Werbung.

Dies bedeutet für einen Hersteller, der ein neues Produkt für den EIB (z.B. einen Sensor, Aktor oder eine Software) auf den Markt bringen will, dass dies nur möglich ist, wenn dieses Produkt vorher geprüft wurde und die Standards der EIBA erfüllt. Damit wird für den Endverbraucher (Installateur bzw. den Kunden) Qualität und Kompatibilität zu anderen Produkten und Herstellern garantiert. Zudem wird ein sehr hoher Standard an die EMV (elektromagnetische Verträglichkeit) gestellt.

Mit diesen Voraussetzungen wurden für den Planer und Installateur die besten Bedingungen geschaffen, um Produkte der verschiedensten Hersteller optimal zu verketten und Kundenwünsche bis ins Detail zu berücksichtigen.

Ein weiterer wichtiger Schritt war am 14. April 1999 die Gründung der Konnex Association. Hiermit wurden die 3 Systeme BatiBUS, EIB und EHS auf eine gemeinsame Systemplattform gestellt und der Prozess der Zusammenführung der 3 konkurrierenden Standards geschaffen. Die wesentlichen Erweiterungen des gemeinsamen Standards sind:

❏ Funk als zusätzliches Übertragungsmedium,
❏ Systemerweiterung Heizung, Klima und Lüftung,
❏ Sicherheitsbereich,
❏ Weiße Ware (Küchengeräte usw.),
❏ zusätzliche Inbetriebnahmemechanismen wie E-Mode (Easy-Mode) und A-Mode (automatische Konfiguration).

2 Zeichen (KNX und EIB), aber nur 1 Standard. Der KNX ist kein neuer Standard, sondern eine Erweiterung des EIB-Standards. Für alle EIB-Geräte und bereits errichteten EIB-Anlagen gilt, dass diese uneingeschränkt diesem Standard entsprechen. Dies ist ein wichtiger Aspekt für alle Kunden die bereits in den EIB investiert haben!

Weitere Informationen:

Konnex Associatione  
Woulter van den Bos  
Neerveldstraat 105  
B-1200 Brussels/Belgium  
Tel.: +32(2)7 75 86 40  
Fax: +32(2)7 75 86 50  
Internet: www.konnex.org  
E-Mail: woulter.vandenBos@konnex.org

Deutsche EIB/KNX-Gruppe  
c/o Zentralverband Elektrotechnik-  
und Elektronikindustrie (ZVEI) e.V.  
Postfach 70 12 61  
D-60591 Frankfurt a.M.  
Tel.: +49(0) 63 02-2 46  
Fax: +49(0) 63 02-3 83  
Internet: www.ZVEI.org  
E-Mail: eiba@zvei.org

## 1.1 Anwendungsbereich

Durch die 2-Draht-Technik des EIB ist es möglich, jeden Busteilnehmer – Sensor oder Aktor – an jede beliebige Stelle im System zu platzieren. Damit sind die Möglichkeiten im Zweckbau nahezu unbegrenzt. Das Verschieben von Wänden lässt sich schaltungstechnisch durch das Verlängern von 2 Drähten realisieren. Müssen Schaltgruppen in der Beleuchtungstechnik geändert werden, geschieht dies dann durch umprogrammieren. Beleuchtungsanlagen lassen sich nicht nur ein- und ausschalten, sondern auch dimmen (einzeln, oder in Gruppen). Varianten mit Helligkeitswert und Zentralfunktionen sind mühelos zu realisieren. Selbst bei Busspannungsausfall kann die Beleuchtung so mit Parametern versehen werden, dass die Bürobeleuchtung bis zur Fehlerbehebung eingeschaltet bleibt. Ebenso lassen sich Jalousien mit Einzel- oder Gruppensteuerungen programmieren bzw. Jalousien positionieren. Ferner kann ein zentraler Windsensor eingebaut werden, der die Jalousien bei Sturm in eine sichere Position bringt, die selbstverständlich mit unterschiedlichen Prioritätsstufen versehen werden kann sowie auch an verschiedenen Gebäudeseiten unterschiedlich wirkt.

Aufgrund der Tatsache, dass jeder Busteilnehmer von jeder Stelle aus angesprochen werden kann, lassen sich ohne viel Aufwand Lastregelungen vornehmen. Man denke nur an die vielen Kunden, die von Elektrizitätsversorgungsunternehmen eine Maximum-Messeinrichtung haben. Mit einem Controller oder Binäreingang lassen sich an anderen Stellen im Gebäude Großverbraucher vorübergehend ab- oder zurückschalten. Eine Maßnahme, die dem Kunden unter Umständen beträchtliche Einsparungen bei den Energiekosten bringt.

Eine sehr interessante Variante ist auch die Einzelraumregelung mit Temperatursensor und Magnetventil. Hier lassen sich Einzelraumregelungen vornehmen, die in der herkömmlichen Technik so nicht zu realisieren sind. Im Zuge der neuen Wärmeschutzverordnung stellen sich auch hier neue Aufgaben, die zu erheblichen Energieeinsparungen führen können.

Anwendungsbereiche wie Melden, Anzeigen und Visualisieren lassen sich problemlos erfüllen. Folgende Varianten sind denkbar: An der Rezeption eines Hotels kann über PC kontrolliert werden, ob die Fenster geschlossen sind und das Licht gelöscht ist. Der Hausmeister erhält über ein Info-Display im Störfall eine Alarmmeldung, bei der ein Text hinterlegt werden kann. Der Kunde bekommt eine Störung der Heizungsanlage in dezenter Form auf dem Bildschirm seines TV-Gerätes angezeigt. Der Servicetechniker wird über sein tragbares Telefon vom EIB gerufen. All diese Möglichkeiten bestehen bereits und lassen sich beim Kunden realisieren.

Bei Berücksichtigung dieser Möglichkeiten (Innovation und Erweiterung) ist der Preis beachtenswert. Selbst bei aufwendigeren Schaltungen ist der Bus durchaus konkurrenzfähig. Bei einem optimalen Preis-Leistungs-Verhältnis ist auch eine Verknüpfung von Bustechnik und konventioneller Technik möglich.

Durch ständige Weiterentwicklung des Bussystems wurden weitere Module, der sog. Power-Bus (Powerline PL, Powernet), und der Funkbus geschaffen. Damit ist es möglich, auch in Altanlagen, in denen keine Busleitung verlegt wurde, oder an Glaswänden den instabus® einzusetzen.

## 1.2 Grundlagen der Planung

Grundlegend beruht das Prinzip des EIB darauf, dass Schaltinformation und Laststrom vollkommen getrennt werden. Nur an den Stellen, wo z.B. Verbraucher geschaltet sind, berühren sich die beiden Systeme. Als einleuchtendes Beispiel dient hier eine Wechselschaltung. Nach herkömmlicher Technik sind Energie und Steuerung nicht zu trennen. Der Laststrom fließt deshalb durch jeden Schalter bis zum Verbraucher (Bild 1.1).

Mit der Bustechnologie werden diese Systeme getrennt, alle Taster (Sensoren) untereinander verbunden und mit der Busspannung versorgt. Nur an den Stellen, wo die Informationen an den Verbraucher weitergeleitet werden, gibt es einen Berührungspunkt mit der Starkstromseite (Bild 1.2).

Bild 1.1
Wechselschaltung in konventioneller Technik

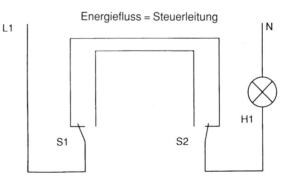

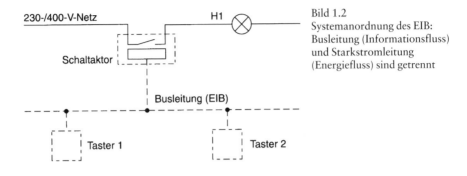

Bild 1.2
Systemanordnung des EIB:
Busleitung (Informationsfluss) und Starkstromleitung (Energiefluss) sind getrennt

Durch diese Trennung können alle Sensoren auf der Buslinie alle Aktoren beeinflussen und auf der Energieseite wirken. Ein zentrales Steuergerät ist nicht erforderlich. Als generelle Aussage kann man formulieren: Jeder gewünschten Funktion ist eine Wippe zugedacht. Wenn der Kunde also wünscht, von einer Taststelle aus das Licht zu schalten und die Jalousien zu bedienen, sind dies 2 Funktionen. Es werden dann 2 Wippen benötigt (Taster 2fach). Diese Funktion findet man in Bild 1.3 noch einmal erläutert.

Daraus lassen sich die Vorteile dieses Systems gegenüber herkömmlicher Installationstechnik deutlich erkennen. Ein Erweitern der Anlage ist problemlos möglich. Die neuen Funktionen werden nicht mehr durch Umleitung des Energieflusses realisiert, sondern durch Umprogrammieren.

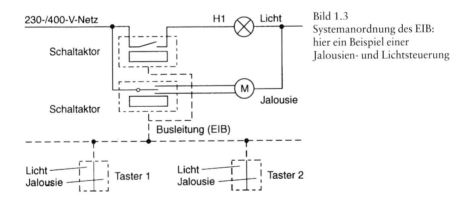

Bild 1.3
Systemanordnung des EIB: hier ein Beispiel einer Jalousien- und Lichtsteuerung

Bei geschickter Auswahl der Komponenten kann das auch zu einer Kostenersparnis führen. Wenn ein Kunde nachträglich den Einbau eines Alarmtasters wünscht, mit dem er die komplette Außenbeleuchtung einschalten will, ist das in herkömmlicher Technik ein sehr aufwendiges Unterfangen. Bei Verwendung der Bustechnologie muss nur an irgendeiner Stelle im System zwischen der Busleitung und dem Alarmtaster eine Verbindung hergestellt werden. Alle weiteren Arbeiten beschränken sich auf das Einprogrammieren der Funktion, wobei hier auch die Schaltung *nur EIN* oder *BLINKEND* möglich ist.

Will der Kunde momentan nicht in allen Bereichen den Bus einsetzen, sollte er bereits jetzt in jedem Neubau vorgesehen werden, wenn man bedenkt, dass eine Anlage 20...30 Jahre funktionsfähig ist. Eine Nachrüstung kann dann jederzeit zur Zufriedenheit des Kunden durchgeführt werden.

Um die richtige Auswahl der EIB-Geräte zu treffen, sind 3 Dinge besonders wichtig:

❏ Kenntnis über die Produkte (sowie der dazugehörigen Applikationen) der verschiedensten Hersteller von Busgeräten (viele dieser Geräte sind in Kapitel 4 beschrieben).
❏ Kenntnis über die elektrische Anlage des Kunden und die angeschlossenen Geräte.
❏ Wünsche bzw. besondere Gewohnheiten des Kunden.

Am besten arbeitet man hier mit einer Checkliste.

**Leuchten**

❏ Ist der Einbau von Aktoren in die Leuchte möglich/nötig?
❏ Sollen die Leuchten über ein Stecksystem verbunden werden?
❏ Wenn die Decke abgehängt wird, können dann Aktoren in die Zwischendecke montiert werden?
❏ Sollen die Aktoren in Unterverteilern untergebracht werden?
❏ Wie viele Unterverteiler sind nötig/möglich?
❏ Ist die Montage eines Brüstungskanals möglich, und können dort Aktoren eingebaut werden?
❏ Sollen die Leuchten gedimmt werden?
❏ Können Taster mit gespeichertem Helligkeitswert zum Einsatz kommen?
❏ Welche Leistung soll gedimmt werden?
❏ Sollen Dimmer mit Phasenanschnitt oder -abschnitt ausgewählt werden, oder sollen die Dimmaktoren die Last automatisch erkennen können?
❏ Sind Lichtszenen erforderlich?
❏ Ist eine Konstantlichtregelung angedacht?
❏ Wie hoch ist dann die Busbelastung?
❏ Werden die Leuchten über IR-Decoder oder Funk angesteuert?
❏ Sollen Trennwände (Vortragsräume) mit in die Schaltung einbezogen werden?
❏ Wo werden dann die Endschalter montiert?
❏ Soll eine außenlichtabhängige Steuerung eingebaut werden, um die Energiekosten zu senken?
❏ Sind zentrale Funktionen geplant?

- Sollen die Leuchten zwangsgeführt werden (immer Ein oder immer Aus)?
- Sind Verknüpfungen vorgesehen (UND / ODER)?
- Müssen Treppenhausfunktionen realisiert werden?
- Ist ein zeitverzögertes Schalten notwendig?
- Ist eine Tableau-Steuerung möglich?
- Sollen Bewegungsmelder eingebaut werden?
- Soll die Anlage visualisiert werden?
- Werden Bewegungsmelder benötigt?
- Ist eine Handbetätigung am Aktor im Unterverteiler wünschenswert?

**Jalousien**

- Wo werden die Aktoren eingebaut?
- Können die Aktoren für Beleuchtung und Jalousien kombiniert werden?
- Ist Rollladensteuerung oder Jalousiensteuerung erforderlich?
- Sind zentrale Funktionen geplant?
- Gibt es einen Sturmsensor für das Gebäude?
- Sollen die Jalousien positionierbar sein?
- Bei welcher Windgeschwindigkeit schreibt der Hersteller eine Sicherheitsposition vor?
- Ist die vom Hersteller der Jalousien vorgegebene Sicherheitsposition bekannt?
- Sind die Reversierzeiten (die Zeit, die der Motor stillstehen muss, bevor er die Drehrichtung wechseln darf, damit der Aktor keinen Schaden nimmt) der Motoren bekannt?

**Heizungsanlage**

- Wo werden die Aktoren für die Stellantriebe platziert?
- Ist eine stetig Regelung erforderlich, oder ist ein 2-Punkt-Regler ausreichend?
- Wie hoch ist dann die Busbelastung?
- Soll mit PWM (Pulsweitenmodulation) gearbeitet werden?
- Wie viele solcher Aktoren sind nötig?
- Wie viele Thermostate sind nötig?
- Soll die Temperatur des Raums auf ein Info-Display geführt werden?
- Wo laufen die Störmeldungen auf?
- Werden diese benötigt?
- Soll die Außentemperatur erfasst werden?
- Muss die Fußbodentemperatur erfasst werden?
- Soll beim Überschreiten der Raumtemperatur der Sonnenschutz aktiviert werden?

**Sonstiges**

❏ Wird eine Schaltuhr gewünscht?
❏ Kann eine Synchronuhr Verwendung finden?
❏ Sind Verknüpfungsbausteine notwendig?
❏ Sollen später die Funktionen der Anlage visualisiert werden?
❏ Ist der Einsatz einer Wetterstation sinnvoll?
❏ Sind Alarm- und Sicherheitsfunktionen erwünscht?
❏ Ist der Einsatz von Funk oder Powerline notwendig?
❏ Kommen Info-Displays zur Anwendung?
❏ Sind Filterfunktionen erforderlich?
❏ Wie viele RS232-Schnittstellen können verwendet werden, und wo werden diese platziert?
❏ Sind Binäreingänge notwendig, um konventionelle Schaltgeräte mit einzubinden?
❏ Sollen Funktionen telefonisch steuerbar sein?
❏ Sind Controller nötig?

In elektrischen Anlagen mit besonderer Betriebssicherheit müssen die DIN-VDE-Vorschriften unbedingt beachtet werden, weil sonst keine TÜV-Abnahme erfolgt (z.B. DIN VDE 0100 Teil 710, Anlagen in medizinisch genutzten Räumen, DIN VDE 0108 für Versammlungsstätten). Es ist besonders wichtig, mit dem Kunden schon in der Planungsphase gewünschte Funktionen zu klären (z.B.: Stromkreisaufteilung, Nachtbeleuchtung, Verbraucherstellung für Aggregatbetrieb, Notbeleuchtung, Lastmanagement, Störmeldungen usw. sowie die Visualisierung mit entsprechenden Überwachungsgeräten), um optimale und kostengünstige Busgeräte auswählen zu können.

# 2 Grundlagen des Bussystems

EIB ist ein dezentral aufgebautes System. Jeder Teilnehmer (ob Sensor oder Aktor) verfügt über einen eigenen Mikrocomputer und EEPROM. Dadurch wird ein zentrales Steuergerät überflüssig. Ein Totalausfall dieses Systems ist damit praktisch unmöglich. Der Ausfall eines einzelnen Teilnehmers bedeutet nur den Ausfall einer einzelnen Funktion im System.

Jeder Teilnehmer benötigt daher eine physikalische Adresse, damit er beim Programmieren von der ETS (Engineering Tool Software) erkannt werden kann. Die ETS enthält die für den Busteilnehmer herstellerspezifischen Daten. So wird für jeden Teilnehmer ein spezielles Programm im EEPROM hinterlegt.

Die Spannungsversorgung erfolgt über 2 Drähte (28…30 V Gleichspannung). Über die gleichen Drähte werden dann später auch Telegramme gesendet. Versorgungsspannung und Datenleitung sind also identisch! Jeder Sensor (z.B. Taster) sendet bei Betätigung ein Telegramm mit einer entsprechenden Nutzinformation. Alle anderen Teilnehmer hören am Bus diese Nutzinformationen mit. Die Teilnehmer, die die gleiche Gruppenadresse (logische Adresse oder Schaltfunktion) besitzen, reagieren am Ende auf das Telegramm mit einer Rückantwort. Eine Kollision von 2 gleichzeitig gesendeten Telegrammen wird durch das CSMA/CA-Verfahren vermieden. Sollte ein Telegramm von keinem anderen Teilnehmer gehört oder verstanden werden, wird dieses Telegramm mehrmals wiederholt. Nach einer vom Hersteller festgelegten Wiederholungsrate (in der Regel 3-mal) stellt der Teilnehmer das Senden eigenständig ein, um den Bus nicht unnötig zu belasten!

## 2.1 Aufbau von Linien und Bereichen

Die kleinste Einheit beim EIB ist eine Linie bzw. ein Liniensegment. Sie besteht in ihrer geringsten Konfiguration aus einer Spannungsversorgung mit Drossel sowie einem Sensor und einem Aktor. In einer Linie werden im Normalfall bis zu 64 Teilnehmer angeschlossen, wobei z.B. ein 4fach-Taster nur als 1 Teilnehmer zu werten ist. Dies gilt natürlich ebenso für einen Binärausgang 4fach oder einen Binäreingang 2fach. Über Linienverstärker könnten die Linien über die 64 Teilnehmer hinaus erweitert werden (Bildung von Liniensegmenten). Von solchen Möglichkeiten ist in der Anfangsphase abzuraten! In der Projektierungsphase sollte man sich mit ca. 40 Teilnehmern pro Linie begnügen, um leichter Nachprojektierungen durchführen zu können.

Als maximale Leitungslänge pro Linie sind 1000 m als absolute Obergrenze anzusehen. Zwischen 2 Teilnehmern darf eine Leitungslänge von 700 m nicht überschritten werden. Sollte es nötig sein in einer Linie mehr als 2 Spannungsversorgungen einzubauen, ist auch hier darauf zu achten, dass die beiden Drosseln mit mindestens 200 m Leitung voneinander getrennt werden (Wirkung der Induktivitäten). Jeder Teilnehmer darf nicht weiter als 350 m (Leitungslänge) von einer Spannungsversorgung entfernt sein. Bild 2.1 zeigt den topographischen Aufbau einer Linie.

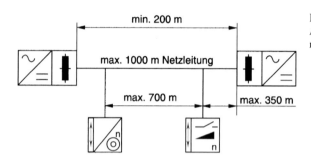

Bild 2.1
Aufbau einer Linie mit maximalen Leitungslängen

Werden diese Längen nicht eingehalten, sind Funktionsstörungen (zu lange Laufzeiten der Telegramme) nicht auszuschließen, und die Frage der Gewährleistung steht offen. Sind die Längen in einer Kundenanlage entsprechend groß, kann man durch die Verwendung mehrerer Linien die Leitungslängen entsprechend vergrößern. Die eben beschriebenen Leitungslängen gelten ja für jede Linie/Liniensegment. Damit die Linien untereinander kommunizieren können, sind Koppler nötig. Man unterscheidet hier Linienverstärker, Linienkoppler und Bereichskoppler. Koppler haben die Aufgaben, die Linien untereinander galvanisch zu trennen und Filtertabellen (nicht beim Linienverstärker) anzuwenden. Der Vorteil der galvanischen Trennung besteht darin, dass ein Kurzschluss der Versorgungsleitungen nur 1 Linie außer Funktion setzen kann. Alle anderen Linien bleiben funktionsbereit.

Die Filtertabellen, die übrigens nicht von Hand erstellt werden müssen, sondern von der ETS erstellt werden, lassen nur Telegramme passieren, die in dieser Linie auch eine Funktion auslösen. Somit wird auch die Telegrammrate in den einzelnen Linien auf ein Minimum beschränkt. Durch ein Parametrisierungsfenster in der ETS kann die Funktion Filtertabelle ausgeschaltet werden. In kleineren Anlagen ist dies vielleicht denkbar, in größeren Anlagen muss davon abgeraten werden.

In einem Bereich können bis zu 15 Linien zusammengefasst werden. Die Linie, die diese 15 Linien verbindet, wird Linie 0 oder Hauptlinie genannt (s. Bild 2.2). Aus dieser Hauptlinie könnten ebenfalls Teilnehmer platziert werden (allerdings keine Linienverstärker). Man sollte hier natürlich genau überlegen, ob man von dieser Möglichkeit Gebrauch macht. Bild 2.3 zeigt den Aufbau mit mehreren Linien und der dazugehörigen Hauptlinie.

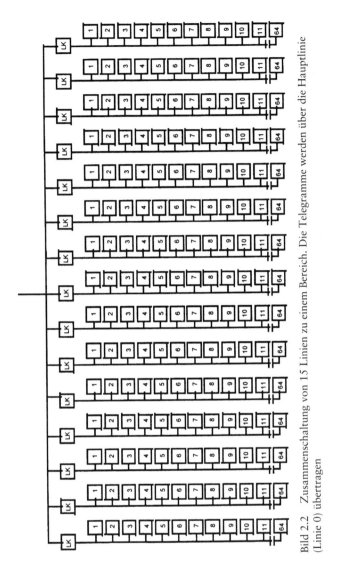

Bild 2.2 Zusammenschaltung von 15 Linien zu einem Bereich. Die Telegramme werden über die Hauptlinie (Linie 0) übertragen

Sollte diese Anordnung nicht ausreichend sein, ist es möglich, über Bereichskoppler die Anlage zu erweitern. Es können dann 15 solcher Bereiche (1...15) mit entsprechender Linienanzahl dazugeschaltet werden. So ergibt sich eine Anlagengröße mit mehreren 1000 Teilnehmern. Man beachte, dass jeder Teilnehmer mit jedem kommunizieren kann. Ein Vorteil, der so einfach anderweitig kaum zu erreichen wäre. Der Kunde hat damit nahezu unbegrenzte Schaltungsvarianten, die das Preis-Leistungs-Verhältnis günstig beeinflussen, wobei die Schaltfunktionen

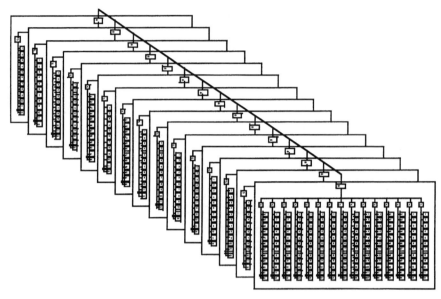

Bild 2.3   Darstellung aller Linien und Bereiche des EIB

über Gewerke hinweg funktionsfähig sind. So kann z.B. beim Einschalten der Heizungsnachtabsenkung die Jalousien zugefahren werden.

## 2.2   Adressierung

Die Adresse eines Teilnehmers wird in die physikalische und die logische Adresse (Gruppenadresse) unterteilt. Die physikalische Adresse besteht aus einer Folge von Ziffern, die mit einem Punkt unterteilt werden. Wobei die 1. Ziffer bzw. Zifferngruppe den Bereich angibt, in dem der Teilnehmer untergebracht ist. Die 2. Gruppe ist die Liniennummer und die 3. Gruppe die Teilnehmernummer.

Die Ziffernfolge 1.2.7 hat also folgende Bedeutung: Im 1. Bereich der 2. Linie, Teilnehmer Nummer 7. Die Teilnehmer haben zwar werksseitig bereits eine physikalische Adresse im EEPROM hinterlegt (Funktionsprüfung im Werk), sie kann aber jederzeit wieder geändert werden. Der Planer oder Installateur kann dem Projekt entsprechend hier Änderungen vornehmen. Werksseitig haben alle Geräte die 15.15.255 als physikalische Adresse.

Normalerweise geschieht die Vergabe der physikalischen Adressen bei der Planung mit der ETS. Bei der 1. Inbetriebnahme werden dann diese physikalischen Adressen durch die ETS auf den Bus gesendet. Die Sendung dieser Adressen erfolgt so lange, bis am Busteilnehmer (Sensor oder Aktor) die Lerntaste betätigt wird. Am

Busteilnehmer leuchtet kurz die LED (Leuchtdiode) auf. Damit ist auch für den Inbetriebnehmer klar ersichtlich, dass der Teilnehmer seine physikalische Adresse in den Speicher übernommen hat. Sollten mehrere Teilnehmer programmiert werden, sendet nun die ETS selbständig die nächste physikalische Adresse. Zu beachten ist hierbei die Reihenfolge der Teilnehmer. Wenn sie hier verwechselt wird, werden die falschen Anwenderprogramme geladen, und es kommt zu Fehlfunktionen. Eine Beschädigung der Teilnehmer ist hierdurch im Normalfall allerdings nicht zu befürchten.

Die Adressierung der Teilnehmer kann bereits vor dem Einbau beim Kunden durchgeführt werden, so z.B. in der Werkstatt. Wenn von dieser Möglichkeit Gebrauch gemacht wird, ist eine deutliche Beschriftung anzubringen, um späteren Verwechslungen vorzubeugen. Wird die Vergabe der Adressen erst beim Kunden realisiert, dürfen die Abdeckungen noch nicht montiert sein, bzw. müssen erneut entfernt werden. Bei hochwertigen Leuchten (Bildschirmarbeitsplatz-Leuchten) besteht das Risiko, die hocheloxierten Spiegel zu beschädigen.

Die physikalische Adresse ist zusammengefasst der Name des Teilnehmers, der für die Programmierung und die Fehlersuche gebraucht wird. Die logische Adresse oder Gruppenadresse ist mit einem Schaltdraht vergleichbar. Diese logische Adresse muss demzufolge mit dem Sensor (z.B. Taster) und dem Aktor (z.B. Binärausgang) gleichermaßen verbunden werden. Bei der Projektierung mit der ETS stehen 16 Hauptgruppen (0...15) mit je 2048 (0...2047) Untergruppen zur Verfügung. Zum einfacheren Verständnis kann man sich vorstellen, dass an jedem Sensor oder Aktor 16 Leitungen mit je 2048 Adern liegen. Jede dieser gedachten Adern wäre anschließbar. Es bestünde damit die Möglichkeit, an jedem Sensor oder Aktor aus 32 767 (die Adresse 0/0 ist eine Systemadresse; 16 × 2048 − 1) möglichen Schaltdrähten auszuwählen. Wobei hier natürlich noch erwähnt werden muss, dass die Ein-Aus-Funktion oder die Dimmerfunktion nur einen Schaltdraht darstellt (Bild 2.4). Die logische Adresse oder Gruppenadresse kann auch 3-stufig dargestellt werden, dazu später mehr.

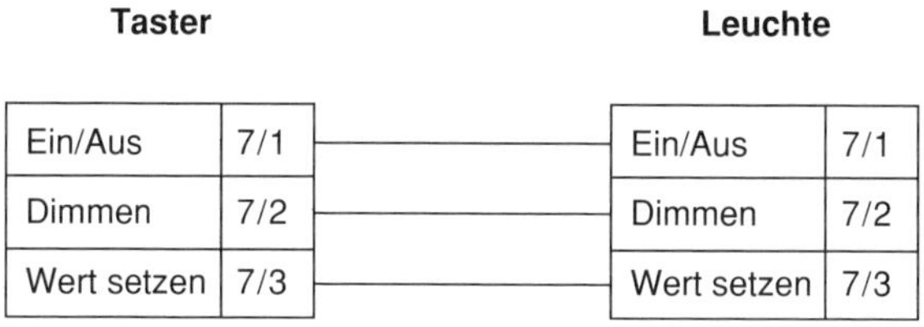

Bild 2.4
Zuordnung, Kommentar und Gruppenadresse

| Taster | | Leuchte | |
|---|---|---|---|
| Ein/Aus | 7/1 | Ein/Aus | 7/1 |
| Dimmen | 7/2 | Dimmen | 7/2 |
| Wert setzen | 7/3 | Wert setzen | 7/3 |

Die 16 Hauptgruppen lassen sich frei definieren, so z.B.: Lichtanlage, Heizungssteuerung, Meldungen, Jalousiensteuerung, Zentralfunktionen, Sturmwarnung, Lüftungsanlage usw., um nur einige Möglichkeiten aufzuzählen. Es kann mit dieser freien Definition objektbezogen einfach der Zusammenhang hergestellt werden. Nachdem

die Hauptgruppen und Untergruppen definiert wurden, kann durch Mausklick in der ETS die Zuweisung erfolgen. Eine falsche Gruppenadresse ist wieder löschbar. Jeder Teilnehmer kann zwar mit mehreren Gruppenadressen belegt, aber nur 1 Adresse gesendet werden. Diese Adresse muss dann am Anfang stehen. Auf diesen Punkt, der zu sendenden Adresse, wird später noch genauer eingegangen.

Ab der ETS-Version 2.x/3 kann in den Programmvoreinstellungen zwischen einer 2fachen oder einer 3fachen Kennzeichnung der Gruppenadressen gewählt werden. Wird von der 2fachen Kennzeichnung Gebrauch gemacht, ändert sich nichts! Wird allerdings die 3fache Kennzeichnung aktiviert, unterscheidet man in Hauptgruppe, Mittelgruppe und Untergruppe. Somit werden die logischen Adressen oder Gruppenadressen ebenfalls mit einer 3fachen Ziffernfolge dargestellt. Eine Unterscheidung zur physikalischen Adresse besteht nur darin, dass die Ziffernfolgen nicht durch einen Punkt, sondern durch einen Schrägstrich getrennt werden (1/5/27). Man sollte keinesfalls die Funktion der Gruppenadressen mit der der physikalischen Adressen verwechseln. Beide Adressen können sich optisch sehr ähnlich sehen, sind aber in ihrer Funktion grundverschieden!

Die Hauptgruppen, Mittelgruppen und Untergruppen lassen sich mit Kommentaren versehen. Somit kann eine freie Definition erfolgen, um die Gruppen in einen logischen Zusammenhang zur Anlage zu bringen. Bild 2.4 zeigt Möglichkeiten, wie dies geschehen kann.

Für die Einteilung der Gruppen kann folgende Empfehlung Verwendung finden:

- ❏ Die Hauptgruppe stellt die Etage des Gebäudes dar.
- ❏ Die Mittelgruppe stellt die Gewerkefunktion dar, wie z.B. Licht, Jalousien, Heizung usw., wobei die 0 für die Zentralfunktionen stehen kann.
- ❏ Die Untergruppen stellen dann schließlich die örtlichen Schaltfunktionen, wie z.B. Licht: Raum 125 dimmen, dar.

## 2.3 Telegrammaufbau

Das Telegramm des EIB besteht aus einer Reihe von 1- und 0-Signalen. Sie werden seriell, d.h. nacheinander, übermittelt. Wird eine logische 1 vom Bus gesendet, liegen 28 V Gleichspannung an. Wird eine logische 0 gesendet, nimmt die Spannung erst kurzzeitig ab, steigt wieder an und pendelt sich nach max. 104 ms auf 28 V Betriebsspannung ein. Diese Erscheinung ist auf die Spulenwirkung der Netzdrossel zurückzuführen (Bild 2.5). Nun wird auch verständlich, warum gewisse Leitungslängen nicht unter- bzw. überschritten werden dürfen.

Bild 2.5
Zeitlicher Verlauf eines
Telegramms

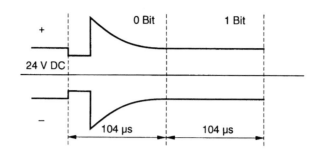

Die Übertragungsgeschwindigkeit beträgt 9600 bit/s, daraus folgt, dass die Übertragungszeit von 1 Bit 104 µs dauert. Somit können ca. 50 Telegramme/s übertragen werden. In der Datentechnik werden immer 8 Bit zusammengefasst, die dann als Byte bezeichnet werden. 1 Byte enthält $2^8$ verschiedene Informationen, das entspricht 256 Möglichkeiten. Folgendes Beispiel verdeutlicht dies (Bild 2.6 und Bild 2.7):

Bild 2.6
Die Zuordnung der Datenbits zu ihrer Wertigkeit: Diese Wertigkeit bestimmt den Inhalt, der wiederum hexadezimal angezeigt wird

| Datenbit | Wertigkeit | Info | Inhalt |
|---|---|---|---|
| 0 | $2^0 = 1$ | 0 | -- |
| 1 | $2^1 = 2$ | 1 | 2 |
| 2 | $2^2 = 4$ | 0 | -- |
| 3 | $2^3 = 8$ | 1 | 8 |

$2 + 8 = 10_{Dez}$

$A_{Hex}$

| | | | |
|---|---|---|---|
| 4 | $2^0 = 1$ | 1 | 1 |
| 5 | $2^1 = 2$ | 1 | 2 |
| 6 | $2^2 = 4$ | 1 | 4 |
| 7 | $2^3 = 8$ | 0 | -- |

$1 + 2 + 4 = 7_{Dez}$

$7_{Hex}$

Bild 2.7
Zusammenwirken von Datenbits, Information und hexadezimaler Anzeige

| 7 | | | | A | | | | |
|---|---|---|---|---|---|---|---|---|
| 0 | 1 | 1 | 1 | 1 | 0 | 1 | 0 | Info |
| 7 | 6 | 5 | 4 | 3 | 2 | 1 | 0 | Datenbits |

⇐ Senderichtung

27

Es soll z.B. die hexadezimale Information 7A mit 8 Bit/Byte gesendet werden. Zu beachten ist hierbei immer die Senderichtung!

Bei der Übertragung von Telegrammen am Bus werden ebenfalls aus den einzelnen Bits Bytes gebildet und deren Inhalt hexadezimal in der ETS (Engineering Tool Software) angezeigt. Das zu Wissen ist sehr wichtig, da sonst eine Analyse von Telegrammen nicht möglich ist. Die Aufzeichnung und Analyse der Telegramme ist ein sehr wichtiges Werkzeug bei der Inbetriebnahme von Anlagen.

Das Telegramm besteht aus verschiedenen Übertragungsblöcken, die der Reihe nach übertragen werden. Die einzelnen Telegramme können unterschiedlich lang sein. Abhängig ist dies von der Größe des Nutzsignals. Das Nutzsignal ist im Datenfeld eingebettet und kann eine Größe von 2...16 Byte besitzen (s. Bild 2.8).

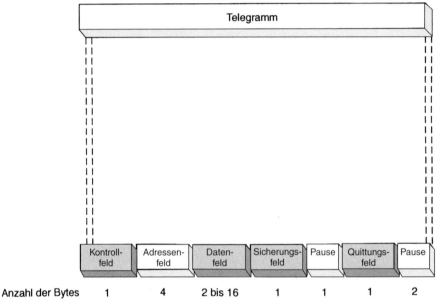

Bild 2.8 Aufbau des Telegrammes, der sich in verschiedene Datenfelder unterteilt, Quelle: Fa. Siemens

## 2.3.1 Kontrollfeld

Jedes Telegramm startet seine Übertragung mit einem Kontrollfeld, bestehend aus 8 Bit. Es wird zuerst das Datenbit D0, dann D1 usw. bis D7 gesendet. Im Datenbit D0 und D1 steht immer 2-mal die logische 0. Damit wird dem Bus eine Übertragung angezeigt. Die logische 1 wäre ja 28 V Betriebsspannung, also keine Änderung der Busspannung. Diese ersten beiden Datenbits werden auch als Präambelbit bezeichnet.

In den folgenden Datenbits D2 und D3 wird die Priorität des Telegrammes festgehalten (man unterscheidet hinsichtlich der Wertigkeit System / Alarm / Hoch oder Hand / Niedrig oder Automatik). Sie kommt zum Tragen, wenn 2 Telegramme zur gleichen Zeit gesendet werden. Das Telegramm mit der höheren Priorität wird sich am Bus durchsetzen und weiter senden. Das Telegramm mit der niedrigeren Priorität wird sich vom Bus zurückziehen und zu einem späteren Zeitpunkt erneut senden (s. CSMA/CA-Verfahren).

Die Datenbits D4, D6 und D7 sind fest vorgegeben, sie haben hier auch keine weitere Bedeutung. Das Datenbit D5 dagegen ist ein sehr wichtiges Bit. Es ist das Wiederholungsbit und zeigt an, ob das Telegramm erstmalig gesendet wird oder ob es sich um ein Wiederholungstelegramm handelt. Sollte auf ein abgesendetes Telegramm keine Antwort eines anderen Teilnehmers kommen, wird dieses Telegramm mehrmals wiederholt (in der Regel 3-mal). Sollte auch nach den Wiederholungstelegrammen keine Antwort eingegangen sein, stellt der Teilnehmer selbständig das Senden ein, um den Bus nicht unnötig zu belasten. Die Auswertung des Wiederholungsbits ist für den geübten Servicetechniker eine unentbehrliche Hilfe bei der Inbetriebnahme (Bild 2.9 und Bild 2.10).

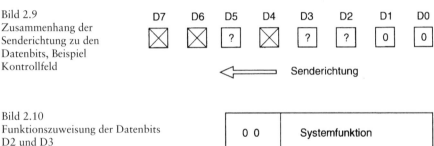

Bild 2.9
Zusammenhang der Senderichtung zu den Datenbits, Beispiel Kontrollfeld

Bild 2.10
Funktionszuweisung der Datenbits D2 und D3

| | |
|---|---|
| 0 0 | Systemfunktion |
| 1 0 | Alarmfunktion |
| 0 1 | Handfunktion |
| 1 1 | Automatikfunktion |

## 2.3.2 Adressfeld

Das Adressfeld enthält die physikalische Adresse des Absenders. Sie wird auch als Quelladresse bezeichnet. Eine für die Fehlersuche ebenfalls sehr wichtige Information. Ein falsch parametrisierter Teilnehmer, der unerwünschte Schaltfunktionen auslöst, hinterlässt in seinen Telegrammen seine physikalische Adresse. Im Adressfeld wird weiterhin die Zieladresse angegeben (Bild 2.11). Das wird im Normalfall eine Gruppenadresse sein. In diesem Falle wird das höchstwertige Bit (s. Bild 2.12) nicht benötigt. In Senderichtung werden die Datenbits D0...D11 für die Untergruppen (Schaltfunktionen) reserviert. Bei 11 Datenbits sind dies 2048 Möglichkeiten. Die übrigen 4 Bit ergeben dann die Hauptgruppen (16 Hauptgruppen sind hier möglich).

In den Einstellungsoptionen der ETS lassen sich sowohl 2 als auch 3 Ebenen definieren. Die Bitfolge ist in beiden Fällen gleich, denn das System selbst kennt keine verschiedenen Ebenen, sondern eben nur diese Bitfolge. Für den Installateur kann aber ein System gewählt werden, das ihm den optimalen Überblick gibt.

❏ Bei 2 Ebenen ist eine Verwechslung mit den physikalischen Adressen nicht möglich. Banal gesagt hat man Leitungen und Adern 7/24 (die 24. Ader in der 7. Leitung) oder eben Hauptgruppen und Untergruppen.

❏ Bei 3 Ebenen ist eine Verwechslung mit physikalischen Adressen schon mal möglich z.B. 1.1.1 mit 1/1/1. Dafür ist die Aufteilung genauer. Man könnte die 1. Ziffer(n) für die Etage reservieren, die 2. für das Gewerk und die 3. für die Funktion vor Ort. Hier ergeben sich (siehe Bild 2.12) ebenfalls 16 Hauptgruppen, 7 neue Mittelgruppen und, damit die Anzahl gesamt wieder stimmt, nur 256 (0...255) Untergruppen.

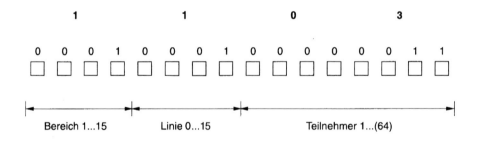

= Bereich 1/Linie 1/Teilnehmer 3

Bild 2.11  Systematischer Aufbau des Adressenfeldes. Die Ziffern der 1. Reihe geben den hexadezimalen Inhalt wieder. Die Ziffern der 2. Reihe enthalten die Informationen der einzelnen Datenbits

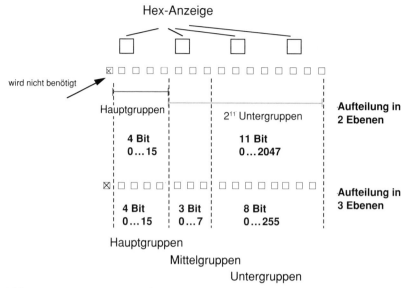

Bild 2.12  Zusammensetzung der Gruppenadresse aus den einzelnen Datenbits, wenn eine Aufteilung in 2 oder 3 Ebenen gewählt wurde

## 2.3.3 Routingzähler

Im Telegramminhalt werden 3 Bits für einen Zählerstand reserviert. Dieser Zählerstand, auch Routingzähler genannt, gibt an, wie viel Koppeleinrichtungen (Bereichskoppler, Linienkoppler oder Linienverstärker) das Telegramm bereits durchlaufen hat. Der Zählerstand wird zu Beginn, also bei Telegrammstart, auf den Wert 6 eingestellt. Beim Durchlaufen einer Koppeleinrichtung wird dieser Zählerstand um 1 verringert (Dekrementbildung). Sobald der Routingzähler den Wert 0 erreicht hat, wird er nicht mehr über Koppeleinrichtungen weitergeleitet. Somit lassen sich kreisende Telegramme verhindern, die durch Verdrahtungsfehler entstehen können. Bild 2.13 zeigt den Zählerstand im Normalfall und den Endausbau einer Anlage. Der Zählerstand wird vom sendenden Teilnehmer (1.1.1) auf den Normalwert 6 eingestellt. Nachdem das Telegramm den Linienverstärker (Bereich 3, Linie 3) durchlaufen hat, ist der Zählerstand auf 0 gesetzt. Eine Weiterleitung ist nicht mehr möglich.

In Bild 2.14 wurde eine völlig falsche Struktur gewählt, deshalb können die Telegramme nicht mehr an jede beliebige Stelle gelangen, und Fehlfunktionen sind die Folge. Wird in einem Telegramm der Routingzähler auf den Wert 7 gesetzt, durchläuft dieses Telegramm ungehindert das ganze System. Dieses Telegramm wird immer weitergeleitet. Der Wert 7 ist aber den Systemtelegrammen vorbehalten und kann durch den Bediener nicht beeinflusst werden. Bild 2.15 zeigt den Inhalt des Routingzählers. In manchen Beschreibungen wird der Routingzähler auch Rootingzähler genannt. In beiden Fällen ist das Gleiche gemeint.

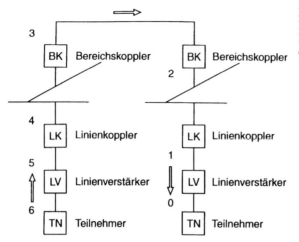

Bild 2.13
Richtiger Aufbau einer Linie:
Die Ziffern geben den Stand des Routingzählers wieder

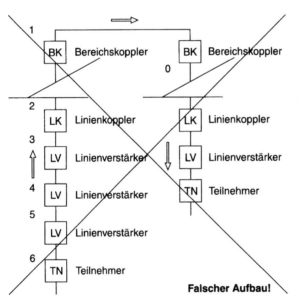

Bild 2.14
Falscher Aufbau einer Linie: Der Routingzähler steht bereits auf 0. Das Telegramm wird nun nicht mehr über weitere Koppeleinrichtungen geführt

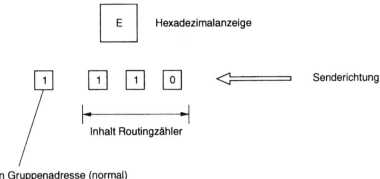

Bild 2.15   Inhalt und hexadezimale Anzeige des Routingzählers

## 2.3.4   Längenfeld

Das Längenfeld gibt an, welchen Umfang die Nutzinformation besitzt. Allerdings ist zu beachten, dass der hier angegebene Wert um 1 erhöht werden muss. Also wenn im Längenfeld (Bitinformation) der Wert 3 gespeichert ist, beträgt die Nutzinformation 4 Byte (3 + 1 = 4). Im Anschluss an das Längenfeld wird die eigentliche Nutzinformation übertragen.

## 2.3.5   Prüffeld

Bei der Telegrammübertragung wird 2-mal eine Paritätsprüfung vorgenommen. Das 1. Mal beim Übertragen des jeweiligen Bytes, das 2. Mal im Prüffeld. Bei der 1. Prüfung wird nach jedem Byte 1 Bit zur Paritätsprüfung übermittelt. Dieses Bit wird aber bei der Telegrammaufzeichnung nicht angezeigt. Bei der Telegrammaufzeichnung werden sowieso nur 8 der eigentlich 13 Bit (1 Startbit; 8 Datenbits; 1 Stoppbit; 1 Paritätsbit; 2 Pausebit;) angezeigt, so dass für den Betrachter der Eindruck entsteht, es würde die Parität nur 1-mal geprüft.

Es ist aber eine horizontale und eine vertikale Prüfung vorhanden. Im Prüffeld wird eine vertikale Prüfung vorgenommen. Die Anzahl der 1en wird ermittelt und im Prüffeld je nach Bedarf eine 1 vergeben. In Bild 2.16 ist die Funktion nachvollziehbar.

## 2.3.6   Quittung

Nachdem das Telegramm nun beendet ist, beginnt eine fest vorgegebene Wartezeit. Nach Ablauf dieser Wartezeit bestätigen alle angesprochenen Teilnehmer gleichzeitig den Erhalt des Telegrammes. Sollte nur 1 Teilnehmer dabei sein, der den Inhalt nicht verarbeiten kann und meldet dies, überlagert er dadurch alle anderen Rückmeldungen. Durch diese Methode ist es möglich, in sehr kurzer Zeit alle angeschlossenen Teilnehmer abzufragen. Es werden als Antwort (ACK, auch IACK = acknowledge) 3 Möglichkeiten vorgegeben (Bild 2.17).

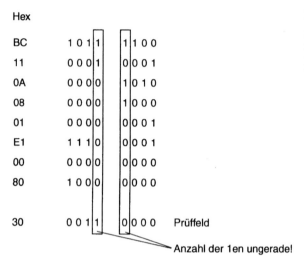

Bild 2.16
Auswertung der vertikalen Paritätsprüfung: Dieses Ergebnis wird im Prüffeld festgehalten

Bild 2.17
Die 3 Möglichkeiten des Quittungsbytes

### 2.3.7 Auswertung

Abschließend wird noch einmal eine Zusammenfassung und Auswertung eines kompletten Telegrammes vorgenommen (Bild 2.18). Bei einer Telegrammaufzeichnung wurde folgender Wert ermittelt:

| BC | 110A | 0801 | E1 | 0080 | 30 | CC |
|----|------|------|----|------|----|----|

Nun ist es sehr einfach, die Informationen zu entnehmen. In diesem Fall hat das Telegramm folgende Bedeutung:

❑ keine Wiederholung;
❑ Automatikfunktion bei der Priorität;

- Absender des Telegrammes ist der Teilnehmer 10 aus dem Bereich 1 und der Linie 1;
- als logische Adresse bzw. Gruppenadresse (Schaltdraht) wurde die 1/1 vergeben;
- der Inhalt des Routingzählers steht auf dem Wert 6, also wurde noch kein Koppler durchlaufen;
- das Längenfeld hat den Wert 1 (1 + 1 = 2) d.h., die Nutzinformation beträgt 2 Byte;
- als Quittung wurde CC gesendet, der Empfang war korrekt.

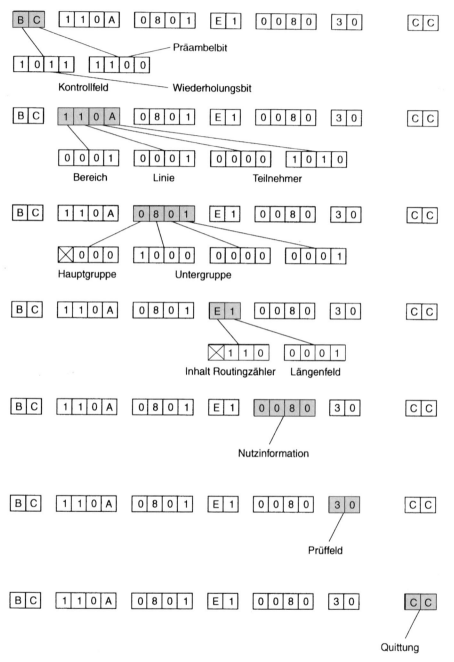

Bild 2.18  Gesamtübersicht vom Inhalt eines Telegrammes

## 2.4 CSMA/CA-Verfahren

Das CSMA/CA-Verfahren (Carrier Sense Multiple Access/Collision Avoidance) findet beim EIB Verwendung. Dieses Übertragungssystem erfolgt nach dem Muster: Alle Teilnehmer, die am Bus angeschlossen sind, hören zunächst den Bus ab. Sollte derzeit am Bus ein Telegramm gesendet werden, warten die Teilnehmer weiterhin. Nach einer genau festgesetzten Zeit, nachdem das Telegramm beendet wurde, beginnen die Teilnehmer zu senden. Alle Teilnehmer, die einen Sendewunsch haben, beginnen gleichzeitig. Während die Teilnehmer senden, hören sie gleichzeitig am Bus mit, ob das von ihnen erzeugte Signal am Bus erscheint. Wird das Signal von einem anderen Teilnehmer überlagert, stellt der Teilnehmer, der sein Telegramm nicht durchsetzen konnte, das Senden ein. Dieser Sendevorgang wird im Anschluss an das eben gesendete Telegramm wiederholt.

Da alle Teilnehmer mit Sendewunsch gleichzeitig die Übertragung beginnen, wird bei allen Telegrammen auch gleichzeitig das Kontrollfeld gesendet. Da dies mit den Präambelbits beginnt, sind noch alle Teilnehmer am Bus. Bereits bei den Datenbits D2 und D3 entscheidet sich, welches Telegramm den Vorzug bekommt. Die höchste

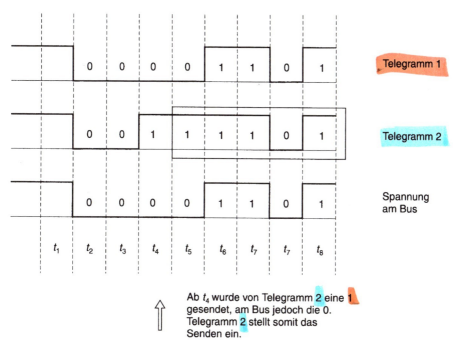

Bild 2.19  Zeitlicher Verlauf von 2 Telegrammen bei einer Kollision: Ab $t_4$ wird vom Telegramm 2 eine 1 gesendet, am Bus jedoch die 0. Der Teilnehmer, der Telegramm 2 sendet, stellt das Senden ein

Priorität besitzt eine Systemfunktion, die niedrigste die Automatikfunktion. Daran erkennt man ganz deutlich: Wer zuerst eine logische 0 im Inhalt seines Telegrammes aufweisen kann, setzt sich durch. Wichtig ist hier die Senderichtung. Das Datenbit D2 wird vor dem Datenbit D3 übertragen. In Bild 2.19 sieht man noch einmal die beiden Telegramme T1 und T2 im zeitlichen Verlauf. Bei gleicher Priorität (dies ist fast immer der Fall) entscheidet die physikalische Adresse, welches Telegramm sich am Bus behauptet.

## 2.5 Zahlensysteme

### 2.5.1 Dezimalsystem

Das Dezimalsystem wird mit 10 verschiedenen Zeichen, den Ziffern 1; 2; 3; 4; 5; 6; 7; 8; 9; 0 dargestellt. Es ist ein Positionssystem, dessen Stellenwerte die Potenzen der Grund- oder Basiszahl 10 bilden. Bild 2.20 zeigt schematisch den Aufbau dieses Systems.

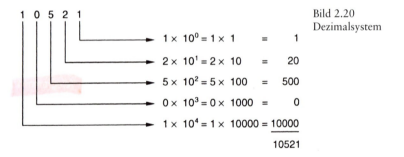

Bild 2.20
Dezimalsystem

### 2.5.2 Dualsystem

Das Dualsystem, auch dyadisches oder Binärsystem genannt, ist die Basis der Datenverarbeitung. Seine Stellenwerte liegen wesentlich dichter beieinander als die des Zehnersystems; die Zahlzeichen werden verhältnismäßig lang. Dafür benötigt man aber nur 2 Zeichen, die Ziffern 0 und 1. Jeder Stellenwert ist eine Potenz der Grund- oder Basiszahl 2. Bild 2.21 zeigt den Aufbau.

Bild 2.21
Dualsystem

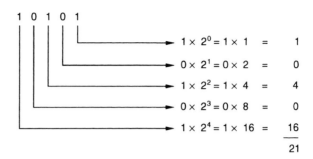

### 2.5.3 Hexadezimalsystem

Das Hexadezimalsystem wird auch als Sedezimalsystem bezeichnet. Dieses System ist auf der Basis 16 aufgebaut. Es werden hier 16 verschiedene Zeichen benötigt: die Ziffern von 0 bis 9 und für die fehlenden sechs Zeichen die ersten Buchstaben des Alphabets verwendet. So entspricht:

A = 10; B = 11; C = 12; D = 13; E = 14; F = 15;

Bild 2.22 zeigt die hexadezimale Zahldarstellung von 10 995.
In Bild 2.23 ist eine Gegenüberstellung der verschiedenen Zahlensysteme zu sehen. Beim EIB werden die Telegramme im Dualsystem übermittelt, bei der Diagnose aber im Hexadezimalsystem angezeigt.

Bild 2.22
Hexadezimalsystem

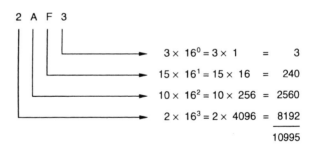

| Dezimalsystem | Dualsystem | Hexadezimal-system |
|---|---|---|
| 0 | 0 | 0 |
| 1 | 1 | 1 |
| 2 | 10 | 2 |
| 3 | 11 | 3 |
| 4 | 100 | 4 |
| 5 | 101 | 5 |
| 6 | 110 | 6 |
| 7 | 111 | 7 |
| 8 | 1000 | 8 |
| 9 | 1001 | 9 |
| 10 | 1010 | A |
| 11 | 1011 | B |
| 12 | 1100 | C |
| 13 | 1101 | D |
| 14 | 1110 | E |
| 15 | 1111 | F |

Bild 2.23
Gegenüberstellung der Zahlensysteme

## 2.6 Verknüpfungen der Digitaltechnik

### 2.6.1 UND-Verknüpfung

Bei einer UND-Verknüpfung müssen an beiden Eingängen Signale anstehen, damit der Ausgang durchschaltet. Man kann sich diese Schaltung auch als Reihenschaltung von Kontakten vorstellen. Erst wenn alle Kontakte geschlossen sind, kann durchgeschaltet werden. Die UND-Verknüpfung wird auch als Konjunktion bezeichnet. Bild 2.24 zeigt die Wahrheitstabelle einer UND-Verknüpfung.

Bild 2.24
Wahrheitstabelle:
UND-Verknüpfung

| Eingang | Eingang | Ausgang |
|---------|---------|---------|
| 0 | 0 | 0 |
| 0 | 1 | 0 |
| 1 | 0 | 0 |
| 1 | 1 | 1 |

### 2.6.2 NAND-Verknüpfung

Eine NAND-Verknüpfung besteht aus einer UND-Verknüpfung und einer Negation. Alle Signalzustände, die am Ausgang der UND-Verknüpfung entstehen, werden invertiert. Somit erhält man die Wahrheitstabelle von Bild 2.25.

Bild 2.25
Wahrheitstabelle:
NAND-Verknüpfung

| Eingang | Eingang | Ausgang |
|---------|---------|---------|
| 0 | 0 | 1 |
| 0 | 1 | 1 |
| 1 | 0 | 1 |
| 1 | 1 | 0 |

### 2.6.3 ODER-Verknüpfung

Bei der ODER-Verknüpfung genügt es, wenn bereits ein Eingang angesteuert wird, um am Ausgang ein Signal zu erzeugen. Eine ODER-Verknüpfung ist vergleichbar mit Schaltkontakten, die parallel geschaltet sind. Diese Verknüpfung wird auch als Disjunktion bezeichnet. Bild 2.26 erklärt den Zusammenhang.

Bild 2.26
Wahrheitstabelle:
ODER-Verknüpfung

| Eingang | Eingang | Ausgang |
|---------|---------|---------|
| 0 | 0 | 0 |
| 0 | 1 | 1 |
| 1 | 0 | 1 |
| 1 | 1 | 1 |

### 2.6.4 NOR-Verknüpfung

Die NOR-Verknüpfung besteht aus einer ODER-Verknüpfung und einer Negation. Somit wird der Ausgang der NOR-Verknüpfung negiert. Bild 2.27 zeigt die Wahrheitstabelle.

| Eingang | Eingang | Ausgang |
|---------|---------|---------|
| 0 | 0 | 1 |
| 0 | 1 | 0 |
| 1 | 0 | 0 |
| 1 | 1 | 0 |

Bild 2.27
Wahrheitstabelle:
NOR-Verknüpfung

### 2.6.5 ÄQUIVALENZ-Verknüpfung

Bei dieser Art von Verknüpfung liegt dann am Ausgang eine 1, wenn die Eingänge der Verknüpfung gleich sind. Also, wenn 2-mal die 0 oder 2-mal die 1 anliegt. Sind die Eingänge ungleich, liegt am Ausgang eine 0 an (Bild 2.28).

| Eingang | Eingang | Ausgang |
|---------|---------|---------|
| 0 | 0 | 1 |
| 0 | 1 | 0 |
| 1 | 0 | 0 |
| 1 | 1 | 1 |

Bild 2.28
Wahrheitstabelle:
ÄQUIVALENZ-Verknüpfung

### 2.6.6 ANTIVALENZ-Verknüpfung

Diese Verknüpfung ist das Gegenstück zur ÄQUIVALENZ-Verknüpfung. Wenn die Schaltzustände ungleich sind, weist der Ausgang eine 1 auf. Diese Verknüpfung wird auch EXKLUSIV-ODER genannt (Bild 2.29).

| Eingang | Eingang | Eingang |
|---------|---------|---------|
| 0 | 0 | 0 |
| 0 | 1 | 1 |
| 1 | 0 | 1 |
| 1 | 1 | 0 |

Bild 2.29
Wahrheitstabelle:
ANTIVALENZ-Verknüpfung

In der folgenden Zusammenfassung sind alle Schaltzeichen zu den eben beschriebenen Funktionen abgebildet (Bild 2.30).

Bild 2.30
Übersicht der Schaltzeichen

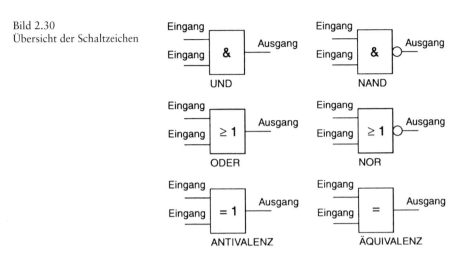

## 2.7 Flags

Bei jedem Busteilnehmer lassen sich durch die ETS Flags einstellen. Im Auslieferungszustand sind die Flags bereits eingestellt. Sie sollten auch nur im Sonderfall durch den Inbetriebnehmer geändert werden. Durch das Einstellen der Flags kann das Verhalten des Busteilnehmers geändert werden.

*Kommunikations-Flag K*
Ist das Kommunikations-Flag gesetzt, hat der Teilnehmer normale Verbindung zum Bus. Wird dieses Flag zurückgesetzt, kann der Objektwert des Busteilnehmers nicht mehr verändert werden. Diese Funktion ist mit einem Hauptschalter gleichzusetzen. Telegramme werden quittiert.

*Lesen-Flag L*
Ist das Lesen-Flag gesetzt, kann der Objektwert des Teilnehmers vom Bus gelesen werden, ist es deaktiviert, nicht mehr.

*Schreiben-Flag S*
Bei gesetztem Flag, kann der Objektwert über den Bus geändert werden, ist es zurückgesetzt, nicht mehr.

*Übertragen-Flag Ü*
Der Objektwert kann zum Bus gesendet werden, wenn das Flag aktiviert ist, andernfalls nicht. In Bild 2.32 ist dies noch einmal schematisch dargestellt.

*Aktualisieren-Flag A*
Wertantwort-Telegramme anderer Busteilnehmer werden als Schreibbefehl interpretiert, d.h., der Wert des Kommunikationsobjektes wird geändert (aktualisiert).

Der Name «Flag» kommt aus der Prozessortechnik und bedeutet Flagge. Diese Flagge kann gehisst werden oder eben nicht. Man kann dies auch frei Übersetzen und behaupten, es handle sich um Schalter, die man ein- oder ausschalten kann. Wenn man nun 1-mal die Informationsrichtung betrachtet, wird dies sehr viel klarer. Man stelle sich einen Taster und einen Aktor vor. Die Information Tastendruck soll umgesetzt werden, über den Bus übermittelt, und schließlich das Licht eingeschalten werden. Zustand oder Informationsgehalt des Taster nennen wir an dieser Stelle Objektwert. Wenn der Kunde am Taster einen «Ein-»Befehl auslöst, ändert sich der Objektwert auf logisch 1. Diese 1 muss nun weiter übertragen werden, somit muss das Übertragenflag oder Ü-Flag gesetzt werden. Weiterhin soll diese Information mit dem Bus kommunizieren. Das Kommunikationsflag oder K-Flag muss gesetzt werden. Nun kann die Information mittels Telegramm am Bus zum Aktor gelangen. Dieser Aktor soll natürlich auch mit dem Bus kommunizieren, deshalb ist auch hier das Kommunikationsflag zu setzen. Es soll aber auch der Objektwert des Aktors geändert werden, denn die Lampe soll einschalten. Um dies zu ermöglichen, muss vom Bus aus gesehen eine Schreiberlaubnis vorhanden sein. Also muss hier noch das Schreiben- oder S-Flag gesetzt werden. Zusammenfassend kann man sagen: Bei

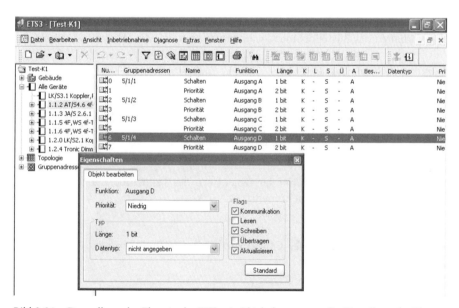

Bild 2.31  Darstellung der Flags in der ETS mit Objektfenster, um die Einstellung der Flags zu ändern

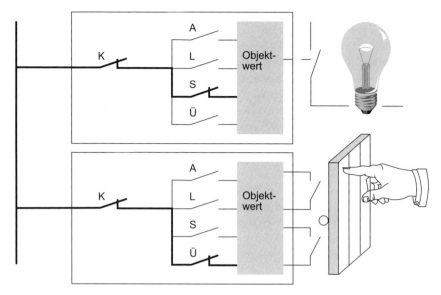

Bild 2.32   Funktionsweise der Flags beim Übertragen eines Telegrammes vom Sensor zum Aktor

einem Sensor muss immer das K- und Ü-Flag, bei einem Aktor das K- und S-Flag gesetzt werden (Bild 2.31 und Bild 2.32).

Das Lesenflag oder L-Flag wird benötigt, wenn der Objektwert eines Teilnehmers vom einem anderen Busteilnehmer ausgelesen werden soll. Dies kann beim Speichern von Lichtszenen oder wenn eine Visualisierung sich am Bus aktualisieren soll notwendig werden. Hier ist zu beachten, dass eine Antwort einer solchen Leseanforderung bei manchen (älteren) Busgeräten als Schreibbefehl interpretiert wird. Dies ist nicht schlimm, wenn man die Reihenfolge der Gruppenadressen einhält. Als Pauschalaussage kann man formulieren: Wenn mehr als 1 Gruppenadresse auf einem Objektwert stehen, sollte nie eine Zentralfunktion an 1. Stelle sein. Es bietet sich hier an, immer die kleinste Vor-Ort-Funktion an die 1. Stelle zu setzen. Besser noch, man verwendet für diesen Zweck Aktoren mit einem eigenen Rückmeldeobjekt.

## 2.8   EIS-Typ/DPT-Datenpunkttyp

EIS-Typen (E = EIB, I = interworking, S = Standard, oder auch Datenpunkttyp genannt) sind festgelegte Standards zur Kompatibilität der Schaltbefehle und Kommunikation unter den Busteilnehmern. Es werden nur die einzelnen EIS-Typen mit gleichen Objekten untereinander verbunden. So zum Beispiel der EIS 1 (Schalten 1 Bit) vom Tastsensor mit dem EIS 1 des Schaltkanals A des Aktors. Diese Verbindung wird über die Gruppenadresse realisiert. Eine Verbindung von verschieden EIS-

Typen ist überhaupt nicht möglich. Würde man versuchen den EIS 1 des Tastsensors mit dem EIS 2 (Dimmen 4 Bit) zu verbinden, so erscheint bei der Zuweisung die Fehlermeldung «Objekt hat falschen Typ» bzw. inkompatibler Datentyp und die Zuweisung wird abgebrochen. Zum Parametrisieren des Systems ist also Kenntnis über die EIS-Typen von untergeordneter Priorität. Zum Verstehen des Systems bzw. zur Fehlersuche sind die EIS-Typen sehr wichtig. Aus diesem Grunde werden hier die wichtigsten Funktionen erläutert. Die EIS-Typen, d.h. ihre Bitfolge, findet man im Telegramm am Ende der Nutzinformation (siehe auch Bild 2.18).

### 2.8.1 EIS 1: Schalten

Diese Funktion wird benutzt um Aktoren ein- und auszuschalten. Sie kann ferner eingesetzt werden, um Objekte zu sperren oder sie wieder freizugeben, bzw. Alarme auszulösen oder diese wieder zurückzusetzen. Der EIS 1 hat eine Datenbreite von 1 Bit, daher können auch hier nur 2 Zustände übermittelt werden. Die 0 steht für ausgeschaltet und die 1 für eingeschaltet.

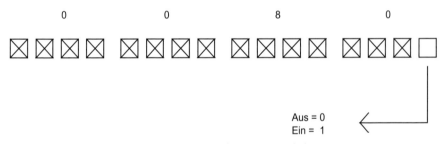

Bild 2.33    Funktionsprinzip der einzelnen Bits beim EIS 1: Schalten

### 2.8.2 EIS 2: Dimmen

Mit dem EIS 2 können Leuchtmittel ihren Helligkeitswert vom aktuellen Helligkeitswert in Schritten verändern (nicht verwechseln mit EIS 6). Der EIS 2 hat eine Datenbreite von 4 Bit, d.h., es können 16 verschiedene Zustände übermittelt werden. Bild 2.34 zeigt den Zusammenhang zwischen Dateninfo und Funktion.
Im Normalbetrieb benötigt man beim Dimmen nur folgende Befehle:

❑ Dimmen: 100 % heller,
❑ Dimmen: 100 % dunkler,
❑ Dimmen: Stopp.

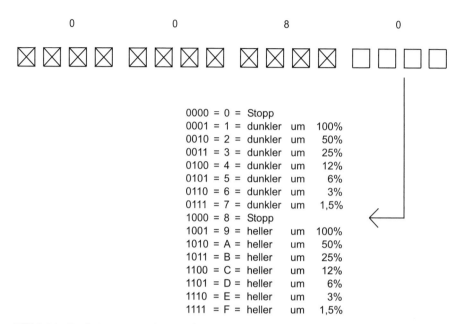

Bild 2.34  Funktionsprinzip der einzelnen Bits beim EIS 2: Dimmen

Man spricht hier auch vom Dimmen mit Stopp-Telegramm. Beim Dimmen mit zyklischem Senden wird z.B. in einer zyklischen Abfolge (z.B. alle 200 ms) ein Telegramm mit dem Inhalt «heller um 3 %» gesendet. Hierbei ist dann kein Stopptelegramm mehr notwendig. Bei Konstantlichtregelungen wird ebenfalls dieser Befehl verwendet. So kann man sich vorstellen, dass immer wenn der Lichtwert über- oder unterschritten wird der Regler z.B. um 3 % oder 1,5 % den Helligkeitswert ändert und den Regelkreis erneut überprüft.

### 2.8.3 EIS 6: relative Werte

Diese Funktion kann dazu benutzt werden, um einen Helligkeitswert direkt einzustellen. Die Datenbreite beträgt 1 Byte, also 8 Bit. Hiermit lassen sich 256 Zustände realisieren, die einem prozentualen Wert zugeordnet sind. Wenn also die 0 als Information benutzt wird, schaltet das Licht aus; wird die 255 benutzt, schaltet das Licht ein (zu 100 %). Bei einer Information von 100 wird der Helligkeitswert auf ca. 40 % gesetzt. Mit diesem relativen Wert lassen sich natürlich nicht nur Helligkeitswerte verbinden, sondern alle EIB-Objekte mit diesem Typ. Dies können folgende Funktionen sein:

❏ Jalousien positionieren,
❏ Heizungsventile (Stellantriebe, stetig) regeln,
❏ Kühlsysteme regeln.

Nutzinformation 0 0 8 0 0 0 - 0 0 8 0 F F

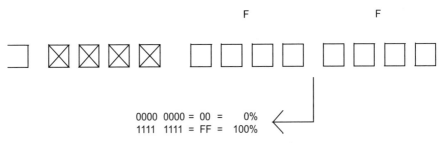

Bild 2.35  Funktionsprinzip der einzelnen Bits beim EIS 6: relative Werte

### 2.8.4 EIS 7: Antriebssteuerung

Der EIS 7 ist vergleichbar mit dem EIS 1. Beide Typen haben eine Datenbreite von 1 Bit und könnten deshalb auch untereinander verbunden werden. Einziger kleiner aber feiner Unterschied ist die Auswertung der Informationen. So ist beim EIS 7 die 0 eine Aufwärtsbewegung (Einfahren) und 1 eine Abwärtsbewegung (Ausfahren). Da mit der Bandbreite von 1 Bit aber nur auf und ab realisiert werden kann, fehlt hier noch die Stoppfunktion, um die Jalousien anzuhalten bzw. die Lamellen zu verstellen. Diese wird mit dem gleichen EIS-Typ realisiert, indem man dem Taster oder dem Aktor 2 Objekte gleichen Typs zuweist. In der Praxis sieht dies folgendermaßen aus. Der Tastsensor hat 1 Objekt für Auf und Ab sowie 1 Objekt für Stopp-Schritt.

Nutzinformation 0 0 8 0 - 0 0 8 1

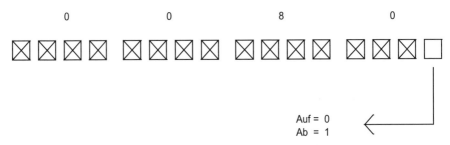

Bild 2.36  Funktionsprinzip der einzelnen Bits beim EIS 7: Antriebssteuerung

Beim Aktor besteht hierzu das Gegenstück. Somit muss für die normale Jalousien-Funktion 2-mal 1 Objekt verbunden werden, wodurch auch 2 Gruppenadressen benötigt werden.

### 2.8.5  EIS 8: Priorität

Mit dem EIS 8 (Priorität) kann man einen dafür vorgesehenen Aktor in eine Zwangshaltung bringen oder ihn wieder freigeben. Wenn der Aktor sich in der Zwangshaltung befindet, kann entschieden werden, ob er ein- oder ausgeschaltet sein soll. Aus diesen 3 Funktionen ergibt sich eine Datenbreite von 2 Bit. In der Praxis stehen damit folgende Funktionen zur Verfügung:

❏ Wenn die Priorität auf 0 gesetzt ist, kann der Aktor ganz normal über einen EIS-1-Befehl bedient werden, und es ist kein Unterschied zu anderen Schaltaktoren festzustellen.
❏ Wenn die Priorität auf 1 gesetzt und die Schaltfunktion ausgeschaltet wurde, kann das Licht vor Ort nicht mehr eingeschaltet werden.
❏ Wenn die Priorität auf 1 gesetzt und die Schaltfunktion eingeschaltet wurde, kann das Licht vor Ort nicht mehr ausgeschaltet werden.

Mit dieser Funktion bzw. mit dem Mischen der Schaltzustände lassen sich Verkaufsräume, Hallen oder Treppenhäuser z.B. in einen bestimmten «Nachtzustand» versetzen, oder können aus Gründen des Energiemanagements gesperrt werden.

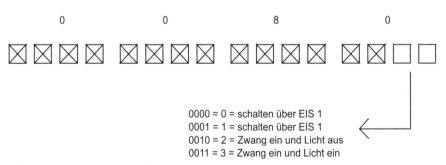

Bild 2.37  Funktionsprinzip der einzelnen Bits beim EIS 8: Priorität

### 2.8.6 EIS 3: Uhrzeit

Mit diesem EIS-Typ können Zeitangaben übertragen werden. Diese Zeitangaben haben eine Datenbreite von 3 Byte. Somit lassen sich Wochentag, Stunde, Minute und Sekunde übertragen. Dieses Objekt kann benutzt werden, um EIB-Schaltuhren in einem Gebäude zu synchronisieren. Im 1. Byte (v.l.) wird der Wochentag und die Stunde, im 2. Byte die Minuten und im 3. Byte die Sekunden übertragen (siehe Bild 2.38).

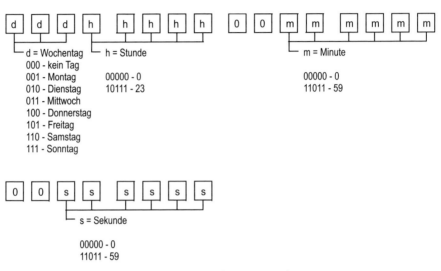

Bild 2.38  Funktionsprinzip der einzelnen Bits beim EIS 3: Uhrzeit

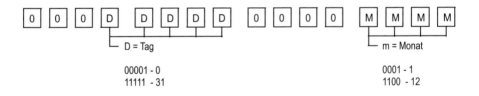

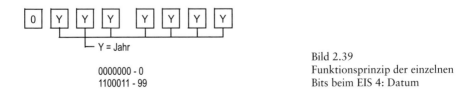

Bild 2.39
Funktionsprinzip der einzelnen Bits beim EIS 4: Datum

## 2.8.7 EIS 4: Datum

Der EIS 4 ist ebenfalls ein 3-Byte-Typ mit dem das Datum übertragen werden kann. Dabei gilt folgender Aufbau. Im 1. Byte (v.l.) wird der Tag, im 2. Byte der Monat und im 3. Byte das Jahr übertragen (siehe Bild 2.39).

## 2.8.8 EIS 5: Gleitkomma-Wert

Der Gleitkomma-Wert hat eine Datenbreite von 2 Byte. Er wird dazu benutzt, um Raumtemperaturen, Helligkeitswerte usw. zu übertragen. Der EIS 5 wird in der Praxis also immer bei Anzeigeeinheiten, Displays und Visualisierungen eine Rolle spielen.

## 2.8.9 Sonstige EIS-Typen

Über die soeben beschriebenen EIS-Typen hinaus gibt es noch weitere, die nur der Vollständigkeit halber aufgezählt werden sollen:

- ❏ EIS 9: IEEE Gleitkomma-Wert
- ❏ EIS 10: Zähler-Wert 16 Bit
- ❏ EIS 11: Zähler-Wert 32 Bit
- ❏ EIS 12: Zugangskontrolle
- ❏ EIS 13: ASCII-Zeichen
- ❏ EIS 14: Zähler-Wert 8 Bit
- ❏ EIS 15: Zeichenkette

In der ETS 3 werden die Datenpunkte mit einer Nummer bezeichnet. Der EIS 1 z.B. mit (1.001) für die Funktion EIN / AUS. Der EIS 7 wird ebenfalls (da dieser ein 1-Bit-Befehl ist) mit der Bezeichnung (1.007) für Schritt und (1.008) für AUF/AB geführt. Priorität EIS 8 wäre (2.001) usw.. Mit dieser, noch nicht sehr bekannten neueren Beschreibung wird man ab der ETS 3 konfrontiert, wenn man Telegramme sendet. Das Prinzip baut auf den EIS-Typen auf. Wer die EIS-Typen verstanden hat, wird hier keine Probleme haben.

# 3 Installationstechnik und Vorschriften

In diesem Kapitel wird die Vorgehensweise bei Auswahl und Verlegung der Leitung näher untersucht. Dazu gehören die Möglichkeiten, wie pragmatische Lösungsansätze zu finden sind und wie die Umsetzung im Gebäude zweckmäßig und innovativ gestaltet werden kann.

## 3.1 Leitungsauswahl und Näherung

EIB beruht auf einer Technik, die mit 2 Adern auskommt. Für die Installation wird eine Leitung verwendet, die 2 Adernpaare besitzt. Diese Leitung darf sternförmig oder in Baumstruktur verlegt werden. Unter keinen Umständen darf eine Ringstruktur entstehen, da sich hier ab einer gewissen Ringgröße (ca. 700 m) Laufzeitunterschiede einstellen und damit die Datenübertragung bzw. Synchronisation nicht mehr gewährleistet ist. Beim Beschaffen der Leitung ist darauf zu achten, dass die zum Einsatz kommende Leitung eine Zulassung von der Konnex-Association (EIBA) besitzt, bzw. die von der Konnex-Association (EIBA) geforderten Werte eingehalten werden. Zu empfehlen sind folgende Typen:

**Typ 1**

- MSR-Leitung (YCYM, $2 \times 2 \times 0{,}8$) Adernfarbe: Rot, Schwarz, Gelb und Weiß,
- Schirm mit Beilaufdraht,
- trockene, feuchte und nasse Räume, keine direkte Sonneneinstrahlung,
- Verlegung: auf Putz, unter Putz oder im Rohr, Mantel grün eingefärbt und beschriftet.

**Typ 2**

- J-Y(St)Y (EIB Ausführung, $2 \times 2 \times 0{,}8$) Adernfarbe: Rot, Schwarz, Gelb und Weiß,
- Schirm mit Beilaufdraht,
- trockene und feuchte Räume, Verlegung: auf Putz, unter Putz oder im Rohr.

Zu beachten ist hier die Einhaltung der Farben beim Klemmen. Rot verwendet man als + und Schwarz als –. Wenn dieses Adernpaar einmal beschädigt sein sollte, klemmt man niemals nur 1 Ader um, sondern verwendet das komplette neue Adernpaar (gelb, weiß). Nur so ist eine einwandfreie Datenübertragung sichergestellt. Es dürfen auf keinen Fall freie Adern der herkömmlichen 230-V-Installation benutzt werden. Es handelt sich beim EIB um einen Schutzkleinspannungsstromkreis, der nach DIN VDE 0100, Teil 410 von der Starkstrominstallation zu trennen ist. Auch würden die NYM- bzw. die NYY-Leitungen nicht den Anforderungen der Konnex-Association (EIBA) genügen! Funktionsstörungen wären die Folge!

Im Zuge baubiologischer Installationen wird häufig die Frage gestellt, ob Leitungen ohne Schirm Verwendung finden können. Da Leitungen, die einen Schirm besitzen, der nicht geerdet ist, elektrische Felder ankoppeln. Diese Ankopplung ist bei baubiologischer Installation unerwünscht. Hier muss jeder für sich entscheiden inwieweit zwischen den Vorgaben und den Wünschen bei der Errichtung der Anlage abgewogen werden kann. In der Praxis gibt es bereits Anlagen, die ohne geschirmte Leitung betrieben werden. Auch gibt es Anlagen, bei denen die Errichter den Schirm durchverbunden und geerdet haben. Wie gesagt, die Verantwortung für eine Anlage trägt immer der Errichter selbst!

Nach DIN VDE 0100 und DIN VDE 0800 (ff.) ist besonders der Abstand zwischen Bus und der normalen Hausinstallation zu berücksichtigen. Die Forderungen der einschlägigen DIN- und VDE-Vorschriften werden erfüllt, wenn folgende Punkte genauestens beachtet werden:

- ❏ Es muss eine geeignete Leitung (Prüfspannung 4 kV/2,5 kV) verwendet werden.
- ❏ Es ist möglich, die Busleitung neben der Mantelleitung (NYM, NYY) zu verlegen. Die Busleitung darf u.U. zusammen mit Einzeladern (H07VU) in ein Rohr eingezogen werden (Prüfspannungen unbedingt beachten!).
- ❏ Die freien Adern der Busleitung zur Übertragung von Fernsprecheinrichtungen zu nutzen (Telekom) ist nicht zulässig.
- ❏ Die Busleitung ist in ihrem Verlauf als solche zu kennzeichnen. Bei Verwendung der eingefärbten Leitung (YCYM) ist keine weitere Kennzeichnung erforderlich.
- ❏ Klemmdosen dürfen nur Busleitungen enthalten
  (Ausnahme: Sonderanfertigung!). Die Schirmung der Leitung wird nicht geerdet.
- ❏ Die Schirmung und die Adern dürfen nicht zufällig mit anderem Potential (230 V) in Berührung kommen.
- ❏ Überspannungsschutz in Form von Überspannungsklemmen ist dringend zu empfehlen.
- ❏ Bei Verwendung von Kombidosen ist höchste Vorsicht geboten, denn sie sind bis auf wenige Ausnahmen verboten. Bei diesen Ausnahmen werden die Hängebügel geerdet, damit eine Spannungsverschleppung nahezu unmöglich wird.
- ❏ Bei Einführung der Busleitung in den 230-/400-V-Unterverteiler ist auf genügend Abstand zu Starkstromleitungen zu achten.
- ❏ Die Busleitung darf erst am Ende abgemantelt werden.
- ❏ Die Durchverdrahtung im Verteiler ist ebenfalls mit Leitungen zu erstellen, die

nur am Ende abgemantelt sind. Solche «Brücken» sind bereits vorkonfektioniert im Handel erhältlich.

Das sind eine Reihe von Vorschriften, die sehr viel Sorgfalt bei der Installation erfordern. Man muss bedenken, dass es sich hier um die Schutzkleinspannung handelt: Eine Schutzmaßnahme nach DIN VDE 0100, Teil 410, die ein sehr hohes Schutzziel verfolgt. Eine Schwachstelle würde bereits genügen, um dieses hohe Ziel in Frage zu stellen. Die Schutzkleinspannung (SELV), die hier angewandt wird, darf nicht mit der Funktionskleinspannung (PELV) verwechselt werden. Bei der PELV wird 1 Leiter des Sekundärkreises geerdet, was bei der SELV nicht zulässig ist!

Wenn die Leitungen soweit verlegt sind, muss vor dem Einbau der Geräte dieser Teil der Installation noch sorgfältig geprüft werden. Über diese Prüfung ist ein Protokoll anzufertigen. Dies wird auch vom ZVEH/ZVEI in seinen Druckschriften gefordert. Daneben ist es für den, der die Anlage in Betrieb setzt ein Nachweis dafür, dass die Installation der Busleitung fehlerfrei vorgenommen wurde.

Als Mindestanforderung muss diese Dokumentation folgende Punkte berücksichtigen:

- ❏ Ergebnis der Besichtigung,
- ❏ Plan der verlegten Leitungen,
- ❏ Angabe der einzelnen Längen (für Erweiterungen sehr wichtig),
- ❏ Polaritätsprüfung,
- ❏ Isolationswiderstand (in Anlehnung an DIN VDE 0100, Teil 610, Prüfspannung beachten),
- ❏ Spannungswerte bei eingebautem Netzteil,
- ❏ eine galvanische Trennung zu anderen Linien (wenn vorhanden).

Dieser Teil der Dokumentation darf keinesfalls fehlen. Bei einer späteren Übergabe kann diese Dokumentation verlangt werden und müsste dann, wenn sie fehlt, teuer nachträglich erstellt werden. Es sind natürlich noch weitere Dokumentationen erforderlich. Teilnehmerlisten, Gruppenverzeichnisse und Installationspläne sind selbstverständlich. Ohne diese Dokumentationen ist eine Erweiterung der Anlage äußerst schwierig. Außerdem werden in den allgemeinen anerkannten Regeln der Technik (aaRdT) immer ausreichende Anlagenbeschreibungen gefordert. Sollten diese Pläne dem Betreiber einer Anlage nicht zur Verfügung stehen, könnte es passieren, dass diese Unterlagen extern auf Kosten des Projektanten nachgereicht werden müssen.

Die Sicherung der gespeicherten Anlagedaten ist besonders wichtig. Da hier letztlich Schaltungsvarianten und Verknüpfungen gespeichert sind, ist die Frage der Disketten- bzw. CD-Nutzung vorher zu klären.

Hier ist auch auf die DIN 18 015, Teil 2 hinzuweisen. In dieser DIN wird gefordert, dass bei Elektroinstallationen, die in herkömmlicher Technik ausgeführt werden, der EIB vorzusehen ist. Dies kann auf verschiedene Weise (indem eine Rohrinstallation oder bereits Busleitungen verlegt werden) erfolgen. Auf jeden Fall sollte nicht an der Größe des Unterverteilers gespart werden, der die Reiheneinbaugeräte (Aktoren) aufnehmen soll. Diese Information bietet letztlich auch dem Installateur vor Ort entsprechende Argumentationshilfen gegenüber dem unentschlossenen Kunden.

## 3.2 Platzbedarf/Verteiler

Es stellt sich beim Einsatz dieses Systems zunächst die Frage der Vorgehensweise und der Umsetzung beim Kunden.

Im gehobenen Wohnbereich, wo sich in der Regel keine oder nur wenig Möglichkeiten finden die Aktoren unterzubringen, wird aus diesem dezentralen System ein zentrales System, zumindest was das Anbringen der Aktoren angeht. Es bleibt in der Regel nur die Möglichkeit diese Geräte in entsprechende Verteiler zu platzieren.

**Variante 1**
Im Kellerbereich der Anlage wird ein großer Standverteiler montiert, der alle im Haus befindlichen Aktoren aufnimmt. Über entsprechende Abgangsklemmen können dann alle Leitungen zentral von diesem Punkt aus im Gebäude verteilt werden. Bei dieser Variante ergeben sich entsprechend viele Leitungen, wobei hier auch mehradrige oder vieladrige Leitungen zum Eissatz kommen können. Z.B. hat sich die Variante der 5-adrigen Leitung für Steckdosen bewährt. Hierbei wird eine 5-adrige Leitung vom Verteiler zu den Steckdosen gezogen und in tiefen Schalterdosen geklemmt. An jeder Steckdose stehen dann die normale Netzspannung 230 V (L, N, PE) und 2 zu schaltende Drähte zur Verfügung. Der Kunde kann dann nachträglich noch entscheiden, welche Steckdosen dauerhaft Spannung haben und welche dann schaltbar sind, z.B. für Stehlampen oder auch Elektrogeräte, die nachts abgeschaltet sein sollen (ähnlich wie Netzfreischalter / Netzabkoppler). Wird nun bei dieser Art der Installation noch ein Verteiler der Schutzklasse 1 (Gehäuse ist geerdet) eingesetzt sowie eine Leitung (230 V) verwendet, die einen Schirm besitzt, hat der Kunde neben seinen vielen Schaltfunktionen auch noch eine feldarme Elektroinstallation. Die Leitungen, die zur Datenübertragung dienen (Busleitung), sind ja bereits aufgrund ihrer niedrigen Gleichspannung bereits feldarm.

**Variante 2**
In den einzelnen Etagen des Gebäudes werden in die entsprechenden Unterverteiler zusammen mit den Stockwerks-Sicherungen die Aktoren eingebaut. Da hier mehrere Verteiler zur Verfügung stehen, reduziert sich die Anzahl der Aktoren. Aber Vorsicht, in der Praxis hat sich gezeigt, dass der hierfür benötigte Platzbedarf oftmals unterschätzt wurde. Weiterhin sind große Unterverteiler auch nicht zu übersehen. Nicht immer bietet sich die Möglichkeit, einen solchen Verteiler hinter einer

Türe oder in einem Vorratsraum zu verstecken. Solche Einbauten müssen unbedingt vorher mit dem Kunden besprochen werden.

**Variante 3**
Die Aktoren können dezentral platziert werden. Dies ist aber meist nur im Zweckbau möglich, da im privaten Bereich meist keine entsprechenden Zwischendecken oder Zwischenböden vorhanden sind. Brüstungskanäle dürften ebenfalls die Ausnahme sein. So würde nur die Möglichkeit bestehen, die Aktoren einzeln in entsprechende Schalterdosen zu verstecken. Das würde aber den Verdrahtungsaufwand und Kanalpreis je Aktor erhöhen.

Bei der Auswahl der Aktoren, die in die Verteiler eingebaut werden, gibt es grundsätzlich 2 Varianten. Einerseits Geräte die mittels einer Kontaktierung an der Rückseite mit einer Datenschiene verbunden werden, und andererseits welche, die Klemmen an der Oberseite des Gerätes besitzen. Welche Variante eingebaut wird, ist letztlich egal. Bei der Version mit den Datenschienen ist jedoch darauf zu achten, dass die restliche Schiene nicht mit anderen 230-V-Reiheneinbaugeräten bestückt werden darf. Entsprechend ist hier auf den Platzbedarf zu achten. In der Praxis setzen sich jedoch mehr und mehr Geräte mit Klemmen gegenüber den Datenschienen durch. Vorteil ist, dass der Rest der Schiene mit anderen Reiheneinbaugeräten (REG) bestückt werden kann.

## 3.3 Anzahl der Linien

Nachdem nun der Platzbedarf und der Einbauort der Aktoren geklärt ist, stellt sich die Frage nach der Anzahl der Linien. Grundsätzlich kann man, wenn die Anzahl der Geräte es erlaubt, auch mit 1 Linie auskommen. Im Falle eines Kurzschlusses oder bei Ausfall der Spannungsversorgung ist dann faktisch die ganze Anlage tot. Natürlich können die Geräte so parametrisiert werden, dass einzelne Leuchten ständig eingeschaltet sind, was letztlich einem Notbetrieb gleichkommt. Folglich ist es ab einer gewissen Größe oder Funktionalität erforderlich 2 oder mehr Linien aufzubauen.

In größeren Gebäuden, vor allem dann, wenn der Bus im Zuge eine Sanierung nach und nach eingebaut wird, ist die Frage der Liniengestaltung sehr wichtig. Hier kann man sich vorstellen, im Treppenbereich eine Art Hauptverbindungsleitung (Linie 0 eines Bereiches) zu legen, an der alle weiteren Linien über Linienkoppler angeschlossen werden. Diese Linie dient dann ausschließlich zur Verbindung der einzelnen Linien untereinander. Speziell ausgewählte Geräte, wie z.B. Wetterstation, Windwächter, Helligkeitsfühler, Telefonwählgerät oder die Visualisierung des Hausmeisters, würden dann an dieser Linie angeschlossen werden. Auch kann es aus funktionalen Gründen sinnvoll sein, wenn durch eine Etage/Raum mehrere Linien führen. Diese Linien können nach Funktionen getrennt sein. So könnte in einem Büroraum 1 Linie dazu verwendet werden Licht und Heizung zu regeln, die andere dazu, die Jalousien zu bedienen.

## 3.4 Überspannungsschutz

Da in den letzten Jahren die Schadenhäufigkeit im Bereich Überspannung enorm zugenommen hat und die Schadenversicherer auch nicht mehr jeden Überspannungsschaden ohne Probleme abwickeln, ist der Überspannungsschutz für ein so hochtechnisches Produkt wie den EIB unverzichtbar. Sinnvollerweise beginnt Überspannungsschutz bereits mit dem äußern Blitzschutz und erstreckt sich über den Potentialausgleich hin zum inneren Blitzschutz. Auch wenn keine direkten Einschläge in das Gebäude befürchtet werden, ist dennoch mit einem Blitzeinschlag in der Nähe zu rechen. Überspannungen hieraus sind bis zu einer Entfernung von 1,5 km zu registrieren. Auch Schalthandlungen der Energieversorger, bei denen Überspannungen entstehen, sind möglich. Ein vernünftiger Überspannungsschutz beginnt mit Ventilableitern der Kategorie B am Übergabepunkt des Verteilungsnetzbetreibers (Hausanschlusskasten oder Messeinrichtung). Weiterhin werden in den Verteiler Ableiter der Kategorie C eingebaut. Nach dem Netzteil, also auf Busseite, kann dann noch ein Ableiter der Kategorie D die Busgeräte schützen.

> **Anmerkung**
> ❏ Geräte der Kategorie B werden landläufig als «Grobschutz» bezeichnet. Wobei hier Geräte benannt sind, die im Inneren eine Trennfunkenstrecke besitzen und energietechnisch ein sehr hohes Ableitvermögen besitzen (z.B. 100 kA bei 10...350 µs).
> ❏ Geräte der Kategorie C werden landläufig als «Mittelschutz» bezeichnet. Das sind Geräte mit Varistoren, die ein wesentlich niedrigeres Ableitvermögen besitzen, z.B. 12 kA bei 8...20 µs.
> ❏ Geräte der Kategorie D werden landläufig als «Feinschutz» bezeichnet, die die Geräte unmittelbar vor Ort schützen.

Als Leitfaden für den Blitz- und Überspannungsschutz dienen hier folgende Normen:

❏ DIN VDE 0100, Teil 442: Schutz bei Überspannung 11/1997
❏ DIN VDE 0100, Teil 443: Schutz bei Überspannung 01/2002
❏ DIN VDE 0100, Teil 444: Schutz bei Überspannung 10/1999
❏ DIN V VDE V 0185: 1 Allgemeine Grundsätze 11/2002
❏ DIN V VDE V 0185: 2 Risiko-Management 11/2002
❏ DIN V VDE V 0185: 3 Schutz von baulichen Anlagen und Personen 11/2002
❏ DIN V VDE V 0185: 4 Elektrische und elektronische Systeme in baulichen Anlagen 11/2002

Speziell für den Schutz von EIB-Geräten wurden eigene Überspannungsableiter entwickelt, die aus einer Busklemme und einem Schutzleiteranschluss bestehen. Diese werden in die Schalterdose direkt beim Busankoppler eingebaut.

Überspannung ist ein sehr vielschichtiges Thema und erfordert, um entsprechend zu wirken, eine genaue Konzeption. Es wäre absolut falsch zu glauben, dass man hie und da einen «Feinschutz» einbaut und alle Geräte wären geschützt. Busleitungen können zusammen mit der Energieleitung eine Induktionsschleife bilden, in die dann wiederum beim Blitzschlag eine gefährliche Spannung einkoppeln kann. Weiterhin wäre mit dem Kunden zu klären ob, und auf welche Weise ein Versicherungsschutz für die Anlage besteht. Im Regelfall zahlen Versicherungen bei Überspannungsschäden nur dann, wenn ein entsprechendes Schutzkonzept vorhanden ist.

# 4 Systemkomponenten

Es ist notwendig, dass man sehr viele verschiedene Busteilnehmer und deren Funktion kennt. Nur so kann man Kunden vernünftig beraten und die vielen Vorteile des EIB anwenden. Alle EIB-Geräte sind miteinander kompatibel, dafür garantiert das EIB-KNX-Warenzeichen. Trotzdem wird es immer Hersteller geben, die noch weitere, zusätzliche Funktionen anbieten (Umschalten der LED-Farbe, Rückmeldeobjekt usw.). Standardfunktionen können von allen EIB-Geräten übernommen werden.

## 4.1 Datenschiene

Eine Datenschiene wird benötigt, um Reiheneinbaugeräte (REG), wie z.B. Spannungsversorgung, Drossel, Jalousien-Aktor oder Binärausgang, miteinander zu verbinden. Auf den beiden äußeren Leiterbahnen liegen Plus- und Minuspol der Spannungsversorgung. Diese beiden äußeren Leiterbahnen werden nur von der Spannungsversorgung und der Drossel kontaktiert. In den mittleren Leiterbahnen wird die eigentliche Busspannung geführt.

Datenschienen werden in die Hutschienen der Unterverteiler einfach eingeklebt. Ein Klebestreifen auf der Rückseite ist bereits vorgesehen. Für Sonderbauformen von Hutschienen werden von den Herstellern Unterlagen geliefert, um die verschiedenen Tiefen auszugleichen.

Zu beziehen sind Datenschienen in verschiedenen Längen: 214 mm, 243 mm oder 277 mm (Hager 496 mm). Sie dürfen keinesfalls selbst gekürzt werden, da sonst die in den VDE-Vorschriften geforderten Werte bezüglich der Kriechstromfestigkeit und Isolation nicht mehr stimmen. Offene bzw. nicht belegte Teile der Schienen müssen mit besonders dafür gefertigten Abdeckstreifen versehen sein. Damit wird sichergestellt, dass andere Spannungen mit dem EIB, der ja eine Schutzkleinspannungsstromkreis ist, nicht in Berührung kommen. Die Schienen bestehen aus einem Spezialwerkstoff, so dass eine Korrosion ausgeschlossen und eine dauerhafte Kontaktierung der Reiheneinbaugeräte gewährleistet ist (Bild 4.1). Wenn eine Datenschiene eingesetzt wurde, bedeutete dies immer, dass der restliche Einbauplatz auf der Hutschiene für EIB-Geräte reserviert war. Der Einbau von anderen Geräten wie Fehlerstromschutzschalter, Automaten oder Relais war dann nicht mehr möglich. So setzte sich mehr und mehr die Generation der Klemmengeräte durch. Beim Einbau dieser Produkte wird die Kontaktierung mittels einer kleinen

Drahtbrücke vorgenommen. Diese Drahtbrücken werden von einzelnen Herstellern bereits vorkonfektioniert geliefert. So lässt sich der Verteileraufbau sehr viel freizügiger planen, und auf Änderungen kann schneller reagiert werden.

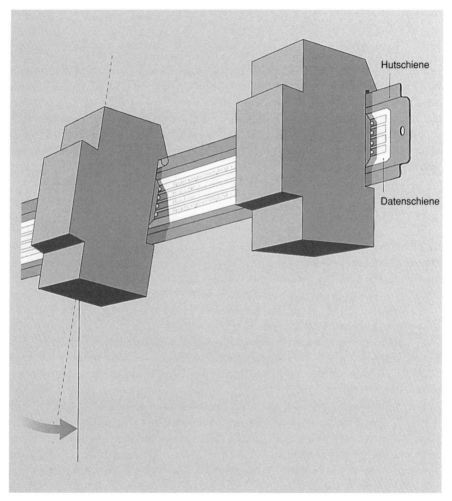

Bild 4.1  Datenschiene zum Einkleben in die Hutschiene des Unterverteilers, Quelle: Fa. Siemens

## 4.2  Spannungsversorgung

Die Spannungsversorgung erzeugt die notwendige Busspannung von 28…30 V Gleichspannung. Auf der Primärseite der Spannungsversorgung wird neben dem Außenleiter und dem Neutralleiter auch Erdpotential angeklemmt. Dieser Anschluss ist sehr hochohmig ausgeführt, um statische Ladungen auf der Busseite zu vermeiden. Spannungsversorgungen haben eine geringe Pufferzeit. Es können Werte um die 100 ms angenommen werden. Kurze Spannungseinbrüche werden also von der Spannungsversorgung überbrückt. An der Frontseite wird über 2 (3) Leuchtdioden (LED) der Betriebszustand signalisiert (Bild 4.2).

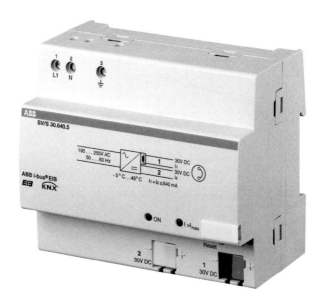

Bild 4.2
EIB-Spannungsversorgung zum Erzeugen der Schutzkleinspannung (SELV),
Quelle: ABB

❏ rot ist die Signalleuchte für Überlast,
❏ grün steht für den Normalbetrieb,
❏ gelb alarmiert bei Überspannung,
❏ rot, Reset LED, neben dem Resetschalter, wenn eine Drossel eingebaut ist.

Wichtig: Nicht alle Hersteller verwenden diese Leuchtdioden.

Die Überspannung bezieht sich auf die Ausgangsseite, wenn die Busspannung einen Wert annimmt, der größer als 30 V ist. Spannungsversorgungen gibt es in 3 Ausführungen:

1. mit einem Ausgangsstrom von 320 mA (hier ist die Drossel nicht integriert, dieses Modell wird aber nicht mehr hergestellt),
2. mit einem Ausgangsstrom von 640 mA mit integrierter Drossel,
3. die nun wohl meist gebrauchte Version mit 2 Ausgangsspannungen. Hier kann ein Gesamtstrom von 640 mA entnommen werden. Eine Ausgangsspannung besitzt eine interne Drossel, die andere Ausgangsspannung nicht. Sie kann mit

einer externen Drossel versehen werden, um eine weitere Linie zu versorgen oder ist direkt mit einem Anwendungscontroller zu verbinden (s. Bild 4.3).

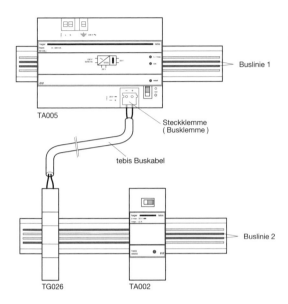

Bild 4.3
Abgriffmöglichkeiten an der Spannungsversorgung,
Quelle: Fa. Hager

Bei dieser 3. Variante ist unbedingt darauf zu achten, dass die Ausgangsspannung mit der Drossel für den Bus Verwendung findet. Wird hier die ungedrosselte Ausgangsspannung verwendet, sind Funktionsstörungen die Folge. Sollt es gewünscht sein, mit dieser Variante 2 Linien betreiben zu wollen, ist dies durchaus möglich, wenn für die ungedrosselte Ausgangsspannung noch eine Drossel eingebaut wird.

Die Spannungsversorgung liefert ihre Ausgangsspannung über Druckkontakte an die äußeren Leiterbahnen der Datenschiene. Von dort greift dann die Drossel ab, entkoppelt die Spannung und speist sie dann ebenfalls über Druckkontakte auf die innenliegende Leiterbahnen wieder ein.

Für die Bemessung der Anlage kann davon ausgegangen werden, dass ein Busteilnehmer einen Strom von ca. 5 mA aufnimmt. Dies gilt nicht für Koppler, Controller oder Stellantriebe. Hier muss der Aufnahmestrom dem Datenblatt entnommen werden.

## 4.3 Drossel

Die Drossel wird über alle 4 Leiterbahnen kontaktiert. Sie nimmt die von der Spannungsversorgung erzeugte Gleichspannung über die äußeren Leiterbahnen auf und führt sie dann über eine Induktivität. Diese Induktivität wirkt zum einen bei den

Telegrammen mit (Spannungserhöhung bei logisch 0) und zum anderen trennt sie den Bus mit seiner überlagerten Wechselspannung (Telegramme) von den Glättungskondensatoren der Spannungsquelle. Drosseln könne ca. 500 mA Strom führen. Damit ist es möglich 2 Spannungsversorgungen von 320 mA mit 1 Drossel zu betreiben.

Einen weiteren Einsatz findet die Drossel bei einer 640 mA Spannungsversorgung, um den ungedrosselten Ausgang der Spannungsquelle zu verdrosseln, und ihn damit zur Speisung von zusätzlichen Linien zu benutzen.

Des weiteren befindet sich an der Drossel ein Resetschalter. Dieser Resetschalter trennt den Bus von der Spannungsquelle und schaltet ihn spannungsfrei. Dieser Zustand wird durch die rote Leuchtdiode an der Drossel signalisiert. Der Bus ist jetzt natürlich funktionslos. Da es sich hier um einen «*Resetschalter*» und nicht um einen «*Resettaster*» handelt, kann der spannungslose Zustand beliebig lange dauern, bis eben dieser Schalter zurückgestellt wird. Eine Fehlerquelle, die durch den Kunden selbst entstehen kann!

Wenn am Bus Störungen auftauchen, kann man zuerst durch einen Busreset das System neu starten. wobei der Resetschalter 6...8 s geschlossen bleibt. Ein Datenverlust bei den platzierten Busteilnehmern ist nicht zu befürchten, auch wenn die Anlage über einen längeren Zeitraum spannungslos war (Bild 4.4)! Wird eine Spannungsversorgung mit integrierter Drossel verwendet, befindet sich der Resetschalter an der Spannungsquelle. Dieser wird aber durch die Abdeckung im Verteiler verdeckt, so dass der Kunde direkt keinen Zugriff besitzt.

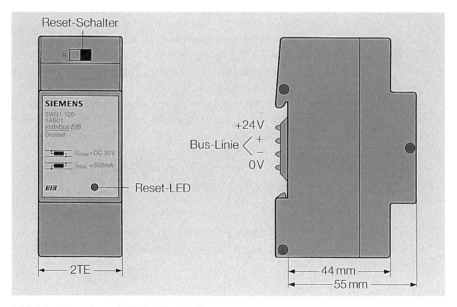

Bild 4.4   Drossel vom EIB, Quelle: Fa. Siemens

## 4.4 Busankoppler

Um einem Taster oder anderem Gerät die Kommunikation mit dem Bus zu ermöglichen, ist der Busankoppler nötig. Ein Endgerät besteht somit aus 2 Teilen, Busankoppler und Taster. Wünscht der Kunde ein anderes Schalterprogramm, ist es nötig, Taster und Busankopplung gemeinsam zu tauschen. Es ist nicht möglich, in den Busankoppler eines Herstellers die Anwendungssoftware eines anderen Herstellers zu laden.

Am Busankoppler kommt die Gleichspannung (Versorgungsspannung) und das Nutzsignal (Telegramm) über die 2-adrige Busleitung an. Diese beiden Spannungen werden dort aufgetrennt. Es befindet sich dort auch ein Verpolschutz, d.h., wenn die Versorgungsspannung verpolt wird, nimmt das Gerät keinen Schaden.

Im ROM-Speicher (Read Only Memory, Nur-Lesen-Speicher) sind Informationen bereits durch den Hersteller festgelegt. Im EEPROM (Electrically Eraseable Programable Read Only Memory, elektrisch löschbarer Festwertspeicher) kann durch Einspielen der herstellerspezifischen Applikationen der Busankoppler für sein Einsatzgebiet programmiert werden. Man erhält dadurch die Möglichkeit, den Busankoppler in Verbindung mit einem Endgerät als Taster, Info-Display, Heizungsregler usw. zu verwenden.

Am Busankoppler befindet sich eine Leuchtdiode und ein kleiner Taster. Dieser Taster wird auch als Lerntaster bezeichnet. Er ist notwendig, um dem Busankoppler die physikalische Adresse zu programmieren. Wenn die ETS (Engineering Tool Software) gestartet wurde und der Befehl *Teilnehmer programmieren* aktiviert ist (s. Kapitel 5), kann durch kurzes Drücken der Lerntaste die jeweilige physikalische Adresse eingespielt werden. Dieser Vorgang wird durch kurzes Aufleuchten der Leuchtdiode sichtbar. Die Vergabe der physikalischen Adresse ist i.d.R. ein einmaliger Vorgang, der nur 1-mal bei der Erstinbetriebnahme erforderlich ist. Das Umprogrammieren der Teilnehmer ist dann sehr einfach, da jeder Teilnehmer im System mit dieser Adresse direkt angesprochen werden kann.

Zu beachten wäre hier die Schutzkleinspannung des Busankopplers. Man darf nicht ohne weiteres das Gerät in eine Kombinationsdose mit einer Steckdose oder einen 230-V-Schalter einbauen, es sei denn, der Hersteller hat dies ausdrücklich genehmigt (Erdung des Hängebügels am Busankoppler und Berührungsschutz der Steckdose). Liegen keine Angaben darüber vor, ist grundsätzlich von einem Verbot (Bild 4.5 und Bild 4.6) auszugehen! Mittlerweile gibt es eine Reihe von Weiterentwicklungen, so dass bei der Bestellung der Busankoppler auf die richtige Version geachtet werden muss! Es wird grundsätzlich zwischen 2 Busankopplern unterschieden BCU 1 und BCU 2 (BIM 112). Wenn man aus einem Katalog hochwertige Sensorik bestellt, muss man einfach auf die Bestellnummer der BCU (Busankoppler) achten.

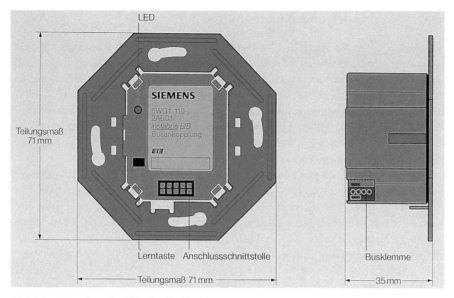

Bild 4.5  Busankoppler EIB, Quelle: Fa. Siemens

Bild 4.6
Busankoppler EIB,
Quelle: Fa. Siemens

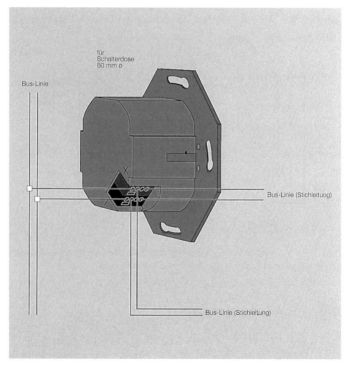

67

## 4.5 Verbinder und Klemmen

Verbinder haben die Aufgabe, die mittleren Leiterbahnen (Busleitungen) der Datenschienen nach außen zu führen. Damit ist die Möglichkeit geschaffen, Busleitungen anzuschließen oder auch Datenschienen untereinander zu verbinden. Andere Varianten der Verbindung sind unzulässig. An den Verbindern befinden sich 2 schraubenlose Doppelklemmen (für Leiter von 0,6...0,8 mm ). Es können hier 2 Busleitungen angeschlossen werden. Manche Hersteller bieten Verbinder an, die unter der Feldabdeckung Platz finden und somit den Bestückungsraum nicht verkleinern. Diese Verbinder besitzen 2 Busklemmen (8 Adern pro Pol).

Durch die Einführung der neuen Spannungsquellen muss darauf geachtet werden, welche Kontaktierung der Verbinder im Einzelnen aufweist. Ein normaler Verbinder hat die Aufgabe, die beiden inneren Leiterbahnen (Bus) zu kontaktieren und nach außen zu führen. Im Besonderen gibt es Verbinder, die eine ungefilterte Spannung vom Netzgerät auf die äußeren Leiterbahnen bringen, damit eine externe Drossel diese Spannung filtern und für eine weitere Linie zur Verfügung stehen kann. Eine falsche Auswahl führt zu einer Fehlfunktion!

Für alle weiteren Verbindungen werden sog. Busklemmen benutzt. Busklemmen sind Steckklemmen, die auf der einen Seite die einzelnen Drähte aufnehmen und auf der anderen eine Kontaktierung für den Anschluss an den Busankoppler besitzen. Sie werden in den Farben Rot (+) und Schwarz (–) geliefert. Eine Schwalbenschwanzkerbung verhindert das Verpolen beim Einstecken in die Busankopplung (Bild 4.7).

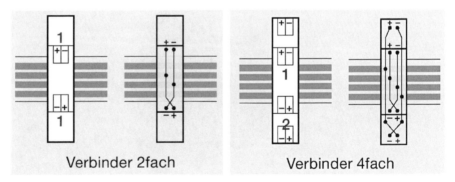

Verbinder 2fach          Verbinder 4fach

Bild 4.7  Verbinder 2-polig / 4-polig zum Erstellen der Verbindungen zwischen der Datenschiene und dem Bussystem, Quelle: Fa. Berker

## 4.6 Tastersensoren

Tastersensoren bilden zusammen mit der Busankopplung das Endgerät. Es werden z.Z. 1fach-, 2fach-, 3fach-, 4fach-, 5fach- und mulifunktionale Tastsensoren angeboten. Mit all diesen Tastern lassen sich sowohl einfache Funktionen wie Ein/Aus oder Um, oder aufwendigere Funktionen, wie Dimmen oder Lamellenverstellungen, Wert setzen u.dgl. realisieren. Der Taster im EIB ist ein sehr vielseitig verwendbares Gerät, mit dem fast alle Schaltungsvarianten erfüllt werden können (Bild 4.8).

In Tastern befinden sich kleine Leuchtdioden, die durch unterschiedliche Programmierung die verschiedensten Funktionen erfüllen können. So stehen i.d.R. folgende Varianten zur Verfügung:

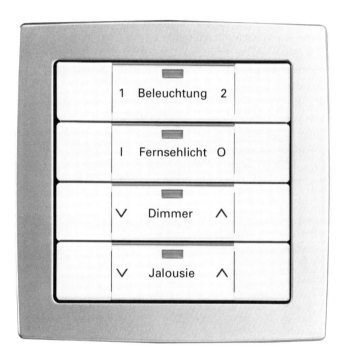

Bild 4.8
EIB-Taster, Quelle:
Fa. Busch-Jaeger

❏ Leuchtdiode findet keine Verwendung (immer Aus);
❏ Verwendung als Orientierungslicht (immer Ein);
❏ Statusanzeige des Tasters (mit oder ohne Rückmeldung);
❏ freie Vergabe.

Zu beachten ist, dass bei der Statusfunktion im Normalfall der Schaltzustand des Aktors nicht geprüft wird. Sollte der Kunde dies aber wünschen, ist eine Rückmeldung zu programmieren. Achtung, nicht alle Aktoren haben die Funktion *Rückmeldeobjekt!* Das Rückmeldeobjekt muss auf eine eigene Gruppenadresse geführt sein (s. Abschnitt 6.12).

Hier muss noch einmal darauf hingewiesen werden, wie wichtig es ist, gewünschte Schaltungsvarianten des Kunden zu kennen, um Geräte und Applikationen so wählen zu können, dass die Anzahl der Gruppenadressen nicht überschritten wird (wobei dieses Problem bei aktuellen Geräten nur selten auftritt). Spätere Nachrüstungen führen immer zur Verteuerung der Anlage. Bild 4.9 zeigt das geöffnete Fenster eines Tasters in der ETS.

Im Fenster «*Gerät bearbeiten*» können die verschiedenen Funktionen, wie Schalten, Dimmen oder Jalousie usw., durch Mausklick voreingestellt werden. Je nach Einstellung der Applikation ändern sich dementsprechend die Parametrisierungsvarianten. In unserem Beispiel wird zunächst die Funktion *Flanke* aktiviert und dann das Parameterfenster geöffnet (Bild 4.10).

Die Statusleuchtdioden können aktiv geschaltet werden. Weiterhin kann der Taster so parametrisiert werden, dass durch den oberen oder unteren Tastendruck ein-, aus- oder umgeschaltet wird. So kann der Kunde entscheiden, ob er sein Licht mit Tastendruck *oben* oder *unten* einschaltet. Für einen zentralen Ausschalter kann die Ein-Funktion komplett deaktiviert werden, dann gehen von diesem Taster nur noch Aus-Telegramme ab. Ein versehentliches Einschalten ist so überhaupt nicht mehr möglich. Bei anderen Applikationen besteht darüber hinaus die Möglichkeit, Einstellungen zu vergeben, wie «drücken Ein», und «loslassen Aus», oder «drücken Um». Hier ist es unbedingt erforderlich, die neueste Applikation des verwendeten Produktes zu kennen, um den Kunden versiert beraten zu können.

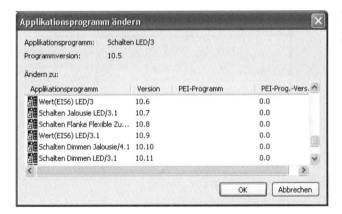

Bild 4.9
Applikationsfenster eines Busteilnehmers

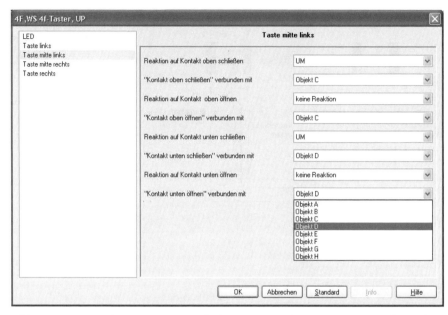

Bild 4.10   Parameterfenster eines EIB-Teilnehmers, in dem die Parameter eingestellt werden

## 4.7   Jalousien-Taster und Jalousien-Aktor

Hier muss man sich grundsätzlich mit der Jalousien-Funktion beschäftigen. Erst wenn damit Klarheit herrscht, ist das Verständnis für die einzelnen Systemgeräte gegeben. Der erste Unterschied zur gewöhnlichen Vorgehensweise besteht darin, die Rollladenfunktion oder Lüftungsklappe von der Jalousien-Funktion zu trennen. Bei einer Rollladensteuerung gibt es nur eine Aufwärts- oder eine Abwärtsbewegung bzw. Stopp. Dagegen wird bei der Jalousien-Steuerung zudem eine Lamellenverstellung benötigt. Die Lamellenbewegung erfolgt durch die gleichen Zugseile. Unterschieden wird nur zwischen einer langen Zugseilbewegung für die Auf-Ab-Funktion und einer kurzen für die Lamellenverstellung. Den kurzen Motorenlauf bezeichnet man als Lamellenzeit.

Als Jalousien-Motoren finden meist Kondensatormotoren Anwendung. Bei diesem Typ von Motor wird die unterschiedliche Drehbewegung (auf, ab bzw. links, rechts) durch Umklemmen des Kondensators erreicht. Aus diesem Grund haben diese Motoren 4 Anschlüsse: Schutzleiter, Neutralleiter, Außenleiter für Auf und Ab. In Bild 4.11 ist eine solche Motorschaltung abgebildet.

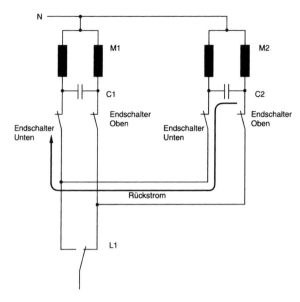

Bild 4.11
Falscher Anschluss von
2 Jalousien-Motoren

In unserem Beispiel werden 2 Motoren angesteuert, wobei diese beiden Motoren die gleichen Funktionen ausführen. Wenn also Jalousie 1 hochgefahren wird, gilt dies auch für Jalousie 2. An den Jalousien selbst sind Endschalter montiert, die dafür sorgen, dass die Motorbewegungen in der oberen und unteren Position gestoppt werden. Jeder dieser Motoren muss mit solchen Endschaltern bestückt sein. Um eine noch höhere Flexibilität zu erreichen, bieten manche Hersteller mehrfach Aktoren an, die sowohl als Schaltaktor oder auch als Jalousien-Aktor Verwendung finden. Bei solchen Kombinationen muss dann extern entsprechend verdrahtet werden. Ein 8fach-Schaltaktor kann also entweder 8 × Licht schalten oder 4 × Jalousie fahren, weil bei der Jalousien-Verdrahtung 1 Schaltkanal (Wechselkontakt) als Netzschalter und der 2. Kanal (Wechselkontakt) als Richtungsschalter benötigt wird.

### 4.7.1 Funktionsbeschreibung

Beide Jalousien stehen halb offen, beide Endschalter sind geschlossen. Nun bekommen die Motoren über den Schaltaktor den Befehl, die Lamellen nach oben zu fahren. Auf die Leitung «*Oben*» wird Spannung gegeben, die Motoren steuern die Bewegung nach oben. Dieser Zustand besteht so lange, bis die Lamellen die Endposition erreicht haben und damit den Endschalter «*Oben*» berühren. Hat z.B. Motor 1 die Lamellen bereits nach oben gefahren, Motor 2 noch nicht, stellt sich folgender Zustand ein: Motor 1 auf Endposition, Endschalter offen. Motor 2 fährt immer noch die Lamellen nach oben, d.h., beide Endschalter sind demnach noch geschlossen. In dieser Kombination bekommt der Motor 1 über den Kondensator C2 von M2 Rückstrom.

Dieser Rückstrom wird aber auf die Schaltfunktion «*Unten*» wirken. Der Motor 1 wird die obere Position verlassen und nach unten fahren. Obwohl der Schaltbefehl «*Auf*» aktiv ist. Um diesen fehlerhaften Zustand unter Kontrolle zu bringen, ist es nötig, in die zur Zeit nicht benötigte Schaltfunktion Verriegelungskontakte einzubauen. Wenn also der Schaltbefehl «*Auf*» gegeben wird, muss der Aktor die Schaltleitung «*Ab*» unterbrechen. Ist dies geschehen, kommt es zu keinen Fehlfunktionen mehr. In Bild 4.12 ist der Anschluss von 2 Motoren an einen Jalousien-Aktor dargestellt.

In der Normalausführung können mit einem EIB-Jalousien-Aktor insgesamt 4 Jalousien betrieben werden, wobei immer 2 zusammengeschaltet sind! (**Hinweis:** Die Verriegelungskontakte sind im Aktor bereits enthalten.) Mittlerweile finden auch sog. Elektronikmotoren Verwendung, die ihrerseits parallel geschaltet werden können. Es ist also genau zu prüfen, welche Art des Antriebs beim Kunden eingebaut wurde.

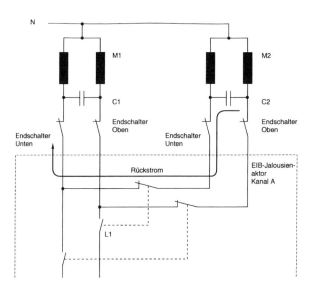

Bild 4.12
Richtiger Anschluss der Jalousien-Motoren unter Verwendung eines EIB-Aktors

Eine sehr interessante Schaltungsvariante ist die für den Windalarm. Bei dieser Funktion wird über einen zentralen Windsensor die Windgeschwindigkeit erfasst. Sollte sie einen eingestellten Wert überschreiten, gibt dieses Gerät einen Kontakt frei. Dieser Schaltbefehl kann dann über einen Binäreingang busfähig gemacht werden. Das Sturm-Telegramm wird zum Bus geleitet und dort von allen parametrisierten Jalousien-Aktoren gehört. Das Sturm-Telegramm bewirkt so, dass alle Jalousien nach oben (evtl. auch nach unten) in einen sicheren Zustand fahren. Eine Handbetätigung ist dann ausgeschlossen, zumindest so lange, wie dieser Alarm gültig ist.

Der Sturmsensor wird hier auf zyklisches Senden eingestellt. Es werden also in einem einstellbaren Zeitintervall immer Telegramme gesendet, ob nun Windalarm vorhanden ist oder nicht. Durch diese Sicherheitsprogrammierung wird ein Defekt (z.B. Drahtbruch) am zentralen Windsensor sofort erkannt. Alle Jalousien fahren dann ebenfalls in eine sichere Position und lassen sich erst wieder nach Beseitigung des Defekts bedienen. Wird der Jalousien-Aktor z.B. für eine Dachfenstersteuerung benutzt, ist unbedingt darauf zu achten, dass das Dachfenster bei Windalarm schließt.

Zur Erklärung der Bearbeitung am PC ist das Fenster der ETS abgebildet. In Bild 4.13 erkennt man den gewählten Taster für die Steuerung wieder. In diesem Falle wurde der Einfachheit halber ein 1fach-Taster gewählt. Durch das Applikationsfenster wurde dieser Taster auf Jalousien-Funktion eingestellt. Man kann deutlich bei den Objekten die beiden Schaltfunktionen erkennen. Es handelt sich um 2 Befehle. Einmal um die Auf-Ab-Funktion und um die Lamellenverstellung. Weiterhin deutlich erkennbar ist der 1-Bit-Befehl, der die Schaltfunktionen auslöst. Bei der Priorität des Telegrammes ist derzeit «Niedrig» (Automatikfunktion) gewählt. Diese Einstellung sollte hier auch nicht geändert werden. Bei den Flags ist unter anderem Kommunikation und Übertragung aktiv. Hier kann die Einstellung ebenso unverändert bleiben. Bild 4.14 zeigt das Parameterfenster mit Mausklick geöffnet.

Die Wippe wurde für eine Jalousien-Funktion konfiguriert, und es wurde bestimmt, durch welchen Tastendruck die Jalousie nach oben oder unten fährt.

Abschließend noch eine Beschreibung der Fenster beim Jalousien-Aktor. Bild 4.15 zeigt das Aktorenfenster mit bereits geöffnetem Parameterfenster. Hier lässt sich in der 1. Zeile die Lamellenzeit einstellen. Je größer dieser Wert gewählt wird, desto ungenauer erfolgt die Lamellenverstellung, bis hin zum teilweisen Auf/Ab. In den folgenden Zeilen besteht dann die Möglichkeit den Windalarm zu programmieren. Zunächst muss der Windalarm freigegeben sein, sonst sind die Angaben in den beiden folgenden Zeilen nicht durchführbar. Die Zykluszeit wird dann über Zeitbasis und Faktor programmiert. Sollte in dieser eingestellten Zeit kein Telegramm eingehen, erkennt der Aktor daraus eine Störung und fährt in einen sicheren Zustand. Es ist zu beachten, dass der Sender eine wesentlich kleinere Zykluszeit haben muss als der Aktor. Eine Überwachungszeit von mehreren Minuten oder gar Stunden könnte hier gewählt werden. Sollte zwischenzeitlich eine Sturmmeldung am Binäreingang eingehen, wird das selbstverständlich übertragen. Es könnte gegebenenfalls sogar ein höhere Priorität dieses Telegrammes eingestellt werden, um eine noch höhere Betriebssicherheit zu gewährleisten.

Geräte der neueren Generation besitzen mehrere Ebenen einer Alarmfunktion. So ist es bei solchen Produkten möglich, bei einer gewissen Windgeschwindigkeit die Jalousien nach unten zu fahren, erhöht sich dann die Windgeschwindigkeit über eine 2., einstellbaren Wert, kann die Position erneut gewechselt werden. Über ein 3. nochmals höherwertiges Objekt kann bestimmt werden, dass bei Frost, egal welche Windgeschwindigkeit vorhanden ist, die Endlage nicht verlassen werden darf. Hier bestehen enorme Möglichkeiten alle Kundenwünsche zu berücksichtigen und mit anderen Systemen zu konkurrieren.

Bei neueren Jalousien-Aktoren kann über einen 1-Byte-Wert (EIS 6) der Jalousien-Aktor positioniert werden. Hierzu wird die Laufzeit der Jalousie (oben – unten) als Bezugsgröße verwendet. Es können, entsprechend dem Sonnenstand oder der Tageszeit, Positionierungen durchgeführt werden. Auch sind Werte im Aktor speicherbar, die dann nur aufgerufen werden müssen (s. Kapitel 6) (**Anmerkung:** funktioniert sehr genau).

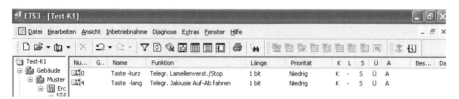

Bild 4.13   Objektübersicht eines Jalousien-Tasters

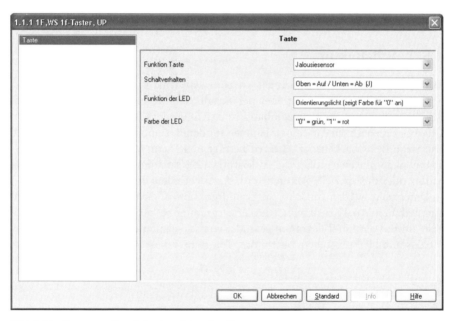

Bild 4.14   Parameterübersicht eines Jalousien-Tasters

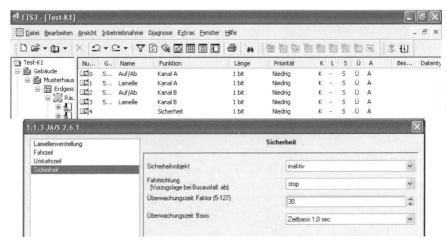

Bild 4.15  Parameterfenster eines Jalousien-Aktors mit Windalarm

## 4.8 Schaltaktor

Der Schaltaktor arbeitet prinzipiell wie ein Relais (Bild 4.16). Ankommende Telegramme werden ausgewertet und der Schaltkontakt geöffnet oder geschlossen. Schaltaktoren sind als Reiheneinbaugeräte (REG) oder als Einbaugeräte lieferbar. Diese Geräte besitzen Anschlussklemmen für den Bus und für das 230-V-Schaltteil. Die Strombelastbarkeit der Aktoren beträgt 6, 10 und 16 A, teilweise mit Hilfsspannung. Sollte eine größere Schaltleistung nötig sein, muss sie über ein Relais, ein Schütz oder mit spezielle Aktoren für C-Last-Verhalten erzeugt werden.

Untersucht werden zunächst die Grundfunktionen, die in allen Geräten vorhanden sind. In Bild 4.17 sieht man, wie die Telegramme auf den Ausgang wirken. Nachdem am Bus ein Ein-Telegramm gesendet wurde, schaltet der Ausgang durch. Dieser Zustand bleibt bestehen, bis ein Aus-Telegramm diese Funktion wieder aufhebt.

Bild 4.16
Binärausgang als Reiheneinbaugerät,
Quelle: Fa. Busch-Jaeger

Bild 4.17
Wirkung der Telegramme
auf den Schaltaktor in zeitlicher Darstellung

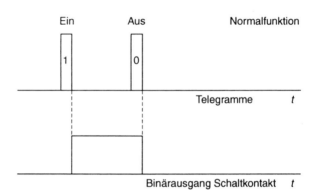

Diese Funktion alleine könnte auch ein Stromstoßschalter realisieren. Der EIB bietet aber viel mehr Möglichkeiten. So lässt sich z.B. eine Ausschaltverzögerung programmieren. Bei einem Ein-Telegramm wird wieder unverzögert eingeschaltet, beim folgenden Aus-Telegramm läuft nun eine Verzugszeit ab. Erst nach Ablauf dieser Zeit schaltet der Ausgang wieder zurück. Die Verzugszeit kann über eine Zeitbasis und über einen Faktor selbst programmiert und jederzeit geändert werden. In Bild 4.18 ist der zeitliche Verlauf der Ausschaltverzögerung noch einmal abgebildet. Hier erkennt man: Wenn ein Aus-Telegramm die Verzugszeit gestartet hat, bleibt ein weiteres Aus-Telegramm wirkungslos.

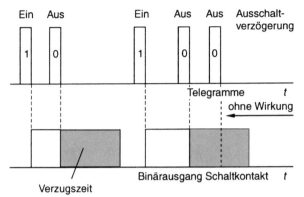

Bild 4.18
Zeitliche Darstellung der Wirkung der Telegramme bei eingestellter Ausschaltverzögerung auf den Schaltkontakt

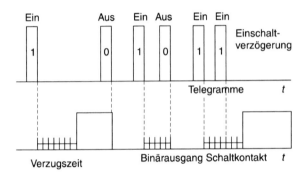

Bild 4.19
Zeitliche Darstellung der Wirkung der Telegramme bei eingestellter Einschaltverzögerung auf den Schaltkontakt

Als weitere Funktion wäre die Einschaltverzögerung zu erwähnen. Sie wird beim Zuschalten von Lichtbändern eingesetzt, um den Einschaltstrom zu minimieren. Bei einem Ein-Telegramm beginnt die Verzugszeit zu laufen. Erst nach vollständigem Ablauf dieser Zeit wird der Ausgang durchgeschaltet. Wird die Verzugszeit durch ein Ein-Telegramm gestartet, aber vor Ablauf dieser Zeit durch ein Aus-Telegramm zurückgesetzt, zeigt der Ausgang keine Wirkung. Wenn 2 Ein-Telegramme nacheinander gesendet werden, bleibt das 2. Telegramm wirkungslos. Eine Verlängerung der Verzugszeit ist dadurch nicht möglich. Bild 4.19 zeigt den zeitlichen Verlauf der Einschaltverzögerung.

Bei manchen Schaltaktoren besteht noch zusätzlich die Möglichkeit, eine Treppenhausfunktion zu programmieren. Diese Treppenhausfunktion bietet eine ganze Reihe weiterer Varianten. Auf ein Ein-Telegramm schaltet der Ausgang und bleibt für die eingestellte Verzugszeit in Betrieb. Sollten mehrere Ein-Telegramme gesendet werden, also durch mehrmaliges Drücken des Lichttasters, erfolgt ein Nachtriggern der Verzugszeit. Vom letzten Ein-Telegramm beginnt der Aktor die Verzugszeit zu starten. Wenn der Kunde den Wunsch hat, das Licht während der Verzugszeit zu löschen, ist dies durch ein Aus-Telegramm jederzeit möglich. Diese Funktion kann bei Bedarf auch unterdrückt werden. Die Treppenhausfunktion ist in Bild 4.20 zu sehen.

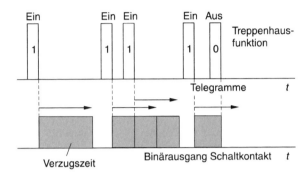

Bild 4.20
Zeitdiagramm: Treppenhausfunktion

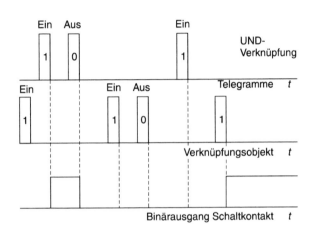

Bild 4.21
Zeitdiagramm: UND-Verknüpfung

In fast allen Aktoren stehen Verknüpfungsbausteine wie UND bzw. ODER zur Verfügung. Zentralfunktionen lassen sich somit relativ einfach lösen. Am Aktor befindet sich ein Schaltobjekt und ein Verknüpfungsobjekt. Zur einfacheren Erklärung stellt man sich vor, dass am Schaltobjekt die Schalt-Telegramme und am Verknüpfungsobjekt die übergeordneten Telegramme (Zentralfunktionen) auflaufen.

Bei einer UND-Verknüpfung steht nur 1 Signal am Ausgang an, wenn beide Eingänge angesteuert werden. Somit stellt sich die Frage, wie ist das Verknüpfungsobjekt bei der 1. Inbetriebnahme bzw. nach einem Busreset gesetzt. In unserem Beispiel wird dies durch ein voreilendes Telegramm (Bild 4.21) dargestellt. Jetzt ist das Kommunikationsobjekt Verknüpfen garantiert auf logisch 1 gesetzt, und die Telegramme auf dem Schaltobjekt können ungehindert schalten. Wird über ein 0-Telegramm am Verknüpfungsobjekt der Objektwert zurückgesetzt, können die am Schaltobjekt eingehenden Telegramme zwar den Objektwert «Schalten» verändern, aber nicht mehr auf den Ausgang wirken. Dies ist erst wieder möglich, wenn beide Objektwerte auf logisch 1 stehen. Mit dieser Funktion kann z.B. über eine Schaltuhr definiert werden, wann Schaltvorgänge durchgeführt werden können und wann nicht. Die UND-Verknüpfung wird in Bild 4.21 noch einmal anschaulich.

Mit der ODER-Verknüpfung lassen sich ähnlich übergeordnete Funktionen lösen. Da die ODER-Verknüpfung bereits ein Ausgangssignal erzeugt, wenn ein Eingang angesteuert wird, können hier gezielte Ein-Telegramme verschickt werden.

Ein Beispiel: Das Verknüpfungsobjekt wurde noch nicht angesteuert. Ein-Aus-Telegramme werden am Schaltobjekt wirksam und somit am Ausgang. Wird nun das Verknüpfungsobjekt über das Ein-Telegramm angesteuert und damit der Objektwert auf logisch 1 gesetzt, kann der Ausgang über Telegramme auf dem Schaltobjekt zunächst nicht mehr zurückgesetzt werden. Der Objektwert der Schaltfunktion natürlich schon. Wird nun die logische 1 am Verknüpfungsobjekt durch ein 0-Telegramm zurückgesetzt, schaltet der Ausgang wieder zurück. Bild 4.22 zeigt die Zusammenhänge der ODER-Verknüpfung.

Durch diese Grundfunktionen, die in den Schaltaktoren eingebaut sind, lassen sich Kundenwünsche erfüllen, die sonst nur mit sehr großem Aufwand zu bewältigen wären. Unter diesen Gesichtspunkten muss man auch den Preis eines solchen Aktors sehen. Wenn man abschließend noch die ETS-Fenster eines Schaltaktors betrachtet (Bild 4.23 und 4.24), erkennt man, dass es sich um einen 2fach-Schaltaktor handelt.

An den Objekten 0 und 1 (schalten Kanal A bzw. B) laufen unsere Telegramme auf. Objekte 2 und 3 sind für die Verknüpfungen reserviert. Um die Verknüpfungen zu aktivieren, öffnet man das Parameterfenster. Dort kann man zwischen UND, ODER bzw. *«keine Verknüpfung»* wählen. Sollte keine Verknüpfung benötigt werden, ist dies entsprechend zu parametrisieren. Überlegungen, mit welchem Objektwert (bei den Verknüpfungen) der Schaltaktor bei Busreset hoch läuft, sind dann unnötig.

Die Zeiten für Einschalt- und Ausschaltfunktionen werden ebenfalls in diesem Parameterfenster eingestellt. Die Parameterfenster, die im Buch abgebildet sind, können je nach Versionsnummer und Hersteller unterschiedlich ausfallen. Das Grundprinzip bleibt aber dasselbe. Man sollte vor jeder Projektierung die aktuellsten Versionen besorgen (auch Zwischenversionen, die üblicherweise nicht verschickt werden) und die Fenster mit den gewünschten Funktionen vergleichen. Ein Tipp an dieser Stelle: Auch die Anzahl der benötigten Gruppenadressen ist zu vergleichen! Eine weitere Überlegung bei der Auswahl des Gerätes sollte das Rückmeldeobjekt sein. Mit ihm lassen sich Schaltzustände des eigentlichen Kanals zurückmelden, beispielsweise auf die Leuchtdiode des Tasters. Die Rückmeldung mit einer eigenen Gruppenadresse ist immer wichtig, wenn der Kunde Schaltzustände anzeigen oder visualisieren will. Prinzipiell ist auch eine Rückmeldung über den Schaltkanal möglich (setzen des Ü-Flags). Dies ist aber keine optimale Lösung und birgt eine Reihe von Fehlerquellen, wenn man mit der Reihenfolge der vergebenen Gruppenadressen nicht sorgsam umgeht.

Bild 4.22
Zeitdiagramm:
ODER-Verknüpfung

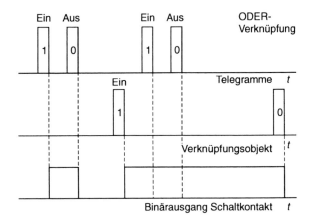

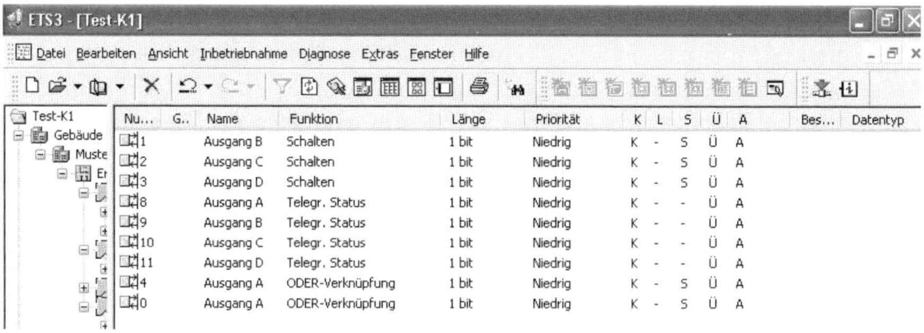

Bild 4.23 Objektübersicht eines Schaltausganges

Bild 4.24
Parameter-
übersicht eines
Schaltaus-
ganges

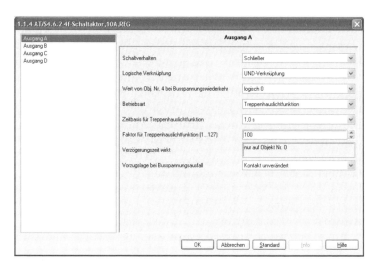

## 4.9 Schalt-Dimm-Aktor

Zunächst eine kurze Einführung in das Dimmen von Leuchtstofflampen und Niedervolt-Halogenlampen, das lange Zeit ein Problem war. Es mussten sehr aufwendige Schaltungen erstellt werden, um die Zündspannung bei den Leuchtstofflampen zu erhalten. Mit Einführung der Hochfrequenztechnik wurde dieses Problem gelöst. Die Verwendung eines Schalt-Dimm-Aktors setzt also den Einbau eines elektronischen Vorschaltgerätes voraus. Hier muss beachtet werden, dass es elektronische Vorschaltgeräte (EVGs) mit und ohne 10-V-Schnittstelle im Handel gibt.

Wenn eine Dimmfunktion realisiert werden soll, ist diese 10-V-Schnittstelle unbedingt nötig. Man geht davon aus, dass solche EVGs in den Leuchten eingebaut sind. Welcher Hersteller in Anspruch genommen wird, spielt keine Rolle, da diese Schnittstellen genormt sind. Auch wenn zunächst nicht gedimmt wird, kann man solche EVGs bereits vorsehen. Wenn die Schnittstelle nicht belegt wird, schaltet das EVG auf die volle Leistung (Helligkeit). Durch den Einbau eines Festwiderstandes lässt sich eine beliebige Helligkeit einstellen (Herstellerangaben bitte beachten). Wird diese Schnittstelle kurzgeschlossen, stellt sich der geringste Lichtstrom ein (1...10 %). Diese Schnittstellen lassen sich auch parallel schalten, und man kann damit mehrere Leuchtstofflampen dimmen. Durch eine geeignete Vergabe der Gruppenadressen könnte folgendes Beispiel gelöst werden:

❏ Lichtband 1 für sich alleine dimmen,
❏ Lichtband 2 für sich alleine dimmen,
❏ Lichtbänder 1 und 2 zusammen dimmen.

So ein Dimmvorgang ist mit dem EIB sehr einfach zu lösen, aber mit herkömmlicher Technik ist hier bereits eine Lichtsteueranlage notwendig. Das Prinzip kann auch auf Niedervolt-Halogenlampen übertragen werden. Zu beachten ist hierbei die Verwendung eines elektronischen Transformators, der auch diese 10-V-Schnittstelle besitzen muss. Werden Leuchtstofflampen und Niedervolt-Halogenlampen über einen gemeinsamen Taster gedimmt, sind die unterschiedlichen Lichtstromkurven zu berücksichtigen! Des Weiteren ist bei Mehrfachverwendung der 10-V-Schnittstelle auf deren Polarität zu achten. Es wäre auch denkbar, einen konventionellen Transformator für die Halogenlampen zu verwenden. Dann muss natürlich ein entsprechender Dimmaktor für diesen Transformator eingesetzt werden. Die Gruppenadressen können an beiden Aktoren gleich sein, somit wäre auch eine Art Parallelschaltung der Leuchten entstanden.

Beim Dimmen von Leuchtstofflampen werden 3 verschiedene Befehle benötigt: der Ein/Aus-Befehl am Schaltobjekt, ein 1-Bit-Befehl (EIS 1), der eigentliche Dimmbefehl, ein 4-Bit-Befehl (EIS 2) sowie das Setzen eines Helligkeitswertes, was als 8-Bit-Befehl (EIS 6) wirkt. Bei der Funktion des Helligkeitswertes können 255 verschiedene Helligkeitswerte aufgerufen werden.

Beim Dimmen unterscheidet man weiterhin zwischen relativem und absolutem Dimmen.

### 4.9.1 Relatives Dimmen (EIS 2)

Ausgehend vom derzeit eingestellten Wert, wird die Leuchtstofflampe heller oder dunkler gedimmt. Das Dimmobjekt empfängt einen 4-Bit-Befehl mit der Information *heller* oder *dunkler*. Nach Loslassen der Taste empfängt dieses Objekt ein Stopp-Telegramm. Die Dimmgeschwindigkeit wird im Parameterfenster der 10-V-Steuereinheit parametrisiert. Zu beachten ist: Mit einem Dimm-Telegramm kann man einschalten, aber bei einigen Fabrikaten nicht mehr ausschalten.

### 4.9.2 Absolutes Dimmen (EIS 6)

Im Teilnehmerfenster der ETS findet man ein Objekt *Helligkeitswert*, mit dem sich 8-Bit-Befehle (EIS 6) verbinden lassen. So kann man einen absoluten Helligkeitswert senden (*255 Möglichkeiten*) und die Leuchtstofflampe auf den gewünschten Helligkeitswert direkt einstellen. Ein Helligkeitswert-Telegramm mit dem Dezimalwert 128 schaltet auf die Hälfte des maximal möglichen Helligkeitswertes. Im Parameterfenster der ETS kann eingestellt werden, ob dieser Wert angesprungen oder sogar angedimmt werden soll. Absolute Helligkeitswerte lassen sich sehr gut für den Einsatz in Lichtszenenbausteinen verwenden.

Manche Aktoren besitzen auch eine Rückmeldefunktion. Sie findet Verwendung, wenn die Lampe durch Dimmen eingeschaltet werden soll, und der Schaltzustand über eine LED gemeldet wird. In diesem Falle wird vom Objekt Dimmen die Information an das Schaltobjekt weitergegeben und dort als Ein-Telegramm gesendet. Hier müssen natürlich unterschiedliche Gruppenadressen vergeben werden. Des Weiteren lassen sich im Parameterfenster die Dimmkurven beeinflussen. Hier können Standardeinstellungen übernommen oder eigene Einstellungen getätigt werden.

In Bild 4.25 sieht man das Teilnehmerfenster aus der ETS einer Steuereinheit. Deutlich sind die verschiedenen Befehlstypen zu erkennen. In Bild 4.26 ist von diesem Teilnehmer das Parameterfenster geöffnet. Dieses Fenster unterteilt die Bereiche allgemeine Parameter, Dimmgeschwindigkeit und Einteilung der Helligkeitsbereiche (die wiederum indirekt auf den Zeitbereich eingehen). Die genaue Parametrisierung erhält man aus den Beispielen von Kapitel 6.

| Nu... | G.. | Name | Funktion | Länge | Priorität | K | L | S | Ü | A | Bes... | Datentyp |
|---|---|---|---|---|---|---|---|---|---|---|---|---|
| 14 | | Allgemein | Fehlermeldung | 1 bit | Niedrig | K | L | S | Ü | - | | |
| 15 | | Allgemein | Fehlercode | 1 Byte | Niedrig | K | L | S | Ü | - | | |
| 0 | | Kanal A | Schalten | 1 bit | Niedrig | K | L | S | Ü | - | | |
| 2 | | Kanal A | relativ Dimmen | 4 bit | Niedrig | K | L | S | Ü | - | | |
| 4 | | Kanal A | Helligkeitswert | 1 Byte | Niedrig | K | L | S | - | - | | |
| 1 | | Kanal B | Schalten | 1 bit | Niedrig | K | L | S | Ü | - | | |
| 3 | | Kanal B | relativ Dimmen | 4 bit | Niedrig | K | L | S | Ü | - | | |
| 5 | | Kanal B | Helligkeitswert | 1 Byte | Niedrig | K | L | S | - | - | | |

Bild 4.25 Objektübersicht eines Schalt- und Dimm-Aktors

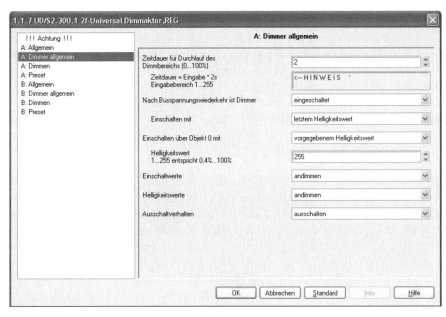

Bild 4.26  Parameterübersicht eines Schalt- und Dimm-Aktors

Die Bilder 4.27 und 4.28 stellen den Verdrahtungsplan einer Lichtregelung dar. In Bild 4.27 ist deutlich zu erkennen, wie die 10-V-Schnittstelle mit den EVGs verbunden werden. Nach diesem Anschlussbild ist es möglich, 10 EVGs parallel zu schalten. Sollte dies nicht ausreichend sein, muss der Anschluss nach Bild 4.28 geändert werden. Hier wird durch einen Schaltschütz die Anlage auf 50 EVGs erweitert. Die 10-V-Schnittstelle kann bis zu 50 EVGs ansteuern. Sollte dies immer noch nicht genügen, kann die Anlage mit weiteren 10-V-Schnittstellen erweitert werden.

---

Bild 4.27 (rechts oben)   Anschlussbild der direkten Ansteuerung der EVG-Dynamik, Quelle: Fa. Siemens

Bild 4.28 (rechts unten)   Anschlussbild: Ansteuerung über Schaltschütze, Quelle: Fa. Siemens

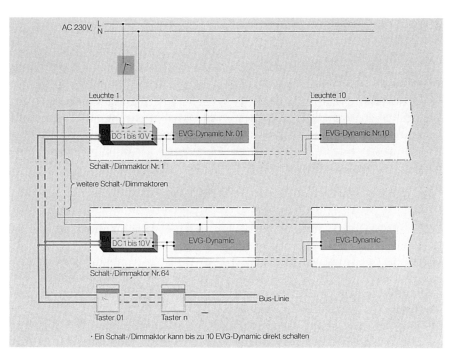

· Ein Schalt-/Dimmaktor kann bis zu 10 EVG-Dynamic direkt schalten

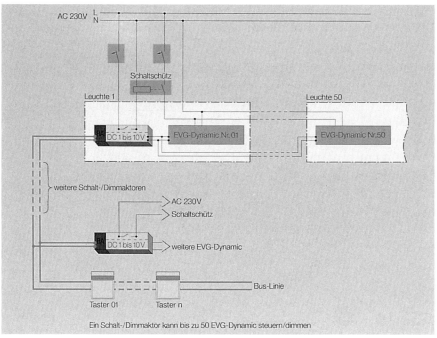

Ein Schalt-/Dimmaktor kann bis zu 50 EVG-Dynamic steuern/dimmen

## 4.10 Lichtszenenbaustein

Unter einer Lichtszene versteht man das Abspeichern verschiedener Lichtsituationen, die bei Bedarf wieder aufgerufen werden können. So kann man z.B. für ein Wohnzimmer eine Lichtszene zum Lesen, einen gemütlichen Fernsehabend oder einen Dia-Abend speichern. In einem Vortragsraum oder einem Schulzimmer sind analoge Varianten möglich. Es können sowohl Schaltbefehle als auch Dimmbefehle mit diesen Bausteinen übertragen werden. Lichtszenenbausteine gibt es von den verschiedensten Herstellern, die sich im Wesentlichen nur gering voneinander unterscheiden. Folgende Merkmale sind hier zu nennen:

- ❏ Es gibt Lichtszenenbausteine, die in einer Busankopplung untergebracht und für deren Ansteuerung EIB-Taster notwendig sind.
- ❏ Andere Hersteller setzen direkt an diese Busankopplung Tastmodule, um die einzelnen Lichtszenen abrufen zu können.
- ❏ Manche Geräte können durch einen langen Tastendruck programmiert werden, andere benötigen dafür einen separaten Taster. Dies bietet den Vorteil, dass diese Werte nicht versehentlich verstellt werden können. Nachteil dieses Systems ist, dass ein weiterer Taster benötigt wird.
- ❏ Normalerweise lassen sich mit einem Lichtszenenbaustein 8 Lichtszenen speichern. Sollte dies nicht genug sein, ist es möglich, diese Bausteine auch zu kaskadieren. Die Lichtszenen lassen sich natürlich auch mit der ETS programmieren. Wenn die Lichtszenen bei der Projektierung bekannt sind, braucht der Kunde keinerlei Einstellungen mehr vorzunehmen.

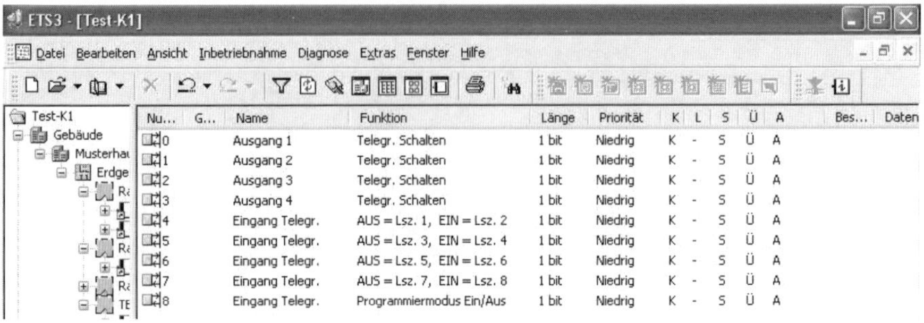

Bild 4.29  Objektübersicht eines Lichtszenenbausteins

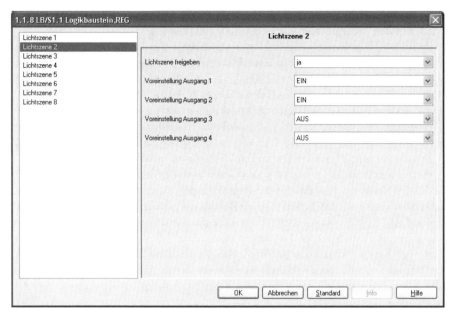

Bild 4.30   Parameterübersicht eines Lichtszenenbausteins

Bild 4.31
Übersicht:
Aktor zur Schaltgruppe

| | Taste 1 | | Taste 2 | | Taste 3 | | Taste 4 | | |
|---|---|---|---|---|---|---|---|---|---|
| | Ein | Aus | Ein | Aus | Ein | Aus | Ein | Aus | |
| | 1 | 1 | 1 | 1 | 0 | 0 | 0 | 0 | Aktor 1 |
| | 0 | 1 | 1 | 1 | 1 | 0 | 0 | 0 | Aktor 2 |
| | 0 | 0 | 1 | 1 | 1 | 1 | 0 | 0 | Aktor 3 |
| | 0 | 0 | 0 | 1 | 1 | 1 | 1 | 0 | Aktor 4 |

Die Applikation von Bild 4.29 wurde konzipiert, um Lichtszenen zu schalten. Es können hier 4 Aktorengruppen belegt und mit den Objekten 0...3 verknüpft werden. Deutlich ist hier der 1-Bit-Befehl zu erkennen, mit dem sich Ein- und Aus-Telegramme senden lassen. Auf den Objekten 4...7 (Bild 4.29) sind die Lichtszenen gespeichert. Daraus erkennt man, dass immer 2 Schaltgruppen zusammengefasst sind. Das ist möglich, da ja Ein- und Aus-Telegramme von einer Schaltwippe eines Tasters gesendet werden können. Somit lassen sich mit einem 4fach-Taster insgesamt 8 Lichtszenen abrufen. Um diesen Lichtszenenbaustein zu programmieren, verwendet man entweder die ETS oder benötigt separate Taster, um den Programmiermodus freizugeben und anschließend wieder zu sperren. Dieser Taster wird mit dem Objekt 8 dieses Lichtszenenbausteins verbunden. Dabei ist zu beachten, dass bei

87

der Programmierung des Programmiertasters die Leuchtdiode auf Status eingestellt wird, um den Programmiermodus deutlich zu erkennen.

In Bild 4.30 ist noch einmal das Parameterfenster dieses Teilnehmers abgebildet. Es zeigt die Grundeinstellung, die werksseitig bereits vorgenommen wurde. Somit wird bei der Inbetriebnahme des Teilnehmers eine Funktionsprüfung recht einfach, da keine Werte programmiert werden müssen. In Bild 4.31 ist der Zusammenhang zwischen den Aktoren und den Schaltfunktionen der Taster dargestellt.

Wünscht ein Kunde bei den Lichtszenen auch Helligkeitswerte, setzt man eine andere Applikation ein. In Bild 4.32 wurde ein solcher Teilnehmer ausgewählt, und man sieht die einzelnen Objekte im Funktionszusammenhang.

Bei diesem Produkt muss man wissen, dass von einem herkömmlichen EIB-Taster üblicherweise ein 1-Bit- bzw. 4-Bit-Befehl ausgeht. Um einen Helligkeitswert zu setzen, ist aber ein 8-Bit-Befehl (1-Byte-Befehl) notwendig. Aus diesem Grund werden auf den Kommunikationsobjekten 4…7 die Eingänge gelegt und die Gruppenadressen der Taster mit den Eingängen verbunden. Mit einem 4fach-Taster lassen sich auch hier 8 Lichtszenen aufrufen. Aus diesen 1-Bit-Befehlen werden dann in der Busankopplung, entsprechend der Parametrisierung, Helligkeitswerte in Form von 8-Bit-Telegrammen erzeugt. Diese 8-Bit-Telegramme werden dann von den Kommunikationsobjekten 0…3 gesendet und sind mit den Steuereinheiten (Wert setzen) zu verbinden. Wird aus Versehen mit dem Schaltobjekt des Aktors verbunden, bekommt man von der ETS eine Fehlermeldung. Es wird ein inkompatibler Datentyp angezeigt. Mit dem Kommunikationsobjekt 8 wird wieder der Programmiertaster verbunden, ebenso wie im 1. Beispiel.

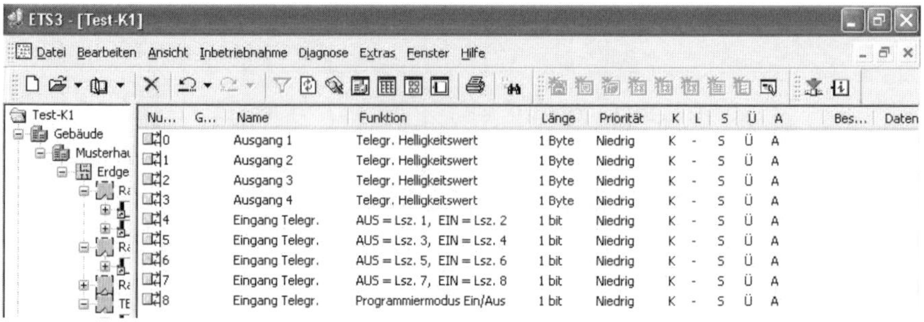

Bild 4.32  Objektübersicht eines Lichtszenenbausteins

Hier wird nur das Funktionsprinzip einer Lichtszene erläutert. In Kapitel 6, wo sehr viele einzelne Schaltungsvarianten angeboten werden, findet man weitere Beispiele zu Lichtszenen.

## 4.11 Temperatursensor

Der Temperatursensor wird bei der Regelung der Raumtemperatur verwendet (Einzelraumregelung). Er bildet i.Allg. mit einem UP-Aktor zusammen eine Einheit. Mit einem Temperatursensor lassen sich sehr einfach Einzelraumregelungen aufbauen. Jede Raumtemperatur kann individuell für sich abgesenkt oder angehoben werden. Diese werden dann als Raumtemperaturprofile bezeichnet. Die klassischen Profile sind Komforttemperatur, Eco-Temperatur, Nachtabsenkung und Frostschutz.

### 4.11.1 2-Punkt-Regelung

Die 2-Punkt-Regelung ist die einfachste Art, ein Regelung auszuführen. Der Regler schaltet ein, wenn der Sollwert (Raumtemperatur) unterschritten wurde. Ebenso schaltet er aus, wenn der Sollwert überschritten wurde. Eine Stellgröße wird nicht berechnet, leichte Überschwinger der Raumtemperatur sind die Folge. Als Hysterese bezeichnet man den Zwischenraum zwischen ein- und ausschalten.

Vorteil: Einfachere Reglertypen, leichtere Parametrisierung, Verwendung von Magnetventilen (Schaltventilen) möglich. Nachteil: eine etwas ungenauere Regelung.

### 4.11.2 3-Punkt-Regelung, PI-Regler

Bei der 3-Punkt-Regelung oder auch stetigen Regelung wird eine Stellgröße berechnet. Diese Stellgröße wird dann dem Ventil übermittelt. Das Ventil muss in der Lage sein einen prozentualen Wert zu verarbeiten. Beispiel: Die Solltemperatur im Raum soll 21 °C betragen, die aktuelle Raumtemperatur (Ist-Wert) beträgt nur 19,5 °C. Nun wird eine Stellgröße berechnet, die den Stellantrieb z.B. 30 % öffnet. Vorteil: genaueres Regelverhalten. Nachteil: aufwendigere Reglertypen mehr Parametrisierungsaufwand.

### 4.11.3 Pulsweitenmodulations-Regelung (PWM)

Bei der PWM-Regelung wird, wie bei der stetigen Regelung, eine Stellgröße berechnet. Diese Stellgröße des Reglers wird nicht direkt zum Stellventil, sondern zu einem speziellen Schaltaktor übertragen. Dieser Schaltaktor wiederum öffnet das Ventil. Zum Einsatz kommt hier ein spezielles 2-Punkt-Ventil (kein Magnetventil). Dieser sog. thermoelektrische Stellantrieb (mit 24 V und 230 V erhältlich) ermöglicht es, Zwischenpositionen anzufahren, wenn man seine Betriebsspannung taktet. Wenn das Ventil zu 50 % öffnen soll, wird die Betriebsspannung im Verhältnis 1 : 1 ein- und ausgeschaltet (siehe Bild 4.33). Die Laufzeit des Ventils ist herstellerabhängig, beträgt i.d.R. aber ca. 2,5 min. Wenn der Schaltaktor mit einem normalen Kontakt versehen wäre, würde man ständig ein Klicken hören. Aus diesem Grund haben die Hersteller, die dieses Produkt forcieren, einen Aktor gewählt, der mit einem Halbleiter (Triac) bestückt ist und deshalb absolut geräuschlos arbeitet.

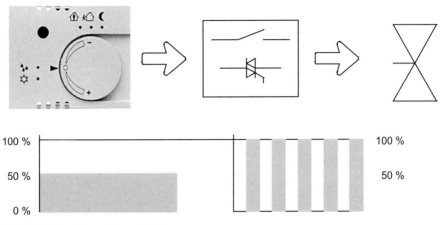

Bild 4.33   Funktionsschema PWM

### 4.11.4 Raumtemperaturregler

Bei den Raumtemperaturreglern gibt es mittlerweile sehr viele verschiedene Ausführungen. Sie reichen von sehr komplexen Reglern bis hin zu ganz einfachen Sensoren, die nur die Raumtemperatur erfassen und keinerlei Einstellmöglichkeiten von außen haben. Solche einfachen Sensoren eignen sich für Schulen oder ähnliche Nutzungen, wo nicht gewünscht wird, dass Unbefugte die Einstellungen verändern. Für den Objektbau hat die Fa. Busch-Jaeger eine clevere Lösung entwickelt. Der 5fach-Binäreingang mit Temperatursensor ermöglicht eine Temperaturerfassung, die vor Ort nicht verändert werden kann. Gleichzeitig können mehrere konventionelle Taster angeschlossen werden, die über den Binäreingang mit dem Bus verbunden sind. Somit kann das Erfassen der Temperatur und das Schalten des Lichtes oder das Fahren der Jalousien vereinigt werden. Möchte man aber alle Möglichkeiten der Einzelraumregelung ausschöpfen, so empfiehlt sich ein Raumtemperaturregler, wo der Bediener die Solltemperatur verändern, sich an- und abmelden, oder einfach die Komforttemperatur am Abend verlängern kann. Solche Regler werden von allen Schalterherstellern angeboten. Die Unterschiede liegen im Wesentlichen im Design und in kleinen Abweichungen der Parametrisierung. Als ein paar herausragende Merkmale wären zu nennen:

- ❏ digitale Temperaturanzeige,
- ❏ Anzeige des Betriebszustandes über Leuchtdioden,
- ❏ Anwesenheitstaste,
- ❏ Veränderung des Wirkungsbereiches des Einstellrades,
- ❏ Wirksinnumschaltung, im Sommer kühlen (Einbau einer Kühldecke ist notwendig),

❏ Ausgabe EIS 1 (1 Bit) an das Ventil,
❏ Ausgabe EIS 6 (8 Bit) an das Ventil.

Bei allen Herstellern ist es selbstverständlich möglich, mehrere Temperaturen vorzugeben, mit denen der Regler arbeiten soll. So z.B. eine Komforttemperatur für den normalen Betrieb, eine ECO Temperatur für den Stand-by-Betrieb, eine Temperatur für die Nachtabsenkung und eine Temperatur für den Frostschutz. Frostschutz ist für Räume gedacht, die längere Zeit nicht benutzt werden oder wenn das Fenster geöffnet wird. So kann dann der Raum z.B. auf 7 °C gehalten werden. In den Parameterfenstern der Regler können diese Temperaturen freilich auf Kundenwunsch eingestellt werden. Ebenso lassen sich die PI-Regler auf das Medium der Heizung einstellen. Eine Fußbodenheizung reagiert ganz anders, als eine Warmwasser-Konvektorheizung oder eine Elektro-Gebläseheizung. Für diese und andere Heizungssysteme sind die Parameterfenster bereits ausgelegt. Auch findet man in den Herstellerunterlagen detaillierte Beschreibungen. Der Einsatz von Klimasystemen ist durchaus denkbar. So könnte mit dem Regler auch eine Kühldecke, eine Gebläsekühlung, ein Gebläsekonvektor (Fan-Coil-Unit) oder ein Elektro-Kühlgerät betrieben werden. Mit ein bisschen Übung und Erfahrung lassen sich hier ganz beachtliche Erfolge erzielen, was natürlich die Zusammenarbeit mit einem erfahren Heizungsbauer nicht ausschließen muss. Auf einzelne Beispiele wird in diesem Buch noch eingegangen (s. Kapitel 6).

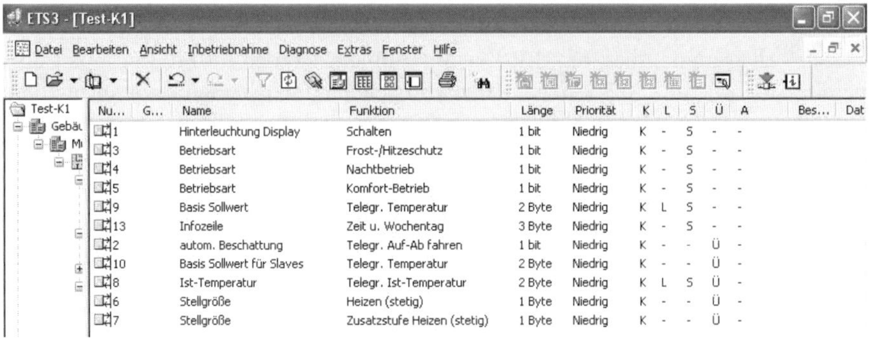

Bild 4.34  Objektübersicht eines Raumtemperaturreglers

Bild 4.35  Thermostat,
Quelle: ABB/Busch-Jaeger

Bild 4.36  Thermostat,
Quelle: Hager

## 4.12 Schaltaktor und Stellantriebe für Ventile

Dieser UP-Aktor bildet das Gegenstück zum Temperatursensor. Mit diesem Schaltaktor können thermoelektrische Stellantriebe angesteuert werden. Das Produkt wird zusammen mit einer UP-Busankopplung in einer Kombidose oder Elektronikdose montiert. Achtung! Hier ist größte Vorsicht geboten, da die 230-V-Aderleitung und die abgemantelte Busleitung (Schutzkleinspannung) sich nicht berühren dürfen. Die Herstellerangaben sind hier präzise einzuhalten, denn, vermeiden lässt sich diese Näherung hier nicht (vorzugsweise 24-V-Ventile verwenden).

Die Telegramme, die über den Bus ankommen, werden im Busankoppler aufbereitet und über die AST (Anwenderschnittstelle, mit dem Schaltaktor verbunden. Die Netzzuleitung wird an der Rückseite des Schaltaktors angeschlossen. Eine Erdungsklemme am Schaltaktor bietet einen weiteren Schutz. Sollte durch eine Beschädigung der Aderleitungen 230 V Potential auf den Metallrahmen des Schaltaktors gelangen, kann diese Spannung über die Erdungsklemme abgeführt werden. Ein Ansprechen des Überstromschutzorgans oder des Fehlerstrom-Schutzschalters könnten innerhalb von 0,4 s das fehlerhafte Potential abschalten.

Über die beiden Kommunikationsobjekte 1 und 3 (Bild 4.37) werden die Relaiskontakte angesteuert (Verbindung mit Temperatursensor, Heizen Ein/Aus). Dieses Bauteil besitzt 2 voneinander getrennte Kanäle. Über das Parameterfenster kann man die Kanäle sperren oder freigeben und auswählen, ob der Stellantrieb stromlos geschlossen oder offen sein soll. Man kann diese Funktion auch mit einem Schließer oder Öffner gleichsetzen und alle handelsüblichen Magnetventile verwenden.

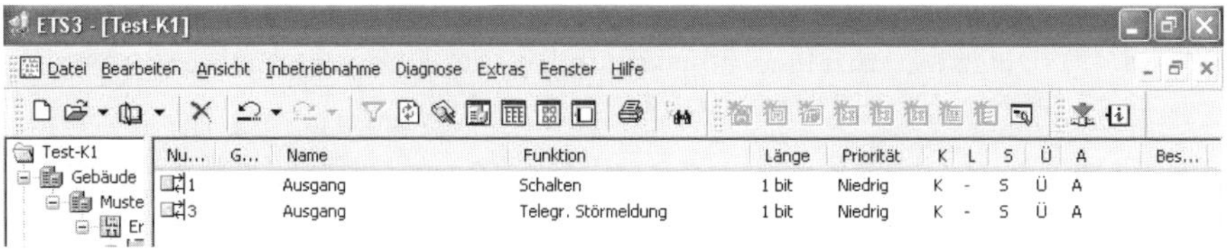

Bild 4.37 Objektübersicht eines Relaisausganges zur Ansteuerung eines Magnetventils (2-Punkt-Regler)

Über das Kommunikationsobjekt 3 lässt sich eine Störmeldung realisieren – ein Telegramm, das dann gesendet wird, wenn der Aktor vom Temperatursensor keine Telegramme mehr erhält. Im Normalfall werden von diesen beiden Objekten alle 12 min Aus-Telegramme gesendet (kein Alarm). Im Alarmfall wird ein Ein-Telegramm aktiviert, und der Aktor beginnt im 16-Minuten-Intervall zu Takten.

Beachten muss man, dass diese Schaltaktoren eine individuelle Verzugszeit haben, die das gleichzeitige Einschalten vieler Aktoren verhindert. Diese Zeit kann von außen nicht beeinflusst werden und beträgt in der Regel zwischen 2...10 s. Die Kontakte sind für 6 A (Ohm'sche Last) ausgelegt.

Bei dieser beschriebenen Variante handelt es sich um einen 2-Punkt-Regler, der die Zustände Ein (Auf) und Aus (Zu) kann. Durch die Weiterentwicklung der Regler (s. Abschnitt 4.11.2) können auch PI-Regler zum Einsatz kommen. Mit diesen PI-Reglern sind dann schrittweise Veränderungen der Ventile möglich. Also neben Auf und Zu kann der Regler in kleinen Schritten geöffnet werden. Dazu ist ein 8-Bit- oder 1-Byte-Signal (EIS 6) nötig. In diesem 1-Byte-Telegramm können dann 256 verschiedene Möglichkeiten zwischen Auf und Zu eingebracht werden. Ist die Raumtemperatur 20 °C und soll auf 22 °C erhöht werden, macht es wenig Sinn das Ventil auf 100 % zu öffnen. Es würde sehr schnell warm werden und die gewünschte Temperatur zwar rasch erreicht, aber durch die Trägheit des Systems würde die Temperatur auch nach Abschaltung des Ventils noch weiter steigen (sog. Überschwinger). Um diesen Effekt zu vermeiden, wird das Ventil nur ein wenig geöffnet, und die Raumtemperatur nähert sich etwas langsamer, aber wesentlich genauer dem Sollwert. Um dies zu realisieren, gibt es prinzipiell 2 Möglichkeiten:

❏ Zur Temperaturaufnahme wird ein PI-Regler verwendet, der als Ausgangs-Telegramm einen 1-Byte-Wert senden kann. Als Ventil am Heizkörper wird ein Aktor verwendet, der als 2-Punkt-Stellantrieb arbeitet. Dieser Stellantrieb kann natürlich nur ein- und ausschalten, was einem 1-Bit-Telegramm gleichkommen würde. Damit diese Schaltung realisiert werden kann, verwendet man hier das Kombigerät der Fa. Tehalit, das über die Pulsweitenmodulation mit einem 1-Byte-Telegramm am Eingang und mit einem 2-Punkt-Regler am Ausgang einen 3-Punkt-Regler simulieren kann.
❏ Die Temperaturaufnahme erfolgt wie im 1. Beispiel mit einem PI-Regler belie-

bigen Fabrikates. Als Ausgabegerät wird der sog. EMO-Stellantrieb verwendet. Bild 4.38 zeigt die einzelnen Objekte und Bild 4.39 die Einstellmöglichkeiten.

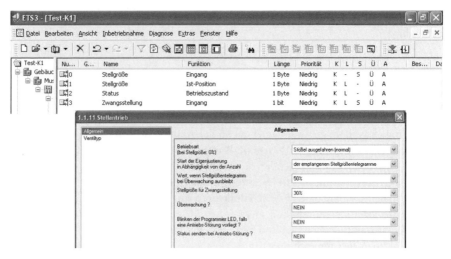

Bild 4.38  Objektübersicht und Parameterübersicht eines EIB-Stellventils (3-Punkt-Regler)

Bild 4.39a
Objektübersicht und Parameterübersicht eines EIB-Stellventils
(3-Punkt-Regler), Quelle: Berker

Bild 4.39b
Objektübersicht und Parameterübersicht eines EIB-Stellventils
(thermoelektrisch),
Quelle: Emo/Möhlenhoff

Bei Verwendung dieses Gerätes kann die Busleitung direkt in den Stellantrieb geführt werden. In diesem Gerät befindet sich ein kompletter Busankoppler. Aus dem Bus wird die Steuerspannung für den Busankoppler, die Telegramme und die Energie zum Verfahren des Stellantriebs genommen. Bei dieser Variante besteht die Näherungsgefahr an die normale Netzspannung selbstverständlich nicht!

## 4.13  Verknüpfungsbausteine

Verknüpfungsbausteine sind zum Teil bereits in manchen Aktoren vorgesehen. Wenn sie nicht ausreichen, kann man externe Bausteine verwenden. Solche Verknüpfungsbausteine werden von allen Herstellern in den verschiedensten Variationen angeboten. Es kann hier aber nur ein Auszug dessen vermittelt werden, was am Markt angeboten wird.

Wichtig ist in diesem Zusammenhang die UND- bzw. ODER-Schaltung in erweiterter Form. In Bild 4.40 ist ein Teilnehmer gewählt, der 2 Verknüpfungsgatter besitzt. Für jedes Gatter kann die Verknüpfung frei gewählt werden. Es lassen sich neben UND bzw. ODER auch NAND oder NOR anwählen.

Eine UND-Verknüpfung wählt man, wenn eine Funktion gesperrt werden soll. Über die UND-Verknüpfung kann dann der Teilnehmer freigeschaltet werden. Bei Verwendung einer ODER-Verknüpfung können Funktionen wie *«immer Ein»* realisiert werden.

Die Grundeinstellung des Teilnehmers kann aus dem Parameterfenster (Bild 4.41 und Bild 4.42) entnommen werden. Zunächst legt man die Funktion des Gatters fest, um anschließend das Verhalten der Eingänge zu parametrisieren. Dazu werden folgende Möglichkeiten geboten:

❏ *Eingang = Objektwert*
Dies hat zur Folge, dass der eingehende Telegrammwert unverändert übernommen wird.
❏ *Eingang = Invertierter Objektwert*
Bei manchen Verknüpfungen muss der Telegramminhalt negiert werden, um die gewünschte Funktion zu erzielen. Dies ist mit diesem Baustein für jeden Eingang separat möglich.
❏ *Eingang = Aus (logisch 0)*
Wird der Eingang nicht benötigt, muss er trotzdem beschaltet werden (Grundprinzip der Digitaltechnik). Dies wird hier mit logisch 0 getan.
❏ *Eingang = Ein (logisch 1)*
Beschaltung eines nicht benutzten Eingangs geschieht mit logisch 1.

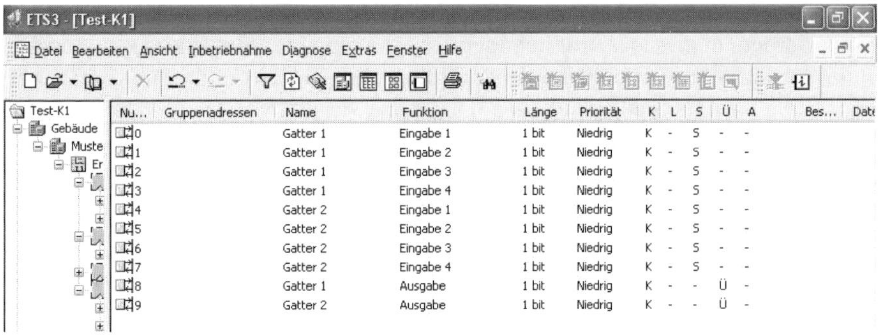

Bild 4.40   Objektübersicht eines Logikbausteins

Das Ausgangsverhalten eines Gatters lässt sich ebenfalls einstellen. Normalerweise wird nur ein neues Ausgangs-Telegramm gesendet, wenn das Ergebnis der Verknüpfung sich ändert. Im Parameterfenster ist dann das Sendekriterium *Ausgangsänderung* eingestellt. Eine Umstellung auf *Eingangs-Update* würde bei jedem neuen Eingangs-Telegramm ein neues Ausgangs-Telegramm erzeugen, auch wenn sich das Ergebnis der logischen Verknüpfung nicht ändert.

Als weitere Funktion wäre zu nennen, dass dieses Gatter auch zyklisch gesendet werden kann. Standardmäßig ist das zyklische Senden zwar ausgeschaltet, aber durch Mausklick lässt sich diese Funktion aktivieren. Damit könnte ein Windsensor-Telegramm zyklisch geschaltet werden. Die Zykluszeit erhält man dann wieder aus Zeitbasis und Faktor.

Die letzte Variante besteht bei diesem Produkt durch die Einstellung des Sendezeitpunktes. Auch hier kann man aus 2 Möglichkeiten wählen:

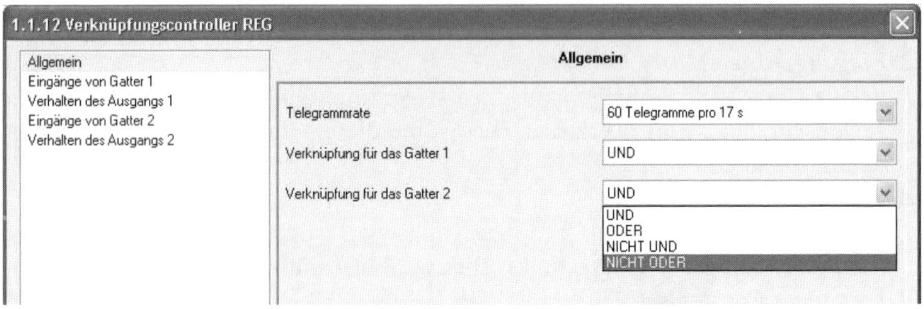

Bild 4.41   Parameterübersicht eines Logikbausteins

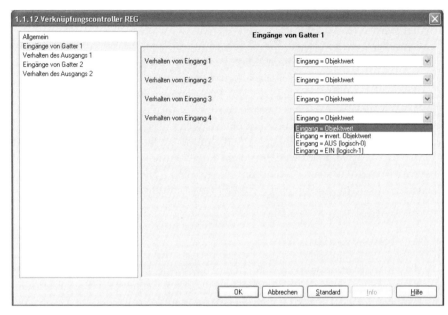

Bild 4.42  Parameterübersicht eines Logikbausteins

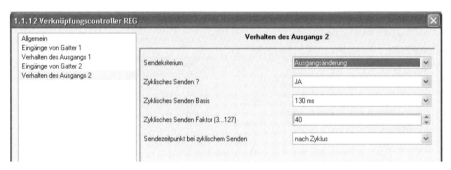

Bild 4.43  Parameterübersicht eines Logikbausteins

❑ Senden von zyklischen Telegrammen (abhängig von der Zykluszeit).
❑ Senden von zyklischen Telegrammen und bei Ausgangsänderung (ereignisgesteuert und zyklisch).

Es lassen sich mit diesem oder ähnlichen Bausteinen alle Möglichkeiten der Digitaltechnik ausschöpfen und in den Wohn- oder Zweckbau integrieren. Bild 4.40 stellt eine Übersicht der einzelnen Objekte dar, die hier Verwendung finden.

Verknüpfungsbausteine werden von mehreren Herstellern angeboten. Diese Bausteine unterscheiden sich alle voneinander. Der hier verwendete Logikbaustein z.B.

besitzt 8 Eingänge, verteilt auf 2 Gatter. Diese Gatter können wahlweise umgeschaltet werden (UND/ODER).

Wenn die Verknüpfungen, die üblicherweise in einem Busankoppler abgelegt werden, nicht ausreichen, können auch besondere Logikbausteine am Bus eingesetzt werden, die einen erweiterten Funktionsumfang besitzen. Hier wäre der Applikationsbaustein zu nennen, der eine Programmieroberfläche besitzt, die dann erscheint, wenn das Parameterfenster geöffnet wird. Preislich liegen solche Bausteine über den Preisen eines Busankopplers. Wenn dies immer noch nicht reichen sollte, gibt es weitere Logikbausteine (z.B. von Levy), die dann mit einer besonderen Software programmiert werden. Solche Logikbausteine lassen sich mit einer SPS (**s**peicher**p**rogrammierbare **S**teuerung) vergleichen. Hier bleibt natürlich kein Wunsch mehr offen. Entsprechend ist die Preisgestaltung.

## 4.14 Filter-/Zeitfunktion

Mit dieser Applikation wird es ermöglicht, eingehende Telegramme zu verarbeiten und dann wieder auszugeben. Bei dem ausgewählten Teilnehmer (Bild 4.44) können 2 voneinander getrennte Eingangskanäle parametrisiert werden. Es werden hier pro Kanal 3 Kommunikationsobjekte benutzt.

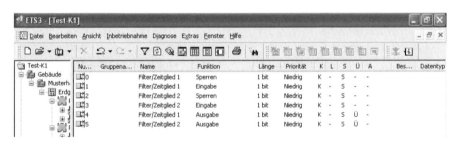

Bild 4.44  Objektübersicht eines Logikbausteins (Filtern, Zeit)

❏ *Eingangs-Objekt*
   Hier laufen die Eingangs-Telegramme auf.
❏ *Ausgangs-Objekt*
   Von dieser Stelle werden die neuen Ausgangs-Telegramme erzeugt.
❏ *Sperr-Objekt*
   Mit diesem Kommunikationsobjekt kann der Ausgang komplett deaktiviert werden. Es werden dann überhaupt keine Telegramme (weder Ein noch Aus) gesendet.

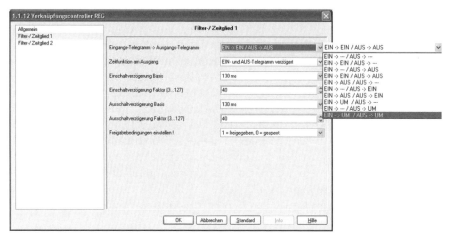

Bild 4.45  Parameterübersicht eines Logikbausteins (Filtern, Zeit)

Am geöffneten Parameterfenster (Bild 4.45) sind noch andere Funktionen zu erkennen. So ist es z.B. möglich, die eingehenden Telegramme einschaltverzögert oder ausschaltverzögert weiterzuleiten. Die Zeitverzögerung wird wieder über Faktor und Zeitbasis eingestellt.

Eine sehr interessante Variante ist die Filtereigenschaft. Es werden 10 verschiedene Filter zum Programmieren angeboten. In dieser Filtertabelle wird eingestellt, was mit einem eingehenden Ein- oder Aus-Telegramm geschehen soll. Es besteht die Möglichkeit, alle Telegramme weiterzuleiten oder alle Aus-Telegramme wegzufiltern. Dies ist auch im umgekehrten Fall möglich, d.h., alle Ein-Telegramme werden gefiltert. Man kann auch Telegramme invertieren, so wird aus einem Aus-Telegramm, ein Ein-Telegramm und umgekehrt. Insgesamt stehen hier 10 Möglichkeiten zur Verfügung.

## 4.15 RS232-Schnittstelle

Die RS232-Schnittstelle dient als Verbindung zwischen PC und EIB. Man benötigt diese Schnittstelle zum Programmieren und zur Fehlersuche. Sie ist beim Kunden auf jeden Fall zu installieren.

Die RS232-Schnittstelle gibt es als Reiheneinbaugerät für den Verteiler und als UP-Ausführung. Bei der UP-Ausführung wird noch eine Busankopplung benötigt. Es wäre auch denkbar ein Tastmodul abzuziehen und dafür dann kurzzeitig die RS232-Schnittstelle aufzustecken, was jedoch nur als Notlösung angesehen werden kann.

Weiterhin benötigt man eine Datenleitung, womit die Verbindung zwischen PC und RS232-Schnittstelle hergestellt wird. Diese Datenleitung muss mindestens

9-adrig sein. Das Anschlussbild zeigt Bild 4.46. Je nach PC-Konfiguration kann die Com1 (9-polig) oder die Com2 benutzt werden. Eine weitere Neuerung ist die Schnittstelle mit Druckeranschluss (seriell). In Verbindung mit dem Protokollierungsbaustein der Fa. ABB können einzelne Statusmeldungen der Anlage (Text ist im Protokollierungsbaustein hinterlegt) direkt ausgedruckt werden. Bei manchen PCs ist eine serielle 9-polige Schnittstelle nicht mehr vorhanden. Hier hilft die Verwendung einer PCM/CIA-Karte. Diese Karte wird seitlich am PC eingesteckt (vorher natürlich installiert) und simuliert dann die serielle Schnittstelle. Je nach Kartentyp (Hersteller / PC / Betriebssystem) kann es schon vorkommen, dass das Einrichten einer solchen Karte den ungeübten Benutzer mehrere Versuche abverlangt. Auf den entsprechenden Internetseiten (z.B. «www.it-gmbh.de») findet man getestete Karten. Da neuere Laptops u.U. keine serielle Schnittstelle mehr besitzen, ist es unter der ETS 3 möglich auch den USB-Port zu nutzen. Voraussetzung ist natürlich der Einbau einer USB-Schnittstelle in der Verteilung.

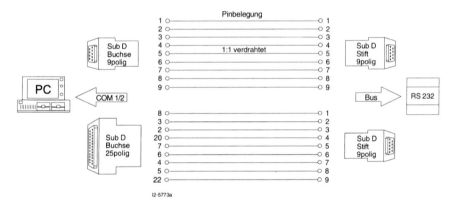

Bild 4.46  Anschlussbelegung einer Verbindungsleitung RS232 mit dem EIB in 9-poliger und 25-poliger Darstellung, Quelle: Fa. Siemens

## 4.16 Binäreingang

Der Binäreingang hat die Aufgabe, konventionelle Schalter/Taster und Schaltgeräte busfähig zu machen. Im Einzelnen bedeutet dies, dass die Schaltzustände eines Aus-Schalters (Ein/Aus in Ein-Aus-Telegrammen) umgesetzt werden. Mit dieser Methode können Schalter oder Bewegungsmelder beim EIB eingebunden werden. Auch ist es möglich, mit konventionellen Tastern Dimmfunktionen zu realisieren.

Von den einzelnen Herstellern sind Applikationen lieferbar, die zyklisch senden können. Mit dieser Variante ist es dann auch möglich, einen herkömmlichen Windsensor busfähig zu machen und eine zyklische Kommunikation mit dem Jalousien-Aktor herzustellen.

Um die einzelnen Applikationen aufzuzeigen, muss man zuerst den Hersteller, anschließend die Produktfamilie und dann den Produkttyp auswählen.

Bild 4.47 zeigt einen schematischen Überblick der Funktion des Binäreingangs. Der Schalter S1 bringt an den Binäreingang Spannung. Diese Eingangsspannung wird dann vom Binäreingang (1.1.1) in ein busfähiges Telegramm umgewandelt und z.B. mit der Gruppenadresse 0/1 auf den Bus gesendet. Vom Aktor 1.1.2 wird dieses Bus-Telegramm aufgenommen und die Lampe eingeschaltet.

Nachdem der Teilnehmer ausgewählt wurde, kann man aus den verschiedenen Applikationen des Herstellers wählen. Solche Applikationen können sein:

- *Binär* (d.h., einfache Ein-Aus-Schaltungen werden realisiert),
- *BinärW* (über einen einfachen externen Taster können Wert-Telegramme mit 1 Byte gesendet werden),
- *Binärzy* (hiermit können Telegramme in bestimmten Zeitabständen wiederholt werden, sog. zyklisches Senden),
- *Dimm/E-A* (mit dieser Applikation können Dimm-Telegramme und Ein-Aus-Telegramme versendet werden),
- *Dimm/Jalo* (kombinierte Anwendung zum Dimmen und für Jalousien-Steuerungen).

In diesem Falle wurde die einfachste Variante gewählt (*Binär*). Um dieses Produkt besser verstehen zu können, ist es notwendig, das Parameterfenster zu öffnen. Dort kann dann im Einzelnen genau festgelegt werden, welche Aufgabe der gewählte Kanal ausführen soll.

Wenn man z.B. die Schaltmöglichkeiten der einzelnen Kanäle von Bild 4.48 betrachtet, lässt sich feststellen, dass sie, je nach Einstellung, folgende Funktionen ausführen können:

- steigend Ein,
- steigend Aus,
- steigend Um,
- fallend Ein,
- fallend Aus,
- fallend Um,
- steigend Ein/fallend Aus,
- steigend Aus/fallend Ein,
- steigend Um/fallend Um,
- keine Funktion.

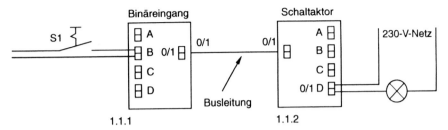

Bild 4.47   Anschlussschema eines Binäreinganges: Ein-Aus-Funktion

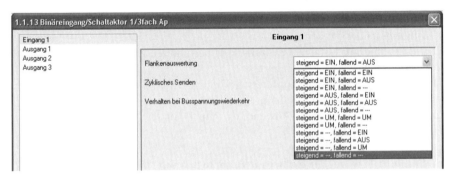

Bild 4.48   Parameterübersicht eines Binäreinganges

*steigend* oder *fallend* bezieht sich hier auf die Schaltflanke des Schalters S1. In den folgenden Zeitdiagrammen werden diese Funktionen noch einmal genau untersucht. Bild 4.49 zeigt die Grundfunktion *steigend Ein/fallend Aus*. Somit ist die gleiche Funktion realisiert, wie bei einem Schalter. Nur ist dieses Signal jetzt busfähig. Bei der Applikation *steigend Um* ist die Funktion eines Tasters in Verbindung mit einem Stromstoßschalter erfüllt. Bild 4.50 zeigt dieses Diagramm. Diese Funktion des Umschaltens bei steigender Flanke wird auch als Toggeln bezeichnet.

Eine weitere Schaltungsvariante braucht man, wenn z.B. eine Jalousie über einen Dämmerungsschalter angesteuert werden soll. Das Hochfahren soll manuell erfolgen, das Herabfahren über den Dämmerungsschalter. Hier muss zuerst untersucht werden, welche Schaltzustände sich einstellen. Z.B.:

*Dämmerungsschalter*
  große Helligkeit, 0-Telegramm
  geringe Helligkeit, 1-Telegramm
*Jalousien-Aktor*
  1-Telegramm, Abwärtsbewegung
  0-Telegramm, Aufwärtsbewegung

Bild 4.49
Eingangs- und Ausgangs-
verhalten eines Binäreinganges
in zeitlicher Darstellung:
*steigend Ein / fallend Aus*

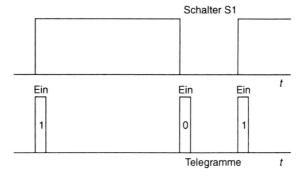

Bild 4.50
Eingangs- und Ausgangs-
verhalten eines Binäreinganges
in zeitlicher Darstellung:
*steigend Um*

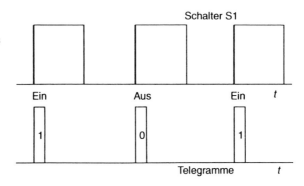

Für diesen speziellen Anwendungsfall erhält man die Variante *fallend Ein*. Bild 4.51 zeigt das Zeitdiagramm.

Eine weitere Möglichkeit stellt das zyklische Senden dar. Diese Applikation wird meist in Verbindung mit einem Windsensor verwendet. Hier werden die Telegramme zyklisch und ereignisgesteuert übermittelt. Dies bedeutet im Einzelnen, dass immer in einer vorgegebenen Zeit ein Telegramm übermittelt wird (Zykluszeit), egal ob sich das Eingangssignal ändert oder nicht. Diese Zykluszeit kann sehr groß sein (mehrere Stunden).

Stellt man während dieser Zeit eine Signaländerung fest, wird sie unverzüglich auf den Bus gegeben (Ereignis). Mit dieser Variante kann also ein Teilnehmer überwacht werden. Dabei muss man beachten, dass das Gegenstück (z.B. der Jalousien-Aktor) auf zyklischen Empfang parametrisiert ist und die beiden Zykluszeiten übereinstimmen, d.h., dass die Zeit des Empfängers größer gewählt wurde, um Fehlfunktionen auszuschließen. In Bild 4.52 ist das Zeitdiagramm eines zyklisch sendenden Binäreinganges abgebildet.

Um das zyklische Senden einzustellen, muss die Applikation *Binärzy* gewählt werden. Nach dem Öffnen des Parameterfensters können folgende Einstellungen gewählt werden:

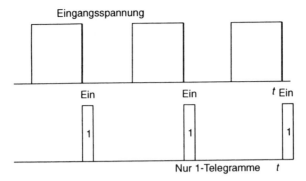

Bild 4.51
Eingangs- und Ausgangsverhalten eines Binäreinganges in zeitlicher Darstellung: *fallend Ein*

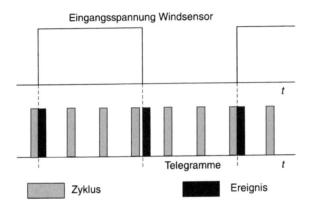

Bild 4.52
Eingangs- und Ausgangsverhalten eines Binäreinganges in zeitlicher Darstellung: *zyklisches Senden*

- ❏ kein zyklisches Senden,
- ❏ senden bei *Ein*,
- ❏ senden bei *Aus*,
- ❏ senden bei *Ein* und *Aus*.

Die Zykluszeit kann über einen Faktor (5...127) und eine Zeitbasis (130 ms...1,2 h) eingestellt werden. Diese Zeit ist somit einstellbar von 5 × 130 ms...127 × 1,2 h.

Bild 4.48 zeigt das ETS-Fenster in dem die einzelnen Einstellungen vorgenommen werden.

Eine weitere Möglichkeit ist die Dimmfunktion. Hier muss zunächst als Applikation die Dimmfunktion gewählt werden. Es ist dann möglich mit 2 Tastern die Dimmfunktion zu realisieren. Der eine Taster hat die Funktion *heller dimmen*, der andere *dunkler dimmen* zu erfüllen. Langer Tastendruck bedeutet *dimmen*, kurzer Tastendruck *schalten*. Im Beispiel soll der Eingang A die Funktion *heller dimmen* und der Eingang B *dunkler dimmen* übernehmen. Zu den Tastern hell, dunkel können natürlich beliebig viele parallel geschaltet werden. Bild 4.53 zeigt, dass auf den

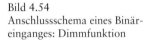

Bild 4.53  Objektübersicht eines Binäreinganges: Dimmfunktion

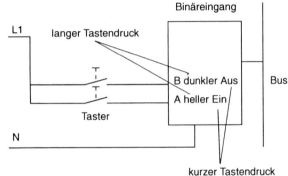

Bild 4.54
Anschlussschema eines Binäreinganges: Dimmfunktion

Objekten 1 und 3 die Dimmfunktionen liegen. Bild 4.54 vermittelt diese Funktion im Einzelnen.

Diese Funktion lässt sich auch auf Jalousien übertragen. Es muss dann natürlich eine andere Applikation gewählt werden. Dabei werden dann die Funktionen *hell/dunkel*, *Ein/Aus* durch *Lamelle* bzw. *Auf/Ab* ersetzt.

Eine weitere Applikation wäre *BinärW*. Hier ist es dann schließlich möglich, dass von den einzelnen Kommunikationsobjekten 1-Byte-Befehle (Wert) auf den Bus gesendet werden.

## 4.17 Info-Display im Taster integriert (Triton)

Das Info-Display oder auch Anzeigeeinheit genannt, dient zur Anzeige von Meldungen. Diese Meldungen werden 1-zeilig angezeigt. Wenn also eine Türe oder ein Fenster offen steht, kann dieser Zustand am Info-Display angezeigt werden. Diese Meldungen, die in Form von Telegrammen über den Bus am Info-Display auflaufen, können still angenommen werden oder einen akustischen Alarm auslösen.

Um dieses Produkt zu projektieren, sind 2 Schritte erforderlich. Zunächst muss dieses Produkt mit der ETS projektiert werden. Die Vorgehensweise wird in Kapitel 5 beschrieben. Über diesen 1. Schritt erhält der Teilnehmer sowohl seine physikalische als auch seine Gruppenadresse. Bild 4.55 zeigt das Teilnehmerfenster der ETS.

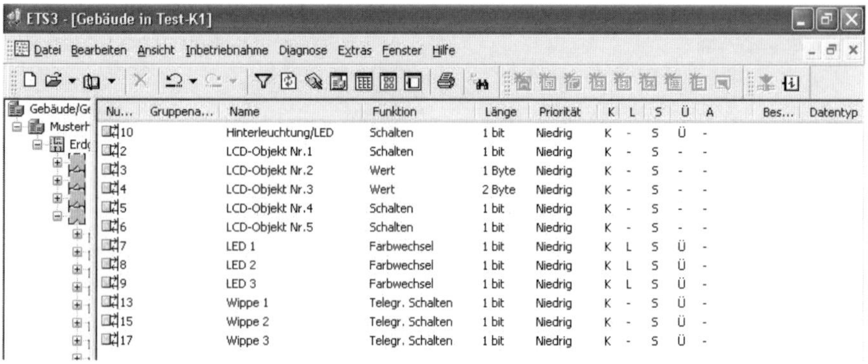

Bild 4.55  Objektübersicht eines Info-Displays

Es ist hier klar zu erkennen, dass auf den einzelnen Objekten die jeweiligen Gruppenadressen einwirken. Nun stellt sich die Frage, wie die einzelnen Texte, die später am Info-Display angezeigt werden sollen, definiert werden. Dazu ist der 2. Schritt nötig. Von den einzelnen Herstellern werden dazu Programmierhilfen geliefert. Diese Hilfen sind also noch nicht Bestandteil der ETS, und sie müssen deshalb auch separat installiert werden. Dazu ist es nötig, Windows zu starten und das Install-Programm aufzurufen. Nachdem die Installation beendet ist, befindet sich eine neue Programmgruppe im Windowsfenster. Eine genaue Installationsbeschreibung liegt dem Programm bei. Die Installation ist menügeführt und bereitet keine Schwierigkeiten. Nach der Installation erscheint beim Aufruf Bild 4.56.

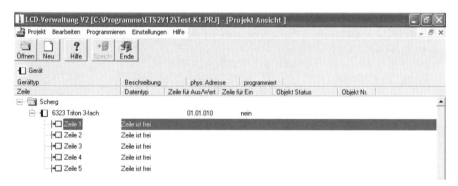

Bild 4.56  Eröffnungsbild der Info-Display-Programmierhilfe

Im Menüpunkt Einstellungen kann man festlegen, mit welcher seriellen Schnittstelle die Datenübertragung erfolgen soll (Com1…Com4), d.h., über welche Schnittstelle der Rechner mit dem Bus verbunden wird. Im Feld Adresse wird die physikalische Adresse des *Ziel-BA* direkt eingegeben. Ein vorhandenes Info-Display kann es über den Menüpunkt Programmieren/auslesen, ausgelesen werden. Eine Textübersicht zeigt Bild 4.57.

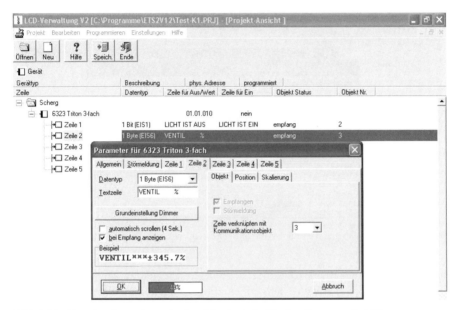

Bild 4.57   Texteingabemaske und -übersicht der Info-Display-Programmierhilfe

Wenn in der Textübersicht die einzelnen Texte angewählt werden (Mausklick auf das Textfeld), können alle notwendigen Eintragungen getätigt werden. Bild 4.58 zeigt das Untermenü, in dem die besonderen Einstellungen vorgenommen werden, die später am Info-Display zu sehen sind.

107

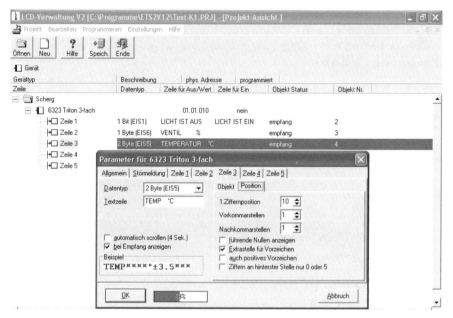

Bild 4.58   Texteingabemaske und Texteingabeübersicht der Info-Display-Programmierhilfe

In diesem Fenster müssen Besonderheiten definiert werden. Diese sind zum Beispiel der EIS-Typ, d.h. mit welchem Informationsgehalt kommen die einzelnen Telegramme an. In unserem Beispiel ist dies in der 1. Zeile ein Ein-Aus-Befehl mit einem 1 Bit (EIS 1). Zeile 2 ist mit einem 0...100-%-Wert belegt, die ist ein 1-Byte-Wert (EIS 6), und in der 3. Zeile wird eine Raumtemperatur mit 2 Byte (EIS 5) angezeigt.

**Anmerkung**
Diese Einstellungen müssen mit dem Objekt (Zeile und EIS-Typ) des in der ETS programmierten Gerätes übereinstimmen, sonst bekommt man beim Überspielen eine Fehlermeldung.

Als weiterer Einsatzbereich für diese Produkte ist eine Temperaturanzeige denkbar. Die Temperaturen können direkt auf dem Display (Bild 4.59) abgelesen werden.

Bild 4.59
Triton mit Info-Display,
Quelle: ABB/Busch-Jaeger

## 4.18 Binäreingang UP

Der Binäreingang UP ist ein EIB-Gerät mit dem konventionelle Taster oder potentialfreie Kontakte busfähig gemacht werden können. Hier ist es besonders wichtig, dass die Kontakte keine Fremdspannung besitzen, da die Versorgungsspannung dieser Kontakte vom Busankoppler aus der SELV des EIB erzeugt wird. Der Binäreingang kann in einer normalen Unterputzdose montiert werden. Soll der Busankoppler mit dem Taster in einer Schalterdose montiert werden, wird eine 63 mm tiefe Dose mit 24-mm-Aufblendring benötigt. Besser wäre, man verwendet sog. Elektronikdosen mit entsprechendem Einbauplatz. Es können insgesamt 4 konventionelle Taster (oder 4 Leuchtdioden, abhängig vom gewählten Fabrikat) an diesem Gerät angeschlossen werden.

Damit wurde die Möglichkeit geschaffen, ein vorhandenes oder ein noch nicht busfähiges Schalterprogramm einzusetzen. Wobei hier darauf geachtet werden muss, dass ein konventioneller Taster in der Regel nur 1 Druckrichtung besitzt, somit muss die doppelte Anzahl an Wippen projektiert werden. Dazu das Beispiel eines Dimmers.

Bei Verwendung eines EIB-Tasters wird zwischen «*kurzem*» und «*langem*» Tastendruck unterschieden sowie «*Drücken nach oben*» und «*nach unten*». Damit kann mit einer Wippe gedimmt und geschaltet werden. Wird nun ein konventioneller Taster mit dem Binäreingang-UP verbunden, wird ebenfalls zwischen kurzem und langem Tastendruck unterschieden. Allerdings *«oben»* und *«unten»* muss durch 2 getrennte Taster erfolgen, d.h., die linke Taste eines Doppeltasters wird benötigt, um *«einzuschalten»* und *«heller zu dimmen»*, die rechte Wippe, um *«auszuschalten»* und *«dunkler zu dimmen»*.

In ähnlicher Weise ist dies auf einen Jalousien-Taster zu übertragen. Auch hier wird in konventioneller Technik ein Doppeltaster benötigt. 1 Wippe für die *Aufbewegung* und *Lamelle stopp*, die andere Wippe für die *Abbewegung* und *Lamelle stopp*.

Des Weiteren ist es ebenso möglich, eine entsprechende Flankenauswertung vorzunehmen, wie dies beim EIB üblich ist. Auch hier ist zyklisches Senden denkbar. Bild 4.60 zeigt diese Schnittstelle. Eine sehr interessante Variante hat die Fa. ABB mit der US/U geschaffen. Hier lassen sich für jede Taste/Kanal folgende Einstellungen tätigen:

❑ Schaltsensor,
❑ Schalt-Dimm-Sensor,
❑ Jalousien-Sensor,
❑ Wert/Zwangsführung,

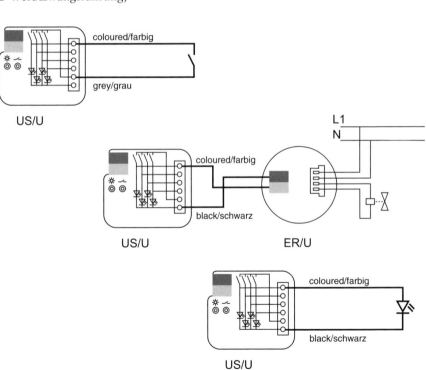

Bild 4.60   Unterputz-Tasterschnittstelle bzw. Binäreingang zur Montage in einer Schalterdose, Quelle: ABB/Busch-Jaeger

❏ Szene steuern,
❏ Steuerung elektronisches Relais (Heizung),
❏ Steuerung LED,
❏ Schaltfolge «Stromstoßschalter»,
❏ Taster mit Mehrfachbetätigung,
❏ Impulszähler.

Die ersten 6 Variationsmöglichkeiten wurden schon mit anderen Produkten beschrieben. Mit der Variante «Steuerung LED» kann ein kleines Tableau angesteuert werden.

Eine Schaltfolge kann bedeuten, alle Möglichkeiten nach dem «Gray-Code» zu- oder abschalten. Die Funktion Mehrfachbetätigung rundet dieses System ab. Mit kurzem und schnellem drücken der Tasten können bis zu 4 Leuchten gezielt mit 1 Taste ein- und ausgeschaltet werden. Mehr Beispiele hierzu in Kapitel 6.

## 4.19 Bewegungsmelder – Präsenzmelder

Präsenzmelder sind Bewegungsmelder, die an der Decke des zu überwachenden Raumes montiert werden. Mittlerweile sind diese Geräte soweit entwickelt, dass von ihnen nicht nur bei Bedarf das Licht geschaltet wird, es ist auch die Möglichkeit gegeben, den Lichtwert im Raum konstant zu halten. Licht wird nur noch eingeschaltet, wenn der Raum belegt ist und die Helligkeit nicht ausreicht (Licht kann geschaltet und/oder geregelt werden). Auch das Einbeziehen der Heizung ist durchaus denkbar. Varianten, die sich ohne EIB nur schwer realisieren lassen.

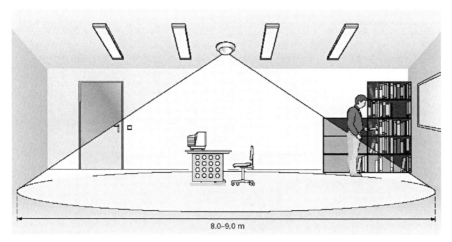

Bild 4.61   Funktionsübersicht/Erfassungsbereich eines EIB-Bewegungsmelders, Quelle: Busch-Jaeger

## 4.20 Zeitschaltuhr – Synchronisationsuhr – DCF 77

Für ein leistungsfähiges Bussystem ist es notwendig, busfähige Uhren einsetzen zu können. Von verschiedenen Herstellern werden solche Uhren angeboten. Für größere Anlagen ist es sinnvoll, eine Hauptuhr (Synchronisationsuhr) einzusetzen. Diese Synchronisationsuhr liefert auf den Bus den aktuellen Zeitwert (1 × pro Minute). So kann man sicher sein, dass alle Uhren in einem System auf die gleiche Zeit eingestellt werden. Natürlich haben alle Uhren eine Gangreserve. Aber man muss an das Umstellen auf die Sommerzeit oder das Neueinstellen nach einem längeren Ausfall denken (z.B. durch eine Umbaumaßnahme). Die eingestellten Daten (Programme) bleiben sehr lange erhalten.

Betrachtet man das Teilnehmerfenster (Bild 4.62), erkennt man auf Objekt 4 und 5 den 3-Byte-Befehl, der die Uhrzeit/Datum auf den Bus bringt. Hierzu muss das Objekt lediglich mit einer Gruppenadresse versehen werden, die man später auch an die Uhren vergibt. Im Parameterfenster legt man fest, in welchen Zeitabständen die Zeit überprüft wird.

Für die Schaltfunktionen verwendet man eine entsprechende Zeitschaltuhr, die es in den verschiedensten Ausführungen gibt.

Auf den Objekten 0...4 liegen die Schaltbefehle, die es in 1-Bit-, 2-Bit- und 1-Byte-Werten gibt. Sie dienen zur Ansteuerung anderer Aktoren. Moderne Schaltuhren besitzen nicht nur Ein-Aus-Funktionen mit 1 Bit (EIS 1), sondern auch weitere Funktionen wie einen 2-Bit-Befehl (EIS 8). Über diesen EIS 8 lassen sich gezielt Leuchten dauerhaft ein- oder ausschalten (vergleiche Abschnitt 2.8.5). Mit dem 1-Byte-Wert lassen sich ebenfalls 2 Schaltzustände übertragen. Wenn die Uhr abschaltet, kann z.B. der Wert «0» übertragen werden – die Leuchten schalten ab. Wenn die Uhr dann einschaltet, kann als Telegramminhalt die «200» übertragen

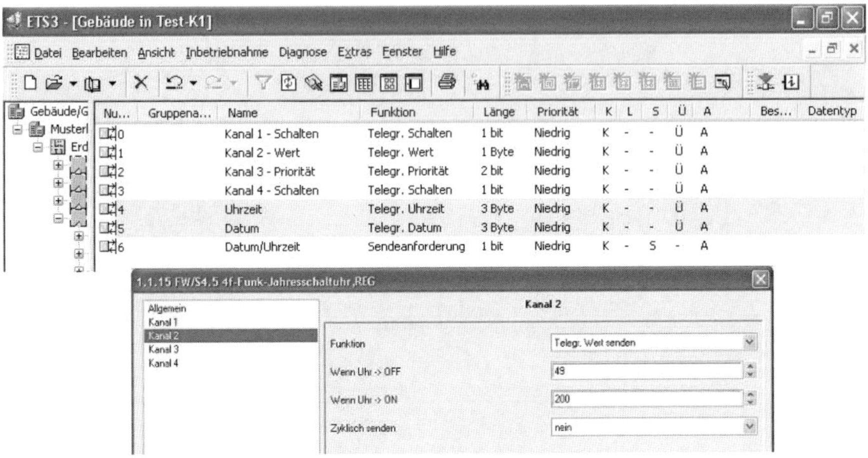

Bild 4.62  Objekt- und Parameterübersicht einer Schaltuhr

werden, was einen Helligkeitswert von ca. 80 % bedeuten würde (0...100 % = 0...255). Bild 4.63 zeigt den Anschluss einer solchen Schaltuhr mit dem DCF-77-Empfänger. Zur eigentlichen Programmierung der Schaltuhr (Schaltzeiten) liefern alle Hersteller eine eigene Software. Diese Software hinterlegt die Schaltzeiten mit allen denkbaren Sondertagen und Programmen in einen eigens dafür vorgesehenen Speicherbaustein, der wiederum einfach nur in die Schaltuhr eingesteckt wird.

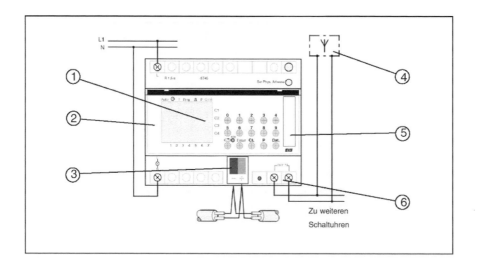

1 LCD / Tastatur zur Zeiteinstellung
2 Steckplatz für Speicherkarte
3 Busanschluss
4 DCF 77 Empfänger
5 Steckplatz für Lithiumzelle
6 DCF 77- Antennenanschluss

Bild 4.63   Anschlussbild EIB: Schaltuhr mit DCF-77-Antenne, Quelle: Busch-Jaeger

## 4.21  instabus im Telefonnetz

Verschiedene Hersteller bieten busfähige Produkte an, die eine Kommunikation zwischen EIB und dem Telefonnetz der DBP-Telekom ermöglichen (Bild 4.64).
Es bestehen folgende Einsatzmöglichkeiten:

- ❑ Der Eingriff von außen über das Telefonnetz
  Schaltfunktionen können ausgelöst und Zustände abgefragt werden. Immer unter dem Vorbehalt einer Codenummer, die vor unberechtigtem Zugriff schützt.
- ❑ Die Verbindung von 2 EIB-Systemen, die über das ISDN-Netz Kontakt halten.
- ❑ Die Möglichkeit, über einen PC (z.B. durch den Planer) in die Anlage eingreifen zu können.

Bild 4.64  Produktfoto: ABB Internet-Gateway

Eine Visualisierung über das Telefonnetz ist natürlich auch denkbar. Hier sind komplexe Systeme erhältlich. Z.B. der Gira-Homeserver oder das Internet-Gateway von ABB bzw. Busch-Jaeger ermöglichen eine Übertragung von aktuellen Bildern der WEB-CAM auf den eigenen PDA (Engl.: **P**ersonal **D**igital **A**ssistant) oder PC. Das Schalten von Licht, Jalousie und Heizung vom PC des Arbeitsplatzes ist somit möglich.

Bild 4.65 zeigt den Ausschnitt eines Bildschirms einer solchen Übertragung. Wobei natürlich andere Funktionen, wie das Übertragen einer SMS, (kurze Textmitteilung auf das Handy) vom Bus aus möglich ist. Eine weitere Variante besteht darin, verschiedene Anlageteile über das Telefonnetz zu verbinden. Hier ist eine dauerhafte Verbindung möglich, werden bestimmte Gruppenadressen gesendet, erfolgt eine Einwahl in das Telefonnetz. Dies ist natürlich auch eine interessante Lösung für die Betreuung einer neuen komplexen Anlage. Kundenwünsche oder Änderungen können in die Anlage übertragen werden, ohne dass ein Techniker vor Ort sein muss.

Bild 4.65   Internetseite des Gateways

## 4.22   Kanaleinbaugeräte

Im modernen Büro- und Zweckbau werden zusehends Brüstungskanäle eingesetzt. In diese BR-Kanäle können dezentrale Sicherungseinsätze sowie Steckvorrichtungen untergebracht werden. Es liegt nahe, hier auch EIB-Schaltgeräte einzubauen. Dafür hat eine Firma eigens eine Geräteserie entwickelt. Zur Verfügung stehen folgende Komponenten:

❏ Binäreingang,
❏ Binärausgang,
❏ Jalousien-Schaltaktor,
❏ Kombinationseinheit.

Eine Besonderheit liegt darin, dass ein Testmodul eingebaut ist. Wird z.B. von Tastern oder Schaltern mit konventioneller Technik Spannungspotential an den Binäreingang gebracht, ist das an den eingebauten Leuchtdioden sofort zu erkennen. An einem Jalousien-Aktor wirkt dieses Testmodul ähnlich. Durch Betätigung der eingebauten Tasten kann die Jalousie «auf» oder «ab» bewegt werden. Damit wurde für die Inbetriebnahme und Fehlersuche ein hilfreiches Werkzeug geschaffen. Bild 4.66 zeigt dieses ElB-Gerät. Die entsprechenden Anwendungen werden in Kapitel 6 beschrieben.

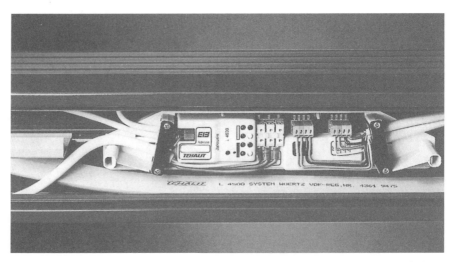

Bild 4.66    EIB-Teilnehmer zum Einbau in einen Brüstungskanal, Quelle: Fa. Hager/Tehalit

## 4.23   Koppler

Der Linienkoppler hat die Aufgabe verschiedene Linien zu verbinden und diese dabei galvanisch voneinander zu trennen. Es werden Linienkoppler und Bereichskoppler sowie Linienverstärker unterschieden.

Wenn ein Koppler in der ETS ausgewählt wurde, erhält er immer die logische Adresse 0. Diese Adresse kann zwar vom Anwender verändert werden, aber es lässt sich kein Teilnehmer auswählen. Eine aufwendige Fehlersuche kann also vermieden werden, wenn man diese Adresse 0 nicht verändert und sie dem Linienkoppler vorbehält.

Der Linienkoppler wird immer von 2 Seiten angeschlossen. An der Rückseite wird die untergeordnete Linie angeschlossen, an der an der Oberseite befindlichen Klemme die Hauptlinie. Es müssen immer beide Linien angeschlossen sein, sonst kann es passieren, dass beim Programmieren der übrigen Busteilnehmer der Programmiervorgang zwar begonnen wird, aber nicht beendet werden kann. Das Programm hängt sich also auf. Niemand wird voraussichtlich diesen Fehler zuerst am Linienkoppler suchen. Dadurch verliert man viel Zeit wegen einer unnötigen Fehlersuche. Bei neueren Produkten findet man auch Geräte, die beide Anschlüsse an der Oberseite des Gerätes besitzen. Somit entfällt die Datenschiene. Neuere Geräte benötigen auch weniger Platz, so dass sie mit 1 oder 2 Teilungseinheiten auskommen. Bild 4.67 zeigt einen Koppler.

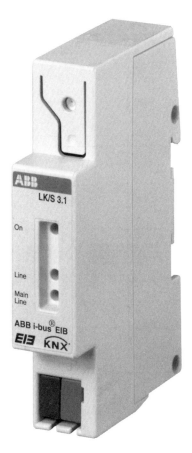

Bild 4.67
Linienkoppler,
Quelle: ABB

Die Telegramme werden durch Übertrager eingekoppelt, die eine Spannungsfestigkeit von ca. 600 V aufweisen. Die Telegramme werden dann in den entsprechenden CPUs verarbeitet. Weiterhin befindet sich im Koppler eine weitere CPU, die die Controllerfunktion übernimmt.

Bei der Inbetriebnahme von Linienkopplern sind einige Dinge zu beachten, um einen reibungslosen Ablauf zu gewährleisten. Zunächst wird überprüft, ob die lokale Adresse des PCs (RS232) mit der Topologie der Anlage übereinstimmt. Nun wird der Koppler eingebaut, mit beiden Linien kontaktiert und somit an Spannung gelegt. Jetzt bekommt der Linienkoppler/Bereichskoppler seine physikalische Adresse (*.*.0). Danach wird ihm seine Applikation überspielt, wobei die Parameter so

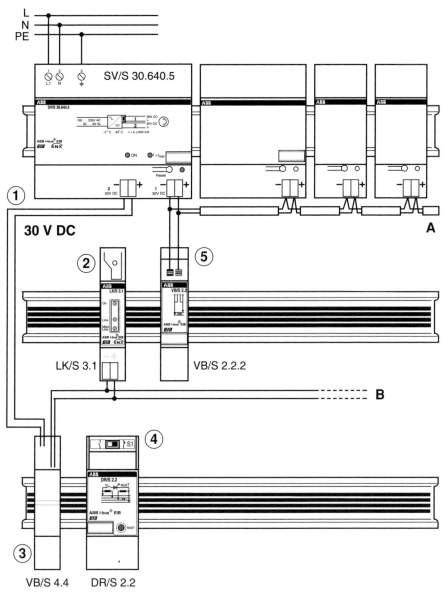

Bild 4.68   Anschluss eines Linienkopplers
1 Unverdrosselter 30-V-DC-Ausgang,  2 Linienkoppler,  3 Verbinder 4-polig,  4 Drossel,
5 Verbinder 2-polig,  A Linie 1,  B Hauptlinie
Quelle: ABB

eingestellt werden, dass er in beide Richtungen Telegramme durchlässt ohne seine Filtertabelle zu verwenden. Wenn diese Schritte alle in der richtigen Reihenfolge durchgeführt wurden, können weiter Busteilnehmer programmiert werden. Wenn die Anlage schließlich komplett fertiggestellt ist, erzeugt die ETS (ab ETS 3 erfolgt dies automatisch) dann die entsprechenden Filtertabellen, und man lädt diese in den Koppler. Zuletzt muss nur noch das Prüfen der Filtertabellen aktiviert werden, und die Anlage läuft. Werden später noch einmal Änderungen vorgenommen, die linienübergreifend sind, muss neben den Busteilnehmern auch der oder die Koppler neu programmiert werden (Achtung, auf die Filtertabellen achten).

Im Unterschied zu Linienkopplern haben Linienverstärker keine Filtertabellen und lassen somit alle Telegramme passieren. Ein Filtern der Telegramme erfolgt nur über die physikalische Adresse. Erfahrungsgemäß bereitet der Anschluss der Koppler im Verteiler immer wieder Probleme. Bild 4.68 zeigt den Anschluss eines Kopplers mit 2 Linien. Werden mehrere Linien angeschlossen, erfolgt der Anschluss analog zu dieser Zeichnung.

### 4.23.1 Erklärung der Parametereinstellungen

*normal*
Die Telegramme, die sich in der Filtertabelle befinden (Gruppenadresse), werden weitergeleitet.

*weiterleiten*
Alle Telegramme werden weitergeleitet, ob sie in der Filtertabelle vorhanden sind oder nicht.

*sperren*
Es wird kein Telegramm mehr weitergeleitet.

*Filtertabelle prüfen*
Automatische Prüfung der Filtertabelle durch den Koppler selbst. In der Praxis sollte hier ja stehen:

*Hauptgruppe 14/15*
Die Gruppenadressen der Hauptgruppe 14 und 15 können nicht gefiltert werden. Diese Hauptgruppen können nur gesperrt oder weitergeleitet werden.

*Bei Fehler in der Filtertabelle*
Tritt ein Fehler in der Filtertabelle auf, können die Gruppenadressen weitergeleitet werden. Werden die Telegramme einfach weitergeleitet, erfolgt keine Filterung in der Filtertabelle mehr. Dieser Fehler kann ignoriert werden, dann wird die Filtertabelle trotz Fehler wieder verwendet. Es können aber auch alle Telegramme gesperrt werden.

## 4.24 Busch-Powernet®-EIB

Mit Busch-Powernet®-EIB wurde ein weiteres Übertragungsmedium zum EIB geschaffen. Hiermit ist es möglich, auch Teile eines Gebäudes in den EIB einzubeziehen, wo noch keine Busleitungen liegen. Busch-Powernet®-EIB benötigt zur Datenübertragung nur Außenleiter und Neutralleiter. Von der Funktion erinnerte dieses System an den Netzbus x10, wobei hier eine andere Übertragungstechnik Verwendung findet. Die Geräte werden über 2 Leitungen (L1 und N) angeschlossen und über die ETS 2 ab Version 1.1 programmiert. Die Geräte besitzen also die gleichen Endgeräte (z.B. Wippe) wie ein EIB-Tastersensor, nur der Busankoppler hat anstelle des 24-V- einen 230-V-Anschluss. Busch-Powernet®-EIB ist nicht als Konkurrenzprodukt zum EIB zu sehen, sondern als wertvolle Ergänzung für Anwendungen der Nachinstallation.

### 4.24.1 Übertragungsverfahren

Als Übertragungsverfahren wird hier das SFSK-Verfahren benutzt (Spread Frequency Shift Keying). Die Signale werden mit 2 verschiedenen Frequenzen übertragen (Spreizsender). Im Korrelationsempfänger wird dann die Rückwandlung der Information vorgenommen. Durch ein aufwendiges Vergleichs- und Reparaturverfahren werden die Signale mit hoher Zuverlässigkeit übertragen. Erhält ein Sender trotzdem keine Antwort, wird das Telegramm noch einmal wiederholt. Nach erfolgtem Datenaustausch wird vom Empfänger ein Antwort-Telegramm an den Sender zurückgeschickt. Ein Sendevorgang dauert üblicherweise 130 ms (1200 bit/s). Bild 4.69 zeigt das neue Übertragungsverfahren von Busch-Powernet®-EIB.

Für Busch-Powernet®-EIB wurden von der CENELEC folgende Frequenzbänder freigegeben:

❏ Band A 105,6 kHz / 115,2 kHz
❏ Band B 100,8 kHz / 120,0 kHz

Der Sendepegel beträgt 116 dBµV.

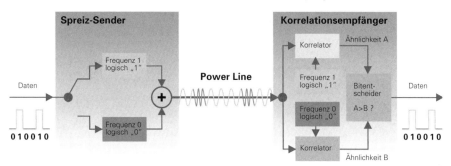

Bild 4.69   Übertragungsverfahren Busch-Powernet®, Quelle: Busch-Jaeger

### 4.24.2   Topologie

Ähnlich wie beim EIB müssen die Teilnehmer eine gewisse Anordnung besitzen. Man hat sich hier auf nachstehende Grenzwerte geeinigt:

- 16 Linien bilden einen Bereich,
- in 1 Linie können bis zu 256 Geräte untergebracht werden,
- 8 verschiedene Bereiche sind denkbar.

Bild 4.70 zeigt den topologischen Aufbau von Busch-Powernet®-EIB.

Man kann deutlich erkennen, welche Möglichkeiten sich daraus ergeben. Allein in dieser Topologie sind 32 768 Adressen möglich. Zu beachten ist, dass eine Entfernung von ca. 500 m bei der Übertragung von Signalen nicht überschritten werden sollte. Durch den Einsatz eines *Repeater* (Verstärker) kann die Übertragung auch noch vergrößert werden.

Der Aufbau einer Mischinstallation ist besser zu verstehen, wenn man Bild 4.71 betrachtet. Hier ist deutlich zu erkennen, dass die Signale vom Netz über eine Bandsperre ausgekoppelt werden, damit sie nicht im Netz vagabundieren. Die Signale, die an anderer Stelle benötigt werden, können über Medienkoppler an den EIB weitergeleitet werden. Natürlich ist es auch möglich, über diesen Medienkoppler Signale (Telegramme) von der EIB-Anlage in die Busch-Powernet®-EIB-Anlage einzuspielen. Der Grundgedanke dieses Systems besteht ja darin, dass ein Busch-Powernet®-EIB-Teilnehmer mit einem EIB-Teilnehmer kommunizieren kann. Folgende Systembedingungen müssen eingehalten und beachtet werden:

- Der Betrieb über einen Transformator hinaus ist nicht möglich.
- Netze mit nicht vorschriftsmäßig entstörten Geräten, können zu Fehlfunktionen führen.
- Netze außerhalb von 230 V / 50 Hz sind nicht geeignet.

❏ Leitungsschutzschalter und andere Schutzeinrichtungen (FI) sind im Normalfall kein Problem.
❏ Bandsperren müssen eingesetzt werden, damit die Signale nicht in das Netz zurückwirken.
❏ Baugröße für Bandsperren: 63 A.
❏ Busch-Powernet®-EIB-Geräte können in handelsübliche Dosen und Verteiler eingebaut werden.
❏ Projektierung über ETS 2 ab Version 1.1, über Controller oder Powerprojekt (Abschnitt 9.5).
❏ Programmierung wie EIB (inkl. Programmiertaste).

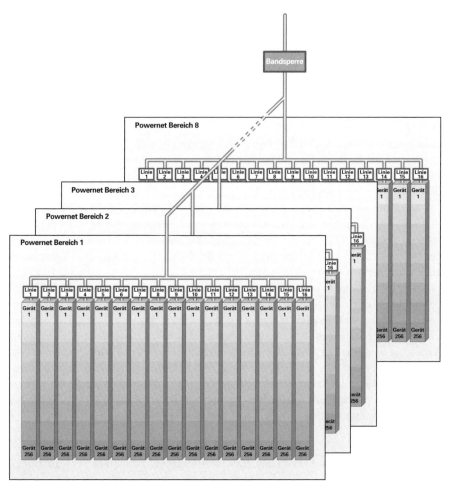

Bild 4.70   Topologischer Aufbau von Busch-Powernet®, Quelle: Busch-Jaeger

Die Funktionsprüfung, Abnahme und Dokumentation erfolgen in gleicher Weise wie für alle elektrischen Anlagen. Die einzelnen Bestimmungen sind einzuhalten:

❏ DIN VDE 0100, insbesondere die Teile 510, 520 und 610.
❏ BGV A 2 (Elektrische Anlagen und Betriebsmittel).
❏ TAB (Technische Anschlussbedingungen der Energieversorger und Netzbetreiber).

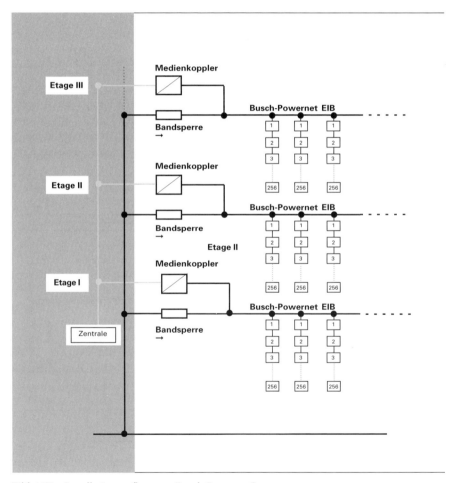

Bild 4.71  Installationsaufbau von Busch-Powernet®

Wenn man eine kleinere Anlage Busch-Powernet® plant, kann die Inbetriebnahme auch über einen Controller durchgeführt werden. Dieser (Controller) kann bei Elektrogroßhändlern ausgeliehen werden oder auch als Leitstelle in der Anlage verbleiben. Eine Datensicherung ist dann nicht mehr über die ETS möglich. Für diesen Zweck gibt es ein kostenfreies Programm namens Power-Projekt. Mit der neusten Version diese Programms besteht sogar die Möglichkeit auf den Bus zuzugreifen ohne den Einsatz eines Controllers.

### 4.25 Unterbrechungsfreie Spannungsversorgung

Da beim EIB immer aufwendigere Schaltungen und Systeme zum Einsatz kommen, muss auch hier über eine unterbrechungsfreie Spannungsversorgung nachgedacht werden. Prinzipiell gibt es 2 verschiedene Möglichkeiten.

*1. Variante*
Die unterbrechungsfreie Spannungsversorgung der Fa. ABB wird am Netzgerät mit 640 mA, und zwar am ungefilterten Ausgang angeschlossen. Über diesen Spannungsausgang wird die Ladung / Erhaltungsladung geliefert. Fällt nun die EIB-Spannung aus, wird sie unterbrechungsfrei für eine Zeitdauer von 10 min (320 mA) vom ABB-Gerät übernommen. Bild 4.72 zeigt den systematischen Anschluss des Gerätes. Weiterhin besitzt es einen potentialfreien Meldeausgang für den derzeitigen Betriebszustand.

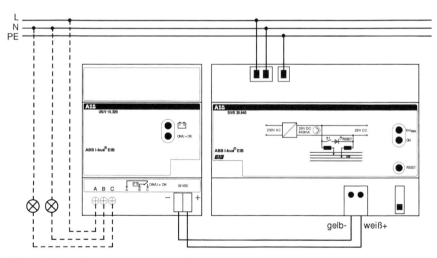

Bild 4.72   Anschlussschema USV, Quelle: ABB

*2. Variante*

Die von der Fa. Hager hergestellte unterbrechungsfreie Spannungsversorgung wird direkt von der 230-V-Seite gespeist. Diese Spannungsversorgung ist von der Baugröße etwas voluminöser, kann aber 2 Linien (eine gefiltert und eine ungefiltert) über einen Zeitraum von 2 h versorgen.

Hier muss vom Errichter der Anlage geprüft werden, welche Geräte und welche Zeiträume im Einzelfall zur Anwendung kommen.

Bild 4.73
Produktfoto: ABB

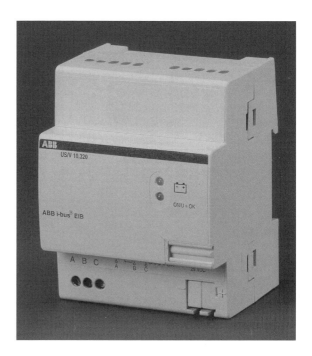

## 4.26 tebis TS und EIB EASY

Einen neuen Weg haben die Firmen Hager/Tehalit und Merten mit ihrem tebis-TS-System bzw. EIB EASY beschritten. Dieses System arbeitet auf der Basis des EIB (Busleitung und Leitungslängen sind gleich), zum Programmieren wird aber keine ETS benötigt. Die Verknüpfungen der einzelnen Elemente erledigt ein Verknüpfungsgerät. Mit diesem Verknüpfungsgerät werden die einzelnen Zuordnungen hergestellt. Es versteht sich von selbst, dass die Softwareapplikationen in diesem Segment des EIB etwas anders (einfacher) gestaltet sind, was Applikation und Parametrisierung betrifft. Auch können in diesem System nur 64 Teilnehmer zum Einsatz kommen. Für dieses Teilgebiet des EIB stehen derzeit folgende Komponenten zur Verfügung:

- Tastereingang,
- Funkfernbedienung,
- Eingangsgerät (Binäreingang),
- Temperaturregler,
- Schaltausgang,
- Schalt-Dimm-Ausgang,
- Jalousien-/Rollladenausgang,
- Schaltausgang Heizung,
- Verknüpfungsgerät,
- Spannungversorgung.

Bei diesem System werden sowohl konventionelle Taster verwendet, die mit einem Tastereingang verbunden und damit busfähig gemacht werden, als auch EIB-Tastsensoren. Die Telegramme werden auf der übliche EIB-Busleitung transportiert. Die Systemgrenzen liegen, wie beim EIB, zwischen Spannungsversorgung und Teilnehmer bei 350 m und zwischen 2 Teilnehmern bei 700 m. Durch ständige Weiterentwicklung der Geräte ist es möglich geworden, mit so einer Anlage zu beginnen und später, wenn die Anlage vergrößert wird, jederzeit auf den «klassischen» EIB mit der ETS umzusteigen. Die Geräte (wenn neueren Datums) können in der Anlage verbleiben.

## 4.27 Diagnosebaustein

Der Diagnosebaustein ist prinzipiell nur ein Verbinder mit dem die einzelnen Datenschienen untereinander verbunden werden können. Als Besonderheit befinden sich auf diesem Gerät mehrere Leuchtdioden, mit denen folgende Zustände signalisiert werden können:

- grüne LED, Busspannung in Ordnung,
- rote LED, Busspannung zu gering,
- gelbe LED, Telegrammanzeige.

Es lässt sich (auch durch den Kunden) eine Schnellaussage über den Zustand (Spannung und Anzahl der Telegramme) des Busses treffen.

## 4.28 TP-Leitstelle

Bild 4.74
TP-Leitstelle,
Quelle: Busch-Jaeger

Die TP-Leitstelle ist ein Gerät, das optisch dem PL-(Powerline-)Controller sehr ähnlich sieht, aber funktional nicht vergleichbar ist. Mit der TP-Leitstelle lässt sich eine EIB-Anlage zentral steuern. Dieses Gerät ist vergleichbar mit einer kleinen Visualisierung oder einem multifunktionalen Display. Im einzelnen können folgende Funktionen realisiert werden:

- Handbetrieb, schalten der einzelnen Gruppenadressen,
- Szenen bearbeiten,
- Zeitprogramme erstellen, Anwesenheitssimulation.

Um diese Leitstelle zu programmieren, gibt es prinzipiell 2 verschiedene Möglichkeiten. Die 1. ist, das Gerät direkt zu programmieren. Dies geschieht am einfachsten in dem man eine handelsübliche Tastatur mit dem Gerät verbindet und den Installationsmodus aufruft. Nun können einzelne Aktionen benannt und bearbeitet werden. Dabei ist die Menüstruktur so einfach gehalten, das die Leitstelle auch von einem ungeübtem Bediener leicht programmiert werden kann. Der einzige Nachteil besteht darin, dass diese Art der Programmierung ein wenig zeitintensiv ist, und meist auch keine Dokumentation der Anlage erstellt wird. Die 2. Möglichkeit die Leitstelle zu programmieren geschieht mittels PC. Hierzu wird ein Programm namens Power Project für Windows benötigt. Diese Programm wird von den Herstellern kostenfrei abgegeben und kann auch zur Programmierung von PL (Powerline) verwendet werden. Wenn dieses Programm am PC installiert ist, hat man natürlich eine sehr viel komfortablere Eingabefläche. Nun lassen sich alle Aktionen, Szenarien oder Zeitprogramme per Mausklick erstellen. Bei manchen Herstellern findet man auch eine gut sortierte Übersicht von Beispielen, die man einfach nur ändern muss. Wenn nun das Programm am PC erstellt wurde, hat man sogleich eine

Dokumentation und eine Datensicherung. Die Daten werden mittels 9-poliger Datenleitung in die Leitstelle übertragen. Dann kann die Leitstelle wieder mit der EIB-Anlage verbunden und ausprobiert werden. Man muss nur darauf achten, dass man immer 2 Datenleitungen dabei hat, da hier Stecker und Kupplung unterschiedlich sind. Also die Datenleitung zur Datenübertragung, die PC-Leitstelle ist eine andere Leitung als die Leitung zur EIB-Anlage (Beispiele hierzu in Kapitel 6 bzw. Abschnitt 9.5)!

## 4.29 Applikationsbaustein

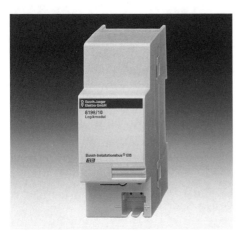

Bild 4.75
Applikationsbaustein, Quelle: Busch-Jaeger

Der Applikationsbaustein von ABB/Busch-Jaeger ist ein Logikmodul mit eigener Programmierplattform, den es in 3 verschiedenen Varianten gibt.

❏ Protokollieren,
❏ Logik-Zeit,
❏ Zeiten-Mengen.

Die Applikation Protokollieren wird in Verbindung mit einer speziellen Schnittstelle angewandt. Ereignisse, die am Bus passieren, werden vom Protokollierungsbaustein empfangen und in Verbindung mit einem dort gespeicherten Text an die serielle Schnittstelle übermittelt (nicht alle Schnittstellen haben einen seriellen Druckerausgang). Hier befindet sich ein Protokolldrucker, der den Text ausgibt. Somit können ohne Visualisierung Schaltzustände oder Ereignisse am Bus protokolliert werden.

Die Applikation Logik-Zeit ist mit einem Logik-Zeitbaustein gleichzusetzen, der in Busankoppler geladen werden kann (wie bereits in Abschnitt 4.13 und 4.14

beschrieben). Der wesentliche Unterschied besteht darin, dass 200 Kommunikationsobjekte mit 250 Gruppenadressen hinterlegt werden können, was in einem «normalen» Busankoppler nicht möglich wäre. Um dies zu programmieren steht eine eigene grafische Oberfläche zur Verfügung, die einem Funktionsplan (FUP) angelehnt an DIN 40 900 wiedergibt. Hierbei stehen folgende Funktionen zur Verfügung:

❑ Eingangsobjekte,
❑ Ausgangsobjekte,
❑ Ein-/Ausgangsobjekte,
❑ logische Gatter,
❑ Tore,
❑ Zeitglieder,
❑ Treppenlichtfunktionen.

In der Applikation «Zeiten-Mengen» sind alle Funktionen wiederzufinden, die in einer Mehrkanalschaltuhr benötigt werden. Hier können Schalttelegramme zu verschiedenen Zeiten mit besonderen Profilen auf den Bus gesendet werden. Von einzelnen Tagen bis hin zu Sondertagen oder Feiertagen sind über die nächsten Jahre möglich. Bild 4.76 zeigt die grafische Oberfläche Logik – Zeit (Beispiele hierzu in Kapitel 6).

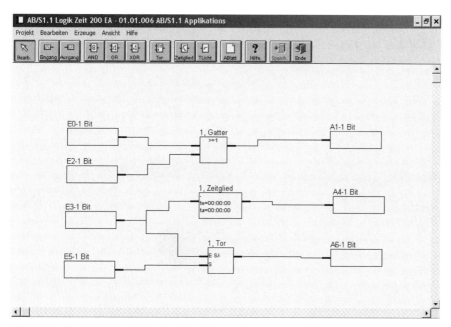

Bild 4.76  Grafische Oberfläche des Applikationsbausteins, Quelle: Busch-Jaeger

## 4.30 Strommodul

Mit dem Strommodul können über 3 potentialfreie Messkreise Last- und Fehlerströme gleichzeitig gemessen werden. Die aktuellen Messwerte können ständig in Form von EIB-Telegrammen verschickt werden und z.B. auf einem LCD oder einer Visualisierung angezeigt werden. Der Nennbetriebsstrom pro Kanal beträgt max. 16 A für Lastströme und max. 30 mA für Fehlerströme. Das Gerät kann kurzzeitige Überströme bis zu 25 A messen (<1 h, max. ein Messkreis pro Gerät). Das Strommodul kann z.B. für folgende Anwendungen eingesetzt werden:

- ❏ Anzeige von Betriebszuständen,
- ❏ zur Anzeige von Messwerten,
- ❏ zur Trendanalyse für die Früherkennung von Defekten,
- ❏ zur Protokollierung für Lastzeitauswertungen und
- ❏ zur Betriebsstundenerfassung.

Sollte die Laststrom- bzw. Fehlerstrommessung einen parametrisierten Wert über- oder unterschreiten, können auch 1-Bit-Schalttelegramme (EIS 1) ausgesendet werden. Bei Überschreiten des oberen Schwellwertes wird eine «1» und bei Unterschreiten des unteren Schwellwertes eine «0» gesendet. Der obere und untere Schwellwert haben unterschiedliche Werte. Sind der obere und der untere Schwellwert nicht gleich, so muss die Strecke zwischen den Schwellwerten komplett durchlaufen werden, um ein Telegramm auszulösen. Über Schwellwertauslösung kann gezielt ein Betriebszustand angezeigt werden, z.B. keine Last, Teillast oder Volllast.

Auf dies Art kann z.B. der Ausfall von Leuchtmitteln signalisiert werden.

## 4.31 Leistungsmesser «Delta meter»

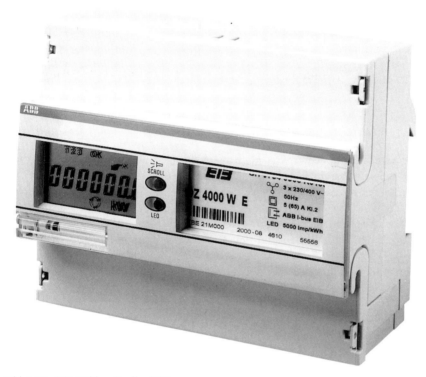

Bild 4.77 EIB-Zähler, Quelle: ABB

Der «Delta meter» ist ein elektronischer, PTB-zugelassener Energieverbrauchszähler mit EIB-Schnittstelle. Der «Delta meter» ist für Hutschienenmontage ausgelegt; damit ist es problemlos möglich, im Nachhinein verschiedene Betriebsdaten zu erfassen und zu überwachen. Es lassen sich die Zählerstände und Verbräuche nicht nur am «Delta meter» Display ablesen, sondern auch über den Bus transportieren und an einer Visualisierung anzeigen. Der Zählerstand (Wirkleistung oder Blindleistung) wird hierbei mit einem 4-Byte-Wert übertragen, die momentane Leistung mit 2 Byte.

Besondere Merkmale sind:

- präzise Erfassung des Energieverbrauchs (kWh, kvarh oder Kombizähler),
- für 2-, 3- und 4-Leiter-Stromnetze beliebiger Belastung,
- PTB-zugelassen,
- Direktanschluss bis 65 A,

- Wandleranschluss (/1 A und /5 A) mit Wandlerzähler,
- Genauigkeitsklassen 1 oder 2,
- Messbereiche von 0,05...65 A, >65 A mit Wandlerzähler,
- programmierbares Wandlerübersetzungsverhältnis,
- Überprüfung der Verdrahtung mit «Installationsselbsttest»,
- Mehrtarifzähler,
- plombierbar,
- LCD-Display, Anzeige für Energieverbrauch.

## 4.32 Meldegruppenterminal

Mit dem Meldergruppenterminal kann man Leitungen und Anschlüsse überwachen. Wie in der Alarmtechnik üblich, werden die Meldekontakte mit 2,7-k$\Omega$-Widerständen abgeschlossen. Ändert sich dieser Wert um ca. 200 $\Omega$, so wird dies erkannt. Auf diese Weise bietet das Meldergruppenterminal Sicherheit gegenüber mutwilligem oder versehentlichem Trennen oder Kurzschließen der Melderleitungen. Das Meldergruppenterminal benötigt neben der Busspannung noch einen externen 12-V-Anschluss. Wobei bei sicherheitstechnischen Einrichtungen auf die Betriebssicherheit bei Spannungsausfall zu achten ist. An diesem Terminal können handelsübliche Melder, wie

- Magnetkontakte,
- passive Infrarot-Bewegungsmelder,
- Glasbruchsensoren,
- Rauchmelder.

angeschlossen werden. Die Scharfschaltung des Meldergruppenterminals erfolgt über den EIB (Kommunikationsobjekt «Scharf-Unscharf-Schaltung»). Bei einem scharfen Meldergruppenterminal löst eine Störung der Meldergruppen einen Alarm aus, und der «Alarmspeicher» wird aktiviert. Der Alarmspeicher sorgt dafür, dass nach einem Alarm der Wert einer Meldergruppe nicht wieder auf 0 zurückgesetzt wird. Auf diese Weise ist nachvollziehbar, welche Melder während des Alarms ausgelöst waren. Nach dem Unscharfschalten bleiben die Werte der Meldergruppen bis zum Reset unverändert.

## 4.33 Rauchmelder

Rauchmelder erkennen bei Schwelbränden entstehenden Rauch und lösen Alarm aus. Im Alarmfall wird ein lauter, pulsierender Signalton abgegeben. Rauchmelder sind besonders für Wohnbereiche geeignet. Die Bewohner werden rechtzeitig alarmiert, bevor sich die giftigen Gase in allen Wohn- und Schlafräumen verbreitet haben. Beim Einsatz von Rauchmeldern ist besonders darauf zu achten, dass diese VdS-zertifiziert sind. EIB-Rauchmelder können als Einzelgeräte betrieben oder mit anderen Rauchmeldern und Signalgebern (z.B. Sirene) vernetzt werden. Soll der Rauchmelder mit der EIB-Anlage verbunden werden, so empfiehlt sich hierfür das Meldergruppenterminal, da hier die Leitungen zum Melder überwacht werden.

## 4.34 Analogeingang und Wetterstation

Im Gegensatz zum Binäreingang 4.16 können beim Analogeingang sich stetig ändernde Größen verarbeitet werden. Diesen Größen können z.B. Grenzwerte vorgegeben werden, um damit bei Dämmerung die Hofbeleuchtung zu schalten oder bei einer bestimmten Temperatur eine Heizungspumpe zu aktivieren. Natürlich können die Signale auch über EIS 5 oder EIS 6 auf den Bus gegeben werden, um dort einer Visualisierung oder einem Display die Daten zu liefern. Bei der genormten Sensorik unterscheidet man:

- 0... 1 V
- 0... 5 V
- 0...10 V
- 0...20 mA
- 4...20 mA

Es spielt im Regelfall keine Rolle, welcher Sensortyp Verwendung findet, da bei den EIB-Analogeingängen im Parameterfenster eingestellt werden kann, um welchen Typ es sich handelt. Bei der Stromschleife 4...20 mA ist der Nullpunkt bei 4 mA, und eine Unterbrechung der Signalleitung wird erkannt. Da die Sensoren einen bestimmten Messbereich abdecken und in den Parametern der ETS ein Prozentwert des Endwertes parametrisiert werden kann, ist die Einstellung eines Schwellwertes sehr einfach gestaltet.

Bei der Wetterstation können mit Hilfe der Ausgänge wetterabhängige Prozesse (Hochfahren der Jalousie, Einfahren der Markise, Schalten von Außenbeleuchtung usw.) gesteuert werden. Für die Wetterstation 4fach steht ein umfangreiches Zubehörangebot zur Verfügung.

- Windsensor,
- Heiztrafo,
- Regensensor,
- Helligkeitssensor,
- Temperatursensor,
- Dämmerungssensor.

### Windsensor
Die angebotenen Windsensoren haben einen linearen Messbereich von 0,7...40 m/s und einen Ausgang von 0...10 V. Die Stromaufnahme beträgt ca. 12 mA ohne die Leistung der Heizung (notwendig für sicheren Betrieb auch im Winter). Die Leitungslänge von der Wetterstation zum Sensor sollte 100 m nicht übersteigen. Bei der Montage ist darauf zu achten, dass sich der Sensor nicht im Windschatten des Gebäudes befindet.

### Regensensor
Die Leitfähigkeit des Regenwassers wird über einen mäanderförmigen Sensor ausgewertet und in ein analoges Signal von 0...10 V umgewandelt. Wenn ein optimaler Heiztrafo zum Einsatz kommt, ist es möglich, das Ende des Regens kurzfristiger zu ermitteln. Auch wird eine eventuelle Eisbildung auf der Sensoroberfläche verhindert. Für die Heizung des Regensensors ist eine zusätzliche Spannung von 24 V AC oder DC erforderlich. Die Heizleistung beträgt ca. 4...5 W. Bei der Montage ist darauf zu achten, dass der Sensor zugänglich montiert wird, da eine regelmäßige Reinigung erforderlich ist, um die dauerhafte Funktion zu gewährleisten.

### Helligkeitssensor
Der Messbereich liegt zwischen 0...60 000 lx bei einem 0...10-V-Signal. Auch hier ist darauf zu achten, dass der Sensor in regelmäßigen Zeitabständen zu reinigen ist.

### Dämmerungssensor
Der Dämmerungsschalter funktioniert wie der Helligkeitssensor mit dem Unterschied, dass der Messbereich zwischen 0...255 lx liegt, um den Schaltzustand im Dämmerungsbereich exakt erfassen zu können.

### Temperatursensor
Der Messbereich liegt zwischen –30...+70 °C und liefert ein 0...10-V-Signal.

### Feuchte- und Temperatursensor
Dieser Sensor erfasst Temperaturen von –30...+70 °C sowie 10...95 % relative Luftfeuchte und liefert hierbei für beide Kanäle ein 0...10-V-Signal.

Nicht verwechseln darf man die Sensoren, die an der Wetterstation oder dem Analogeingang angeschlossen werden mit Geräten, die in sich eigenständig arbeiten. Ein solch eigenständiges Busgerät ist der Helligkeits- und Temperatursensor der Helligkeitswerte von 0...100 000 lx sowie Temperaturen von –22...+55 °C erfassen kann.

## 4.35 Funkumsetzer

Der Funkumsetzer wird von handelsüblichen Funksendern angesteuert. Es handelt sich hier nicht um sog. EIB-Funksender, sondern um Funksender auf der Basis von 433,42 MHz. Diese Signale steuern dann den im Gebäude zentral untergebrachten Umsetzer an. Dieser gibt dann seinerseits EIB-Telegramme auf den Bus, um die Aktoren anzusteuern. Es können alle gängigen Busfunktionen abgerufen werden wie:

- Ein-Aus-Telegramme,
- Dimm-Telegramm,
- Jalousien-Funktionen Auf/Ab, Lamelle/Stopp,
- Umschalten/Toggeln,
- Werte über EIS 6,
- Lichtszenen.

## 4.36 Zusammenfassung

Nun wurden im Einzelnen mehrere EIB-Geräte beschrieben, um einen allgemeinen Überblick zu erhalten. Die Auswahl der Geräte ist nicht vollzählig und stellt auch keine Wertung dar. Der Projektant muss sich am Anfang seiner Planung eben selbst einen Überblick verschaffen, welche Geräte bzw. Hersteller für sein Projekt die meisten Vorteile bringen. In Kapitel 6 werden noch einmal eingehend viele Beispiele mit den verschiedensten Produkten erläutert, um pragmatische Beispiele vorzustellen.

# 5 ETS 3

Im Gegensatz zu den vorherigen ETS-Versionen 1 und 2 hat die ETS 3 (Engineering Tool Software) ein völlig neues Konzept. Zunächst gibt es die ETS-Starterversion, die den Einstieg in das System erleichtern soll. Die Starterversion (wie bereits der Name schon sagt) ist eine Version, die nicht den vollen Systemumfang widerspiegelt. «Starten – Testen – Profi werden», so das neue Marketingkonzept der Konnex-EIBA. Die Starterversion kommt ohne Gruppenadressen aus – zumindest auf der Ebene des Bedieners. Im Hintergrund laufen sehr wohl die Verknüpfungen in alt bekannter Weise ab. Mit der Starterversion lassen sich Projekte in der Größe einer Linie, jedoch ohne Linienkoppler programmieren. Um mit dieser Version zu arbeiten, muss sie freigeschaltet werden. Ohne Freischaltung kann sie nur im Demomodus ohne Buszugriff Verwendung finden. Die Starterversion kann nur den Einstieg in das professionelle Parametrisieren bedeuten. Aus diesem Grund wurde auch im Buch auf eine detaillierte Erklärung und Beschreibung der Starterversion verzichtet.

Minimal ist folgende Systemkonfiguration für den Einsatz der ETS 3 Professional notwendig (empfohlene Werte in Klammern):

- PC mit 400 MHz (1 GHz) Prozessortakt
- 128 MB (256 MB) Arbeitsspeicher
- MS Windows 98/ME/2000/NT4/XP
- True color VGA 800 × 600 (1024 × 768)
- freier Festplattenspeicher 3 GB
- Schnittstellen: RS232 oder USB

Diese Werte gelten für Standardprojekte ohne sog. Plug-in-Software. Bei komplexeren Projekten oder Projekten, die Geräte enthalten, die eine Plug-in-Software benötigen, werden folgende erhöhte Systemanforderungen gestellt:

- PC mit 1 GHz (2 GHz) Prozessortakt
- 256 MB (512 MB) Arbeitsspeicher

Um die ETS 3 Professional am Rechner zu installieren, ruft man das Installationsmenü der CD auf. Aus den folgenden 3 Möglichkeiten

❏ Standard,
❏ Vollständig,
❏ Anpassen

sollte man «Vollständig» wählen. Die Installationsroutine läuft problemlos. Es ist außer der Pfadangabe keine Eingabe zu tätigen. Am Ende der Installation muss die Software freigeschaltet werden. Man unterscheidet folgende Lizenzen:

❏ **Demo:** max. ein Projekt, maximal 20 Geräte, kein Buszugriff,
❏ **Trainee:** max. 1 Projekt, max. 20 Geräte, ansonsten volle Funktion, aber zeitlich begrenzt,
❏ **Vollversion.**

Zusätzlich gibt es noch die **Supplementary**-Version. Sie ist als Zusatzlizenz zur Vollversion für einen 2. PC (Inbetriebnahme/Notebook) gedacht.

Bei der Installation wird die ETS 3 Professional vollständig installiert. In welchem Modus die ETS 3 Professional vom Kunden betrieben wird hängt davon ab, welcher Lizenzschlüssel bei der EIBA gekauft und eingetragen wird. Nachdem das Programm installiert wurde, läuft es zunächst als Demo. Um genaue Informationen über die Lizenzierung zu erhalten, ist auf der CD eine PDF-Datei.

Die ETS 3 hat ein völlig neues Gesicht. Der Wechsel zwischen verschiedenen Programmteilen (wie dies bei der ETS 1 und 2 üblich war) entfällt. Alle notwendigen Funktionen werden von einem Programmteil oder einer Oberfläche aus bedient. Diese Oberfläche lässt sich je nach den Bedürfnissen des Benutzers verschieden einstellen (siehe Benutzeroberfläche anpassen). Bild 5.1 zeigt eine Abbildung dieser neuen Oberfläche mit einem Projekt.

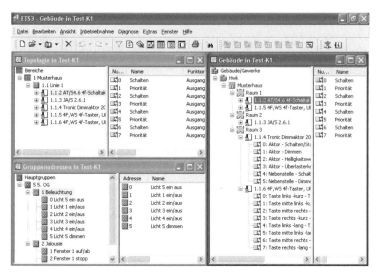

Bild 5.1 Fenster der ETS 3, die üblicherweise beim Starten des Programmes Verwendung finden

In den Bildschirmfenstern finden sich die gleichen Elemente, Schaltflächen und Funktionen der ETS 2 wieder, damit ein problemloses Umstellen auf diese neue Software möglich ist. Dies war eine Vorgabe der EIBA beim Erstellen dieser Software.

Man kann am Bildschirm folgende Ansichten darstellen (*Menüpunkt «Ansicht» – Projekt Ansichten*):

❑ Gebäude,
❑ Alle Geräte,
❑ Topologie,
❑ Gruppenadressen.

Die Ansicht «ganzes Projekt» ermöglicht das Anzeigen des gesamten Projektes in einer Baumstruktur, wie man diese auch vom Windows Explorer kennt. Bild 5.2 zeigt diesen Bildausschnitt. In diesem Fenster gewinnt man sehr schnell einen Gesamtüberblick über das erstellte Projekt.

Bild 5.2
Projekt in
Baumstruktur

Auch muss in der ETS 3 das Ansichtsfenster nicht mehr gewechselt werden, um die Diagnosefunktionen aufzurufen und darzustellen.

Aber zuerst wird der Umgang mit dieser Software und das Erstellen eines Projektes erklärt.

139

## 5.1 Datenimport

Als erste Vorarbeit müssen die herstellerspezifischen Daten importiert werden, damit mit der Parametrisierung der einzelnen Geräte begonnen werden kann. Hierzu wird die Software gestartet und im Menüpunkt Datei der Befehl «Import» aktiviert. Es erscheint ein Fenster in dem man den Dateityp auswählen kann (siehe Bild 5.3). Je nach Ausgabestand besitzt die Importdatei folgende Endung:

- ❏ *.vd1 entspricht Daten aus der ETS-1-Version
- ❏ *.vd2 entspricht Daten aus der ETS-2-Version
- ❏ *.vd3 entspricht Daten aus der ETS-3-Version

Um Produktdatenbanken der Hersteller zu landen, muss im unteren Teil des Fensters, hier: *.vd? eingestellt werden, damit der richtige Filter angewandt wird. Anstelle des Fragezeichens setzt der Hersteller eine Zahl 1, 2, 3, die Aufschluss darüber gibt, welchen Stand die Datenbanken besitzen. Im oberen Teil des Fensters wird nun noch der Pfad eingegeben, in dem sich die Datenbank(en) befindet. Dies könnte z.B. das CD-Laufwerk sein, wenn eine original CD vom Hersteller Verwendung findet. Zu beachten ist natürlich, dass die komplette Pfadangabe auf der CD angegeben wird, so dass direkt das entsprechende *.VD?-File zu sehen ist. Der Import dieser Daten kann je nach Leistungsfähigkeit des Computers einen größeren Zeitraum beanspruchen. Einfach abwarten und nicht ausschalten oder den Task beenden! Wenn mit mehreren Herstellern gearbeitet werden soll, ist dieser Vorgang entsprechend oft zu wiederholen.

Die Daten, die hierfür benötigt werden, kann man sich entweder per CD von den Herstellern schicken lassen oder sie einfach aus dem Internet laden. Der Vorteil des Internets ist eine ständige Aktualisierung der Daten. Nachteil kann sein, dass die Daten unter Umständen gepackt (gezipt) sind und nach dem Herunterladen aus dem Netz noch entpackt werden müssen. Bild 5.3 zeigt das Importfenster, um die Datenbanken zu importieren.

Bild 5.3 Importvorgang von herstellerspezifischen Datenbanken

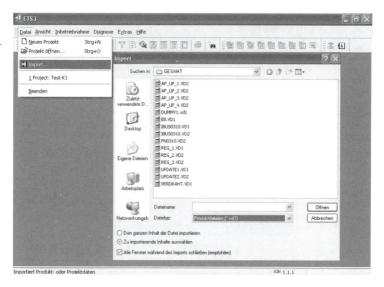

## 5.2 Projektierung

Bevor man mit der Projektierung beginnt, sollte man ein ausgedehntes Gespräch mit dem Kunden führen, um alle Wünsche und Funktionen, die in dem Projekt benötigt werden, einfließen zu lassen. Bereits in Kapitel 1 sind hier wertvolle Hilfestellungen gegeben, welche Komponenten zum Einsatz kommen sollten. Jede Funktion, die hier nicht bedacht wird, muss später nachprojektiert werden, was unter Umständen mit sehr viel Aufwand und Kosten verbunden ist.

Vorteilhaft ist es auch, wenn man alle gewünschten Schaltfunktionen sofort dokumentiert, da ein Teil der Wertschöpfung der Anlage in der Projektierung liegt. Ist dies nicht der Fall, stellt sich bei der Abrechnung die Frage, nach welchem Aufwand später die Kosten für die Parametrisierung abgerechnet werden. In der Vergangenheit gab es Richtwerte je Gerät (zwischen 20...40 min je Busteilnehmer für Besprechung, Projektierung, Parametrisierung, Inbetriebnahme und Änderung auf Kundenwunsch sowie Dokumentation), die mit den heutigen Busgeräten nicht mehr zu vereinbaren sind. Heutige Sensoren oder Aktoren können eine derartige Vielzahl von Parametermöglichkeiten haben, dass man hier andere Wege gehen muss. Eine solche neue Art der Verrechnung könnte sich an Datenpunkten orientieren. Ein Datenpunkt ist nicht das Erstellen einer Gruppenadresse, sondern die Verbindung damit. Z.B., wenn eine Zentralfunktion 15 Leuchten schaltet, wird die Gruppenadresse «Zentralfunktion» einmal mit dem auslösenden Taster verbunden und zudem mit 15 Leuchten. Es werden als 16 Datenpunkte erzeugt bzw. zugewiesen. Wenn man diese oder eine Art davon als Bemessungsgrundlage übernimmt, kann je nach Kundenauftrag oder Anlagengröße für beide Seiten optimal abgerechnet werden. Die Berechnung erfolgt dann nach Aufwand und nicht nur pauschal.

### 5.2.1 Projekt anlegen

Um nun ein neues Projekt anzulegen, wird im Menüpunkt *Datei* der Befehl «Neues Projekt» angewählt, oder in der Symbolleiste auf das leere Blatt geklickt. Das Projekt ist nun angelegt und in einem weiteren Fenster, das nun öffnet, können die entsprechenden Daten zum Projekt eingegeben werden. Bild 5.4 zeigt diesen Bildausschnitt.

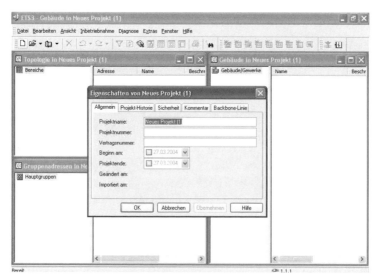

Bild 5.4 Dialogbox beim Anlegen eines neuen Projektes

### 5.2.2 Einteilung in die Gebäudestruktur

Aus Gründen der Übersichtlichkeit ist es zunächst sinnvoll, sich eine Gebäudestruktur anzulegen, in der sich das zu planende Gebäude widerspiegelt. Hier können neue Gebäude erstellt werden oder auch Teile von ihnen. In einer weiteren Ebene lassen sich Räume definieren. Die Gebäudeteile können entweder durch Markieren der Ebene und Verwendung der rechten Maustaste oder durch die Symbole in der Kopfleiste aktiviert und eingefügt werden. Soll der Raum oder das Gebäude einen anderen Namen erhalten, kann mit einem Doppelklick auf der linken Maustaste das entsprechende Fenster geöffnet werden. Die Gebäudeübersicht dient rein zur Orientierung und ist keineswegs zwingend vorgeschrieben. Für den noch ungeübten Projektanten mag dies etwas verwirrend erscheinen. Nach kurzer Zeit erkennt man jedoch die Vorteile, die in dieser Software stecken. Somit ist es dann möglich die Projektierung und die Vorgehensweise nach eigenen Wünschen und Vorstellungen zu gestalten. Anfangs ist es sicher sinnvoll einem vorgegebenen Weg zu folgen, und hier hat sich der über die Gebäudestruktur als äußerst effizient erwiesen. In unserem Beispiel wurde nun ein Wohnhaus mit mehreren Räumen angelegt, Bild 5.5 zeigt diese Übersicht. Zunächst wurde das Gebäude angelegt. Wenn das Gebäude markiert ist und die Schaltfläche Gebäude erneut betätigt wird, wird ein Gebäudeteil, also eine Etage angelegt, somit kann zwischen dem eigentlichen Gebäude und dem Gebäudeteil verfahren werden. Mit der Schaltfläche «*Raum hinzufügen*» werden die einzelnen Räume erzeugt. Es können zunächst mehrere Räume erzeugt werden, die dann auch den gleichen Namen «neuer Raum» haben. Mit einem Doppelklick links wird das Fenster «*Eigenschaft*» aktiviert, und so lassen sich dann die entsprechenden Namen für die Räume vergeben. Bild 5.5 zeigt den dazugehörigen Ausschnitt.

Bild 5.5
Übersicht einer Gebäudestruktur

### 5.2.3 Einfügen von Geräten

Das Einfügen von EIB-Geräten kann über den Katalog oder den Produktsucher erfolgen. Zunächst soll das Suchen über den Produktsucher näher beschrieben werden. Der Produktsucher wird aus dem Pulldown-Menü «Ansicht Produktsucher» ausgewählt. Bild 5.6 zeigt den Ausschnitt aus der ETS.

Bild 5.6  Wie man Geräte über den Produktsucher einfügen kann

143

Auf der Suchmaske müssen folgende Daten ausgewählt werden:

- Hersteller,
- Produktfamilie,
- Produkttyp,
- Medientyp.

Über die Schaltleiste «Suchen» wird die Suche gestartet. Alle Geräte, für die die Auswahlkriterien zutreffen, werden angezeigt. Sind die Suchfelder nicht explizit benannt, so dass das Auswahlkriterium Produktfamilie «Alle» eingegeben wird, ist die Anzahl der angezeigten EIB-Geräte entsprechen groß. Wenn nun das gewünschte Produkt gefunden wurde, kann es markiert und eingefügt werden. Es wird in dem entsprechenden Raum angezeigt. Diesem Vorgang EIB-Geräte einzufügen ist die gebräuchlichste Vorgehensweise.

Eine weitere Möglichkeit Geräte einzufügen besteht darin, den Produktkatalog aufzurufen, entweder im Menüpunkt «Ansicht» Befehl «Katalog öffnen» oder einfach mit demselben Bildzeichen in der Kopfleiste. Im Fenster kann nun der Hersteller ausgewählt werden. Natürlich sind nur die Hersteller zu finden, die vorher importiert wurden! Nun kann ein Hersteller ausgewählt werden, und sobald mit OK oder Doppelklick bestätigt wurde, öffnet sich der entsprechende Katalog. Nun

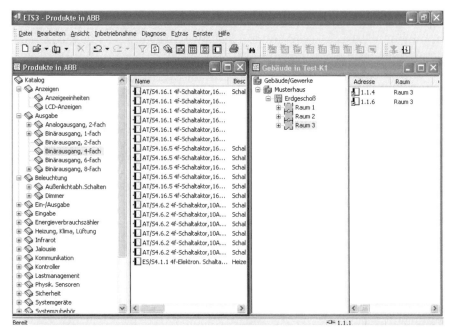

Bild 5.7  Wie Geräte über den Katalog eingefügt werden

finden sich die gleichen Einstellungsmerkmale wie im Produktsucher, nur optisch anders angeordnet. Durch aufklappen der einzelnen Ordner erhält man einen kompletten Überblick über alle Produkte eines Herstellers. In der untersten Ebene sind dann die einzelnen EIB-Geräte aufgelistet. Wenn man nun die Bildschirmübersicht dahingehend verändert, dass 2 Fenster sichtbar sich, lässt sich das markierte EIB-Gerät in das Fenster (zum Beispiel einen Raum) verschieben. Das Produkt wird in diesen Raum kopiert. Bild 5.7 zeigt die 2. Möglichkeit, Produkte einzufügen.

### 5.2.4 Physikalische Adresse einstellen

Nun muss das Gerät eine eindeutige Identifizierung bekommen, die sog. physikalische Adresse wird vergeben. Diese Adresse wird benötigt, um das Gerät später programmieren zu können. Wie bereits beschrieben, unterteilt sich die Adresse in Bereich-, Linie- und Teilnehmernummer (z.B. 1.5.67). Um die Adresse vergeben zu können, markiert man das Gerät mit der rechten Maustaste und dem Befehl «Eigenschaft» oder einem Doppelklick links. Das entsprechende Fenster wird geöffnet. Unter der Karteikarte «Allgemein» können die Eintragungen getätigt werden.

> **Anmerkung**
> Das Fenster Eigenschaft kann immer geöffnet bleiben. Je nachdem, welche Produkte oder Zeilen markiert sind, verändert sich die Darstellung in diesem Fenster. Anfangs ein bisschen ungewohnt, aber sehr effizient.

Der Eingabeblock «physikalische Adresse» ist zweigeteilt. Im 1. Block werden Linie und Bereich, und im 2. Block die Teilnehmernummer eingegeben. Im Feld Beschreibung lassen sich Informationen zum Einbauort oder bei Aktoren zur Kanalbelegung notieren. In der Vergangenheit (ETS 1 bzw. 2) war leider zu wenig Platz, um entsprechende Kommentare über die Kanalbelegung oder Kanalfunktion zu hinterlegen. Nun besteht auch die Möglichkeit die Informationen gezielt in Beschreibungen, Kommentare oder Installationshinweise zu unterteilen. Bild 5.8 zeigt die Eingabemaske «Geräteeigenschaft».

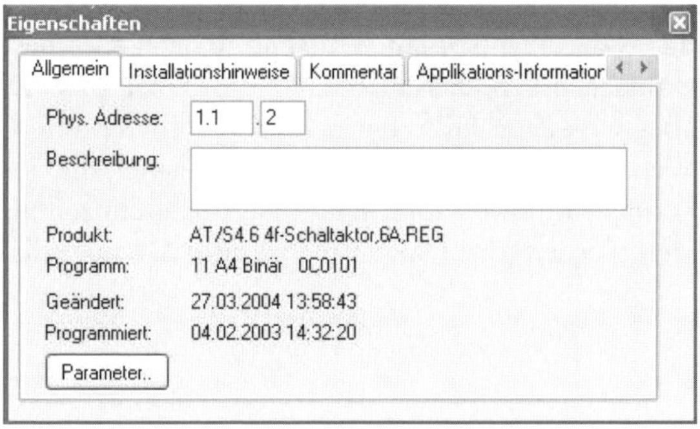

Bild 5.8
Eigenschaftsfenster/Dialogbox der physikalische Adresse

Nach Beendigung der Eingabe der physikalischen Adresse und nachdem die Eintragung der Kommentare vorgenommen wurde, kann mit dem Kreuz in der oberen rechten Ecke das Fenster wieder geschlossen werden. Die Daten sind nun übernommen, und das Raumfenster gliedert sich in folgende Teile:

- Adresse,
- Raum,
- Gewerk,
- Beschreibung,
- Applikation,
- Programmierzustand,
- Produkt,
- Hersteller,
- Bestellnummer.

Stimmt die angegebene Reihenfolge nicht mit dem Bildschirm überein, kann dies durch Mausbewegung geändert werden. Man führt die Maus auf die zu verschiebende Spalte, hält die linke Maustaste gedrückt und verschiebt die Spalte an die gewünschte Stelle. Zum Ändern der Spaltenbreite kann man wie folgt vorgehen: Wenn man den Mauszeiger auf die Linie bewegt, die die einzelnen Spalten voneinander trennen, verändert sich der Mauspfeil und wird zum Kreuz. Nun kann man durch Drücken der linken Maustaste die Spalte in ihrer Breite verschieben.

### 5.2.5 Teilnehmereinstellungen vornehmen

Um eine bessere Übersicht über das Gerät zu bekommen, ist es von Vorteil, wenn man in der Gebäudeübersicht das kleine Pluszeichen vor dem Raum aktiviert (aufklappen). Dadurch werden dann alle Unterfunktionen zu diesem «Ordner» angezeigt (in unserem Fall das eingefügte Gerät). Gleichzeitig wechselt die Ansicht im rechten Fenster (markieren des Gerätes nicht vergessen), es werden hier die Informationen angezeigt, die sich «unter» dem im linken Fenster markierten Gerät befinden (in unserem Fall die Objekte des Tasters). In dieser Ansicht kann man gut erkennen, welche Funktionen das gewählter Gerät besitzt und ob es dem Verwendungszweck entspricht. Vorsicht: Je nach Parametereinstellungen ist es möglich, ja wahrscheinlich, dass nicht alle Funktionen bzw. Objekte sichtbar sind. Eine kleine aber wirksame Hilfe bietet hier die Objektnummer neben dem gelben Kästchen. Wenn, anders wie hier in unserem Beispiel, die Nummern nicht durchgängig sind, können durch entsprechende Parametereinstellungen noch weitere Objekte aktiviert werden (dazu später mehr). Bild 5.9 zeigt die entsprechende Übersicht.

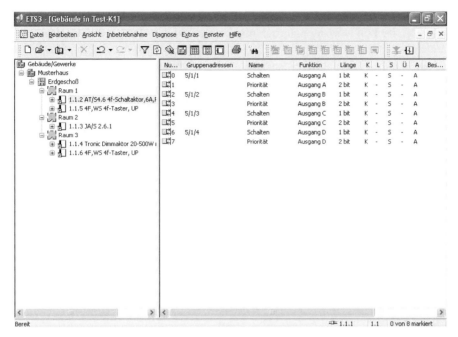

Bild 5.9   Objektübersicht eines Busteilnehmers (hier ein Taster)

Um in das Fenster zu gelangen, in dem man nun die Parameter einstellt, muss man das Gerät markieren, wobei es keine Rolle spielt, ob sich das Gerät (in unserem Fall der Taster) im linken oder rechten Fenster befindet. Anschließend wird durch drücken der rechten Maustaste ein Fenster aktiv, in dem man den Befehl «*Parameter bearbeiten*» mit der linken Maustaste aktivieren kann. Jetzt befindet man sich in dem Fenster in dem alle «Möglichkeiten» des Busteilnehmers stecken. Bekannterweise können Busteilnehmer nicht frei programmiert, sondern nur entsprechend eingestellt werden. Man beachte auch hier, dass durch Einstellungen in diesem Fenster sich wieder weitere neue oder andere Einstellungsmöglichkeiten ergeben. Hierzu nur ein exemplarisches Beispiel:

Wenn ein Schaltsensor gewählt wurde, ist die Folge, dass man ein-, aus- oder umschalten möchte. Dies kann man auf der linken oder rechten Wippe tun (bei anderen Fabrikaten entsprechend oben oder unten). Wird nun der Schaltsensor in einen Dimmsensor umparametrisiert, dann werden zunächst andere Objekte gewählt: Aus einem 1-Bit-Objekt wird ein 1-Bit- und ein 4-Bit-Objekt (was zunächst nur im Hintergrund passiert) die Wippen unterscheiden sich in einen kurzen und langen Tastendruck («kurz» zum Schalten, «lang» zum Dimmen).

Welche Parametereinstellungen die richtigen sind, welche Einstellungen was bewirken und mit welchen Produkten sich die effizientesten Lösungen ergeben, benötigt viel Erfahrung und Wissen. Produktschulungen der Hersteller bieten hier die gewünschte Hilfe – wobei niemand alle Produkte zu jeder Zeit kennen kann. Es reicht in der Praxis, wenn man sich mit seinen 2 oder 3 «Haushersteller» auseinandersetzt.

Sollte man versehentlich einen Sensor oder Aktor so verstellt haben, dass dieser keine oder eine unbrauchbare Reaktion zeigt (beispielsweise eine Dimmzeit von mehreren Stunden), kann man über die Taste «Standard» eine Grundeinstellung vornehmen, die der Hersteller des Gerätes bereits eingestellt hat. Somit dürfte das Gerät wieder funktionsfähig sein.

Über die Taste «Info» können spezielle Funktionsinformationen zu diesem gewählten Produkt aufgerufen werden. Dies Information ist nicht mit der «Hilfe» Funktion von Windows zu verwechseln, die eine sehr allgemein gehaltene Erklärung wiedergibt. Zu beachten bei der «Info»-Funktion ist allerdings, dass nicht alle Datenbanken oder Hersteller dies unterstützen. Es besteht kein garantierter Verlass auf diese Taste. Die Bilder 5.10 und 5.11 zeigen dies.

Bild 5.10  Aufruf des Parameterfensters

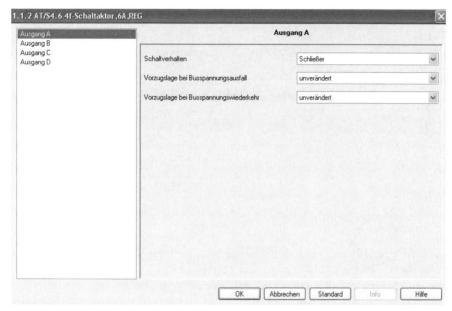

Bild 5.11    Parameterfenster

## 5.2.6    Programm ändern

Sollte sich nun herausstellen, dass Einstellungsfenster oder Parameterfenster nicht den Kundenwünschen oder den Wünschen des Planers entsprechen, kann durch Änderung der Applikation vielleicht Abhilfe geschaffen werden. Die Applikation ist das Programm, das der Hersteller zu seinem Produkt liefert. Es können bekannterweise nur Einstellungen getätigt werden, die der Programmierer vorher erlaubt hat. Wenn man die Applikation ändern möchte, geht man wie folgt vor:

Zunächst wird der zu ändernde Busteilnehmer mit der linken Maustaste markiert. Anschließend kann mit der rechten Maustaste aus dem Untermenü der Befehl «Applikationsprogramm ändern» aktiviert werden. Es wird nun eine Auswahl von Applikationen angezeigt, die in dieses Produkt geladen werden können. In der Praxis ist es ohne Handbuch oder CD meist schwierig aus der Vielzahl der Applikationen auszuwählen, weil man die Unterschiede hier nicht erkennen kann. Hier hilft oft nur Ausprobieren und sich vielleicht an der Versionsnummer orientieren. Je höher die Nummer, desto neuer die Applikation! Beachten Sie, dass die Wahl einer neuen Applikation immer zur Folge hat, dass alle bereits vergebenen Gruppenadressen gelöscht werden. Bild 5.12 zeigt das Applikationsfenster eines Produktes.

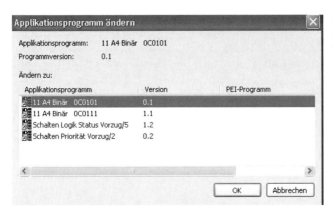

Bild 5.12
Applikationsfenster
eines Schaltaktors

### 5.2.7 Gruppenadressen anlegen

Die «Gruppenadresse» oder «logische Adresse» stellt die Verbindung zwischen den einzelnen Objekten dar. Wenn also ein Tastsensor eine Leuchte ein- und ausschalten will, benötigt er hierzu eine Gruppenadresse. Vereinfacht könnte man sich dies als eine «virtuelle» Leitung vorstellen. Die Gruppenadressen können wahlweise 2-stufig oder 3-stufig ausgeführt werden. Bei einer 2-stufigen Gruppenadresse würde z.B. die 2/21 stehen. Bei einer 3-stufigen Gruppenadresse die 2/0/21 (Vergleiche Abschnitt 2.3 Telegrammaufbau). Für den noch ungeübten Planer oder Inbetrieb-

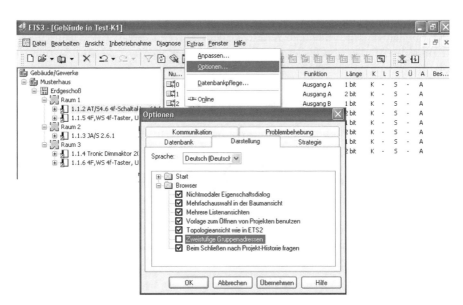

Bild 5.13   Optionsfenster, in dem die Gruppenadresse zwischen 2-stufig und 3-stufig umgeschaltet werden kann

nehmer ist eine 2-stufige Adressenebene einfacher, da hier keine Verwechslungen zu physikalischen Adresse auftreten können. Durch die Verwendung der 3-stufigen Ebene können natürlich sehr viel feinere Strukturen in der Beschreibung aufgebaut werden. In der Praxis verwendet man deshalb auch die 3-stufige Gruppenadresse. Die Anzahl der Zuordnungen ist in beiden Fällen gleich. Das Umschalten zwischen den beiden Stufen erfolgt mit dem Pulldown-Menü «Extras» Befehl «Optionen». In diesem Fenster wird die Karteikarte «Darstellung» gewählt. Wenn nun der Ordner «Browser» aufgeklappt wird, erscheinen verschiedene Einstellungsmöglichkeiten, die per Mausklick (Haken im Kästchen) aktiviert oder deaktiviert werden. Bild 5.13 zeigt das geöffnete Einstellungsfenster.
In unserem Beispiel wurde eine 3-stufige Auswahl getroffen.

Ist in der ETS das Gruppenfenster geöffnet, können aus der oberen Menüleiste die einzelnen Symbole für Hauptgruppe, Mittelgruppe und Untergruppe (Gruppenadresse) durch Anklicken aktiviert und damit eine entsprechende Struktur aufgebaut werden.

**Beispiel**
Das Gruppenfenster ist aktiviert. In der linken Seite dieses Fensters ist die oberste Zeile markiert. Nun kann der Befehl «Hauptgruppe hinzufügen» ausgeführt werden. Dieser Befehl kann entweder aus der oberen Menüleiste ausgelöst oder durch einen Druck auf die rechte Maustaste (Auswahl) aktiviert werden. Bei der Verwendung der rechten Maustaste im Vergleich zur Menüleiste erscheint ein weiteres Fenster, in dem man die Anzahl der neu hinzuzufügenden Gruppen eingeben kann – also die etwas komfortablere Vorgehensweise. Bei der 3-stufigen Methode bietet sich an, die Hauptgruppe als Etage zu verwenden (keine zwingende Bestimmung). Wenn nun entsprechende Hauptgruppen angelegt wurden, geht man beim Erstellen der Mittelgruppen ebenso vor, d.h., nun wird die eben neu angelegte Hauptgruppe in der linken Fensterseite markiert. Jetzt kann, wie eben beschrieben, aus der Menüleiste die Mittelgruppe ausgewählt werden. Die komfortablere Methode ist auch hier die rechte Maustaste. Die Mittelgruppe kann für das Gewerk (Licht, Heizung, Jalousien usw.) verwendet werden. Das Erzeugen der Untergruppe erfolgt in gleicher Weise. Die Untergruppe (Gruppenadresse) kann für die entsprechende Vor-Ort-Funktion (z.B. Licht Raum 2 Fensterseite ein/aus) eingesetzt werden. Wenn die Namen oder Beschreibungen der Etagen, Gewerke oder Funktionen vor Ort geändert werden sollen, erfolgt dies, indem man die entsprechende Etage markiert und durch einen Doppelklick auf die linke Maustaste ausführt. Sofort erscheint ein Fenster in dem die Änderungen vorgenommen werden können.
Das Kästchen «Weiterleiten (nicht filtern)» wird nur benötigt, wenn diese Gruppenadresse kollektiv über Koppler geführt werden soll. Solche Einstellungen können beim Einsatz einer Visualisierung sinnvoll sein, wenn keine Dummys zum Einsatz kommen, aber dazu später mehr.
Wird nun eine der neuen Adressen markiert, z.B. die 1. Etage, so können nun die Mittelgruppen eingefügt werden. Dies funktioniert genauso, wie eben mit den

Hauptgruppen beschrieben. Also sowohl über die Menüleiste als auch über die rechte Maustaste. Ebenfalls mit Doppelklick zum Editieren.

Mit den Untergruppen setzt sich die Reihe fort: markieren – einfügen – editieren. Bild 5.14 zeigt eine angelegte Gruppenstruktur 3-stufig.

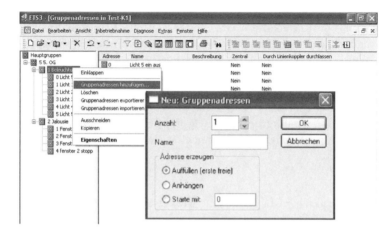

Bild 5.14 Anlegen einer neuen Gruppenadresse

Bei dem Editionsfenster der Untergruppe oder Gruppenadresse besteht neben der Möglichkeit «Weiterleiten (nicht filtern)» noch zusätzlich die Variante «Zentralfunktion» auszuwählen.

Wenn die Zentralfunktion aktiviert ist, wird beim Kopieren diese Gruppenadresse nicht hoch gezählt. Diese Funktion ist allerdings nur interessant, wenn gleichartige Räume mit Zentralfunktionen in einem Gebäude sind, so z.B. in einer Schule oder einem Bürogebäude.

### 5.2.8 Verbinden der Geräte mit den Gruppenadressen

Das Verbinden der Gruppenadressen untereinander ist sehr einfach. Egal in welchem Fensterausschnitt man sich gerade befindet, kann man die im Gruppenfenster eben erzeugten Untergruppen mit der Maus markieren und bei gedrückter linker Maustaste einfach auf das gewünschte Objekt verschieben. Wobei es keine Rolle spielt, ob vom Gruppenfenster in die Gebäudeansicht, in das Fenster «Alle Geräte» oder gar in die Topologie gezogen wird. Alle Fenster aktualisieren sich sofort – auch wenn hierbei mal die eine oder andere Variation verwendet wird. Zunächst sehr verwirrend, aber dadurch kann jeder Planer seine individuelle Vorgehensweise finden. Bild 5.15 zeigt das Prinzip.

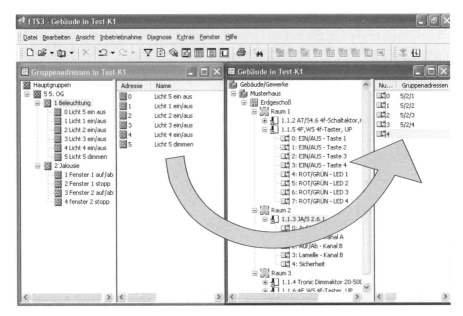

Bild 5.15  Gebäude- und Gruppenübersicht am Bildschirm

Bei der Vergabe der Gruppenadressen gibt es noch eine Besonderheit. Wenn man die Untergruppe mit der linken Maustaste markiert, danach die rechte Maustaste drückt und den Befehl «Eigenschaft» auswählt, erscheint ein Fenster in dem man 2 Optionen aktivieren kann:

❑ Weiterleiten (nicht filtern),
❑ Zentralfunktion.

Beim Weiterleiten (nicht filtern) wird die Gruppenadresse in alle Filtertabellen des Systems geschrieben. Somit ist diese Gruppenadresse in allen Linien und Bereichen vorhanden – egal, ob sich dort ein Teilnehmer mit dieser Gruppenadresse befindet oder nicht. Diese Funktion ist interessant, wenn in der Anlage eine Visualisierung ist, die an mehreren Stellen Verwendung finden soll, also wenn der Haustechniker mittels PC oder Laptop von verschiedenen Stellen aus die Anlage kontrollieren möchte.

Zentralfunktion bedeutet, dass diese Gruppenadresse beim Verschieben (d.h. beim Kopieren) nicht hoch gezählt wird. Folgendes Beispiel soll diese Funktion etwas veranschaulichen. In einem Büroraum werden folgende Gruppenadressen vergeben:

4/1/1 Zentral aus
4/1/2 Lichtband 1 Raum 411 ein/aus
4/1/3 Lichtband 2 Raum 411 ein/aus

153

Werden nun die Geräte dieses Raums in einen anderen Raum kopiert (verschoben), so werden dann die Gruppenadressen hoch gezählt, die Gruppenadresse, bei der die Zentralfunktion aktiviert ist, aber nicht. Das Ergebnis sieht folgendermaßen aus:

4/1/1 *Kopie von* Zentral aus
4/1/4 *Kopie von* Lichtband 1 Raum 411 ein/aus
4/1/5 *Kopie von* Lichtband 2 Raum 411 ein/aus

Nun kann von Hand die Zuordnung im neuen Raum vorgenommen werden:

4/1/1 Zentral aus
4/1/4 Lichtband 1 Raum 412 ein/aus
4/1/5 Lichtband 2 Raum 412 ein/aus

Bei den Mittelgruppen und Hauptgruppen kann als Option nur «Weiterleiten (nicht filtern)» gewählt werden. Der Befehl Zentralfunktion steht logischerweise nicht zur Verfügung. Bild 5.16 zeigt den Ausschnitt, in dem diese Einstellungen getätigt werden.

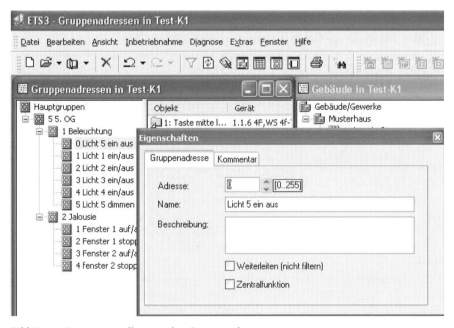

Bild 5.16 Optionseinstellung zu den Gruppenadressen

**Löschen von Gruppenadressen**

Um eine falsch zugeordnete Gruppenadresse wieder zu entfernen, werden die Objekte des Teilnehmers «aufgeklappt» und das entsprechende Objekt, in dem sich die zu löschende Gruppenadresse befindet, markiert. Somit erscheint in der anderen Seite des Fensters immer die untere Ebene zum markierten Objekt, in diesem Falle also die Gruppenadresse. Nun kann die falsche Adresse markiert und mit der rechten Maustaste der Befehl «Löschen» ausgewählt werden. In Bild 5.17 ist dieser Bildausschnitt abgebildet.

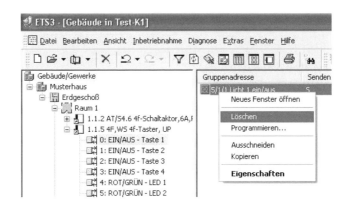

Bild 5.17
Löschen einer
Gruppenadresse

### 5.2.9 Topologie zuordnen

Als Topologie bezeichnet man die «Räumliche Anordnung» des Gerätes bzw. des Teilnehmers im System. Mit Vergabe der physikalischen Adresse (1.1.1 oder jeder anderen) erhält der Teilnehmer seine topologische Anordnung. Plant man in der Gebäudeübersicht, so muss auch dort die Einteilung der physikalischen Adressen vorgenommen werden. Mit dem Fenster «Topologie» muss man sich überhaupt nicht befassen, sofern man nicht die natürlichen Grenzen (Anzahl der Teilnehmer pro Linie) überschreitet. Andere Projektanten planen sozusagen der Leitung entlang, d.h., die Planung erfolgt im Topologiefenster. Egal in welchem Fenster man letztendlich plant, alle Angaben werden in allen Fenstern gleichzeitig übernommen.

Wenn Geräte auf der Linie 0 (Hauptlinie, Verbindung der Linie 1…15 in einem Bereich) geplant werden sollen, kann man dies einfach durch umstellen der Adresse im Gebäudefenster tun. Möchte man dies allerdings im Topologiefenster tun, kann man keine «Linie 0» einfügen, sondern muss wissen, dass hierfür der «blaue» Bereich zu verwenden ist. Alle Geräte, die sich auf der Hauptlinie oder der Linie 0 befinden, sind folglich dem Bereich zugeordnet. Bild 5.18 zeigt den Bildausschnitt Topologie der ETS 3.

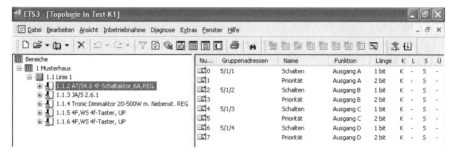

Bild 5.18   Topologiefenster der ETS 3

### 5.2.10   Anlage prüfen

Unter dem Menüpunkt «Diagnose» kann mit dem Befehl «Projekt prüfen» eine Überprüfung gestartet werden.

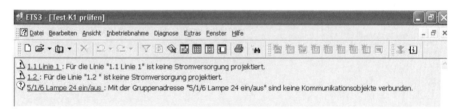

Bild 5.19   Fenster, das nach der Prüfung eines Projektes angezeigt wird

Bild 5.19 zeigt die Informationen, die dem Projektanten angezeigt werden. Natürlich kann das Programm nicht logische Funktionen überprüfen oder gar Programme erstellen. Diese Funktion ist vielmehr dazu gedacht, an noch nicht bearbeitete Geräte zu erinnern, wenn z.B. eine Gruppenadresse angelegt, diese aber mit keinem Kommunikationsobjekt verbunden wurde, wenn Linien und Bereiche geplant wurden, aber die Anzahl der Koppler oder Spannungsversorgungen nicht übereinstimmen.

Fährt man mit der Maus über die blauen Texte der Fehlerliste, ändert sich der Mauspfeil in eine Hand. Durch drücken der linken Maustaste kann man direkt an die Stelle springen, an der die Änderung bzw. das Beheben des Fehlers vorgenommen werden kann.

### 5.2.11   Objekte bearbeiten

Bevor mit der Inbetriebnahme begonnen wird, sollte man auch die Flags und die Priorität der einzelnen Objekte überprüfen und ggf. korrigieren. Um in das entsprechende Fenster zu kommen, markiert man das zu editierende Objekt. Z.B. eine Wippe des Tasters oder einen Kanal eines Aktors. Mit der rechten Maustaste gelangt man über den Befehl «Eigenschaft» in das entsprechende Fenster. Bild 5.20 zeigt dieses Fenster.

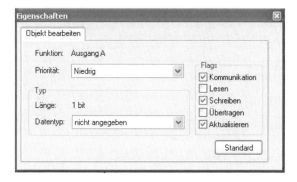

Bild 5.20
Dialogbox eines Objektes

Im Auswahlfenster Priorität kann Alarm, Hoch und Niedrig eingestellt werden. Diese Einstellung ist wichtig, wenn die Kollision von Telegrammen in Betracht gezogen wird. Wenn Telegramme gleichzeitig gesendet werden, wird sich das mit der höheren Priorität durchsetzen. In der Praxis kann es von Vorteil sein, wenn ein Windsensor eine höhere Priorität bekommt. Für normale Schalttelegramme «Licht» und «Jalousie» spielt die Priorität eher eine untergeordnete Rolle.

Bei den Flags sieht das etwas anders aus (vergleiche auch Abschnitt 2.7).

Eine falsche Einstellung kann die Funktion erheblich beeinflussen. Im Regelfall kann die Standardeinstellung übernommen werden, aber eben nur im Regelfall. Sollte die Einstellung hier verstellt worden sein, kann man über die Taste «Standard» die Grundeinstellung wieder herstellen.

### 5.2.12 Filtertabelle erstellen

In den Vorgängerversionen der ETS gab es eigens eine Schaltfläche zur Erstellung der Filtertabelle. In der ETS 3 werden diese Tabellen automatisch im Hintergrund erzeugt.

### 5.2.13 Filter anwenden

Mit der Funktion «Filter» kann ein Filter in der rechten Hälfte eines Arbeitsfensters aufgerufen werden. Der Filter wirkt auf die Listenstruktur des rechten Windows-Fensters. Er lässt sich nur aktivieren, wenn man mit der Maus einen Teilnehmer oder ein Objekt im rechten Fenster markiert hat. In diesem Fall wird der Filter in der Menüleiste aktiv. Hat man nicht richtig selektiert, ist auch der Filter grau hinterlegt. In größeren Objekten ist dies eine sinnvolle Möglichkeit, den Bildschirm übersichtlich zu gestalten. Bild 5.21 zeigt einen eingeschalteten Filter. Als Filterkriterium wurde in der Spalte «Name» ein «o» eingesetzt. Es werden alle Zeichenkombinationen, wo dieses «o» vorkommt, angezeigt – in diesem Fall alle Aktoren.

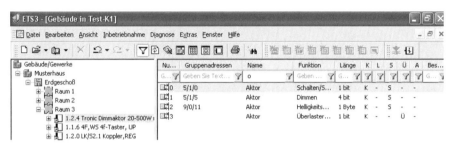

Bild 5.21   Anwendung der Filterfunktion

Es können natürlich noch weitere Kriterien eingegeben werden, um den gewünschten Effekt zu erzielen.

## 5.3  Inbetriebnahme

Nach der Planung kann nun mit der Programmierung der einzelnen Sensoren und Aktoren begonnen werden. Für die Inbetriebnahme wurden die Fensteransichten verändert, so dass nur noch das Gruppenfenster und die Gebäudeansicht sichtbar sind. Dies ist nicht zwingend erforderlich, erleichtert aber das Arbeiten, da man einen besseren Überblick hat.

### 5.3.1  Kommunikation mit dem Bus

Um die Verbindung mit dem Bus zu überprüfen, aktiviert man im Menüpunkt «Extras Optionen» das entsprechende Fenster.

Wird die Karteikarte «Kommunikation» ausgewählt, kann man die Schnittstelle konfigurieren. Es besteht die Möglichkeit unter den verschiedensten Schnittstellen auszuwählen. Hat man die entsprechende Schnittstelle gewählt, erlaubt die Testfunktion einen sofortigen Test. Das Ergebnis wird direkt neben der Schaltfläche angezeigt. Bild 5.22 zeigt den Bildausschnitt «Schnittstelle konfigurieren».

Bild 5.22
Karteikarte zum Testen der
Kommunikation

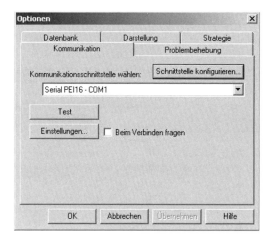

Bild 5.23
Fenster zum
Konfigurieren
der Schnittstelle

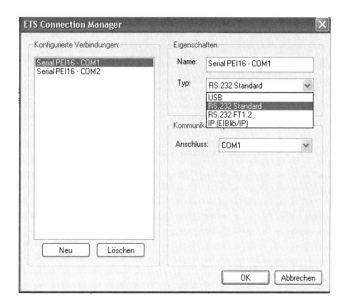

### 5.3.2 Programmierung durchführen

Man kann, wie in der ETS üblich, auch hier verschiedene Wege gehen, um die Geräte zu programmieren. Zunächst werden alle Geräte, die Verwendung finden sollen, markiert. Dies kann einzeln geschehen oder durch geschickte Platzierung der Maus auf einen Raum, Gebäudeteil oder dem ganzen Projekt. Nachdem die Geräte kenntlich gemacht sind, kann mit der rechten Maustaste der Befehl «Programmieren» ausgelöst werden. Der gleiche Befehl befindet sich aber auch in der Menüleiste

«Bearbeiten», «Programmieren». Es erscheint ein Fenster (Bild 5.24), in dem alle weiteren Eingaben getätigt werden.

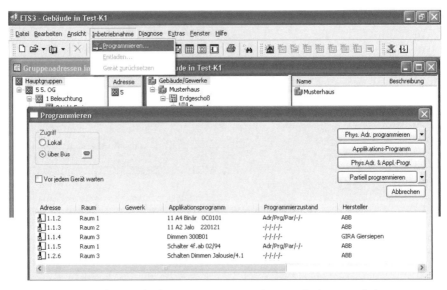

Bild 5.24   Auswahlfenster, das beim Programmieren der Busteilnehmer erscheint

**Kurze Erklärungen zu dieser Eingabemaske**

*Zugriff «Lokal» oder über «Bus»?*
Lokal bedeutet, dass die Datenleitung vom PC direkt, z.B. über eine 9-polige Leitung (RS232) auf einen Busteilnehmer oder über die 10-polige AST (AST = Anwenderschnittstelle/Verbindung zwischen Busankoppler und Endgerät) zugreift. In der Praxis ist dies eher selten, da hierzu das Endgerät (z.B. Tastmodul) abgezogen und durch ein RS232-Endgerät ersetzt werden muss. Die Programmierung «Lokal» gilt dann auch nur für dieses eine Gerät.

Bus, die wohl gängigste Variante, bedeutet den Zugriff über eine eigens vorhandene Schnittstelle, die dann wieder mit dem Bus Verbindung hat. Die Daten werden vom PC an die Schnittstelle, dann zum Bus und letztlich zum Busteilnehmer übermittelt. Der zu programmierende Teilnehmer bekommt seine «Daten» über den Bus (Busleitung).

Das kleine Schnittstellensymbol neben den Worten Zugriff «über Bus» dient zur Ermittlung und Einstellung der lokalen Busankopplung, also der Schnittstelle, die beim Programmieren über den Bus benötigt wird. Wenn dieses Symbol mit der Maus aktiviert wird, erscheint ein Eingabefeld, in dem bereits die vorhandene Adresse der eingesetzten Busankopplung (z.B. RS232) ausgegeben wird. Hier kann auch eine beliebige neue Adresse (sofern diese in die Topologie passt) eingegeben werden. Das Betätigen einer Programmiertaste entfällt, da hier nur ein Teilnehmer (der lokale Teilnehmer) angesprochen werden kann. Das Einstellen der lokalen physikalischen Adresse ist sehr wichtig und darf keinesfalls ignoriert werden. Eine falsche Adresse oder «überhaupt» keine Adresse (die dann wahrscheinlich die 15.15.255 ist) würde später, wenn die Anlage erweitert und über die Koppler programmiert wird, unvermeidlich zu Fehlern führen. Aus diesem Grund von Anfang an die richtige Adresse eingeben.

### 5.3.3 Physikalische Adresse vergeben

Um den neuen Geräten ihre für die Anlage notwendigen physikalischen Adressen in den EEPROM-Speicher zu schreiben, wird im Programmierfenster rechts oben der Befehl «Phys. Adr. programmieren» ausgewählt. Auf dem Bildschirm öffnet sich ein neues Fenster mit der Aufforderung die Programmiertaste am Teilnehmer zu betätigen.

Diese Taste wird kurz betätigt. Eine Leuchtdiode leuchtet dann einige Sekunden auf und erlischt von alleine wieder. Die Vergabe der Adresse kann dann wiederholt werden, bis alle Teilnehmer ihre Adresse haben. Wenn die Programmierung erfolgreich gewesen ist, erscheint im Programmierfenster der Status der Teilnehmer. Bild 5.25 zeigt diese Fenster. Wenn mehrere Geräte unverzüglich hintereinander programmiert werden, sollte man unbedingt darauf achten, dass die Reihenfolge im ETS-Fenster und die Reihenfolge der zu programmierenden Geräte übereinstimmt. Sonst werden die Applikationen in die falschen Geräte geladen, was natürlich Funktionsstörungen zur Folge hat.

Bild 5.25
Anzeige des Programmierfortschrittes/Status

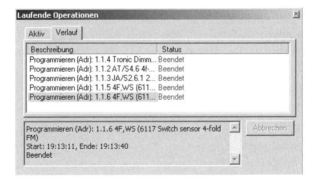

### 5.3.4 Applikationsprogramm laden

Haben nun alle Teilnehmer der Anlage ihre physikalische Adresse, kann mit dem Laden der Applikationen begonnen werden. Dazu muss nur (siehe Bild 5.24) die Schaltfläche «Applikation» betätigt werden. Nun beginnt das Programm mit dem sog. Download (der EEPROM-Speicher der Busankoppler wird mit den neuen Applikationsdaten geladen). In der Spalte «Programmierzustand» erkennt man den Fortschritt der Programmierung. Ist die Programmierung erfolgreich abgeschlossen bzw. wenn die Daten in der Anlage mit den Daten im Laptop übereinstimmen, sollten «Adresse/Parameter/Programm/Gruppe» als Abkürzung in dem Fenster stehen (Adr/Par/Prg/Gr/). Wenn noch keine Programmierung erfolgt ist, stehen hier nur Striche (–/–/–/–/–). Bild 5.26 zeigt den Ausschnitt eines noch nicht programmierten Busteilnehmers.

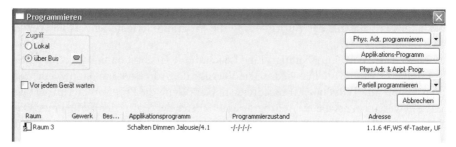

Bild 5.26   Programmierzustand eines (noch nicht programmierten) Teilnehmers

## 5.4 Diagnosefunktionen

Die ETS 3 besitzt eine Reihe von Möglichkeiten, in einer bestehenden EIB-Anlage Fehler zu lokalisieren und Informationen über diese Anlage zu erhalten. Im Folgenden werden die einzelnen Möglichkeiten und ihre praktischen Anwendungen erklärt.

### 5.4.1 Geräteinformationen übertragen (auslesen)

Mit dem Befehl «Geräteinfo» lassen sich Informationen über ein Gerät aus einer bestehenden Anlage lesen. Diese Funktion ist eine Online-Funktion, d.h., der PC muss mit einer bestehenden Anlage verbunden sein. Aus der Menüleiste «Diagnose» wird der Befehl «Geräteinfo» aufgerufen. Bild 5.27 zeigt das entsprechende ETS-Fenster.

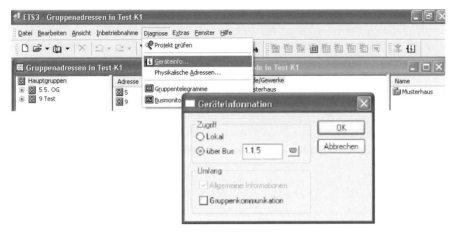

Bild 5.27  Fenster, um die Geräteinformation eines Teilnehmers aufzurufen

Nach Aufruf der Funktion erscheint ein Dialogfenster. In diesem Dialogfenster kann man wählen (wie bereits bei der Programmierung beschrieben), ob der lokale Busankoppler oder ob ein Gerät (Busankoppler) über den Bus ausgelesen werden soll. Voreingestellt ist «über Bus», da dies wohl der Normalfall sein dürfte. Wenn man nun in das Adressfeld die gewünschte Physikalische Adresse eingegeben hat, kann man nach Betätigung der OK-Schaltfläche mit dem Auslesen des Teilnehmers beginnen.

Durch Markieren des Kontrollkästchens Gruppenkommunikation bestimmt man, ob auch die dazugehörigen Gruppenadressen angezeigt werden sollen. Bild 5.28 zeigt ein Beispiel einer Geräteinformation eines Tasters mit Gruppenkommunikation.

Bild 5.28
Abgerufene
Information
eines Geräts

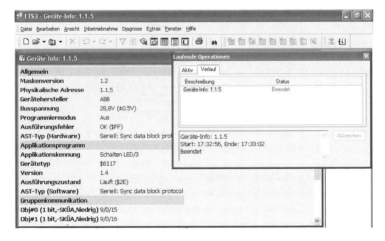

Eine sehr wichtige Information ist «AST (Hardware)» und «AST (Software)». Diese beiden Informationen müssen übereinstimmen. Ist dies nicht der Fall, so kommt es zu Funktionsstörungen. Als Ursache kann z.B. eine Vertauschung der physikalischen Adressen vorliegen. Es könnte sein, dass das Applikationsprogramm eines Schaltaktors in das eines Tasters geladen wurde. Dies ist natürlich nur möglich, wenn gleiche Hersteller und Maskenversionen verwendet wurden, oder wenn bei Renovierungsarbeiten Endgeräte vertauscht wurden (Tasteraufsätze oder Ähnliches).

### 5.4.2 Physikalische Adresse prüfen und suchen

Im Menüpunkt «Diagnose» kann durch den Befehl «Physikalische Adresse» folgendes Dialogfenster (Bild 5.29) aufgerufen werden.

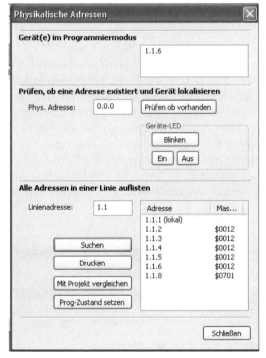

Bild 5.29
Maske zum Suchen einer physikalischen Adresse

Aus diesem Fenster lassen sich folgende Informationen gewinnen.

**«Geräte im Programmiermodus»**
Hier werden alle Geräte gelistet bei denen die Programmier-Leuchtdiode eingeschaltet ist. Das Einschalten der Leuchtdiode kann mit einem kurzen Tastendruck auf die Programmiertaste ausgelöst werden. Die Leuchtdiode bleibt so lange an, bis

sie wieder durch einen kurzen Tastendruck abgeschaltet wird. Mit dieser Methode kann jederzeit die physikalische Adresse eines Busteilnehmers bestimmt werden.

«Prüfen, ob eine Adresse existiert, und Gerät lokalisieren»
Mit dieser Funktion kann definitiv nachgesehen werden, ob ein bereits vorhandenes, bekanntes Gerät am Bus angeschaltet ist. Weiter lässt sich mit dieser Funktion auch ein Gerät lokalisieren. Wenn z.B. in einer Verteilung mehrere Geräte gleichen Typs sitzen und eine Beschriftung der Geräte nicht vorhanden ist, erkennt man durch den Befehl «LED blinken» bzw. «einschalten» das gewünschte Gerät explizit. Mit dem Befehl «LED aus» wird dann diese mittels PC auch wieder ausgeschaltet.

«Alle Adressen in einer Liste aufzeigen»
Hier besteht die Möglichkeit, ein Projekt komplett zu überprüfen bzw. mit einer Anlage zu vergleichen. Es werden alle physikalischen Adressen eines Projektes gelistet.

### 5.4.3 Telegramme aufzeichnen – Busmonitor verwenden

Der Busmonitor dient zur Überwachung der Anlage hinsichtlich Telegrammrate und Fehlerbehebung. Zunächst muss der Busmonitor aktiviert werden. Hierzu wird in der Menüleiste «Diagnose» der Befehl «Busmonitor» aktiviert. Bild 5.30 zeigt den Monitor.

Bild 5.30   Projekt-Busmonitor

Bevor man nun den Monitor über die grüne Pfeiltaste (1. Schaltfläche von links) startet, stellt man diverse Eigenschaften ein. Mit der 10. Schaltfläche von links (Hammersymbol) lässt sich ein Optionsfenster öffnen. In diesem Optionsfenster (2. Karteikarte) lassen sich den Telegrammen verschiedene Farben in der Anzeige zuweisen. So ist folgende Grundeinstellung vorhanden:

❏ normale Telegramme (schwarz),
❏ ungültige Telegramme (rot),
❏ nicht bestätigte Telegramme (grün),
❏ wiederholte Telegramme (gelb),
❏ unbekannte Quelle oder unbekanntes Ziel (grau).

Diese Farben sind selbstverständlich nach belieben änderbar. Somit gestalten sich bei einer Fehlersuche oder Überprüfung der Anlage die gesuchten Objekte entsprechend auffällig.

In der letzten Karteikarte lassen sich noch Filter- oder Trigger-Kriterien einstellen, z.B., ob alle Telegramme, oder nur nicht bestätigte Telegramme aufgezeichnet werden sollen.

Nachdem die Aufzeichnung gestartet und Telegramme aufgezeichnet wurden, erscheint folgender Inhalt. Bild 5.31 zeigt diesen Ausschnitt.

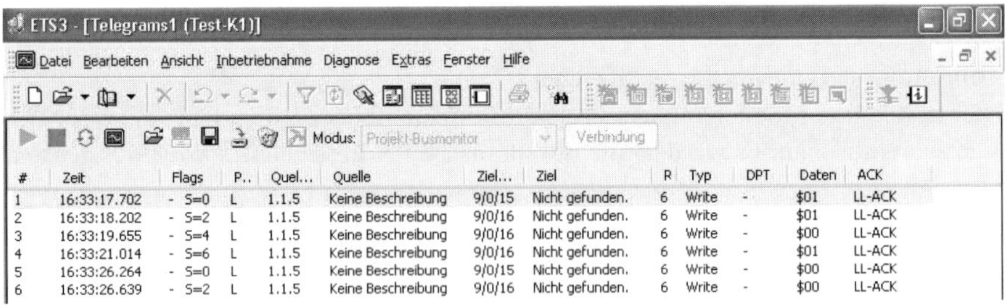

Bild 5.31   Aufgezeichnete Telegramme

Nun kann noch zur besseren Übersicht eine Telegrammzeile selektiert werden. Die dann mit einem Doppelklick auf die linke Maustaste oder mit der rechten Maustaste «Eigenschaft» in ein größeres Detailfenster wechselt. Bild 5.32 zeigt diese Detailfenster.

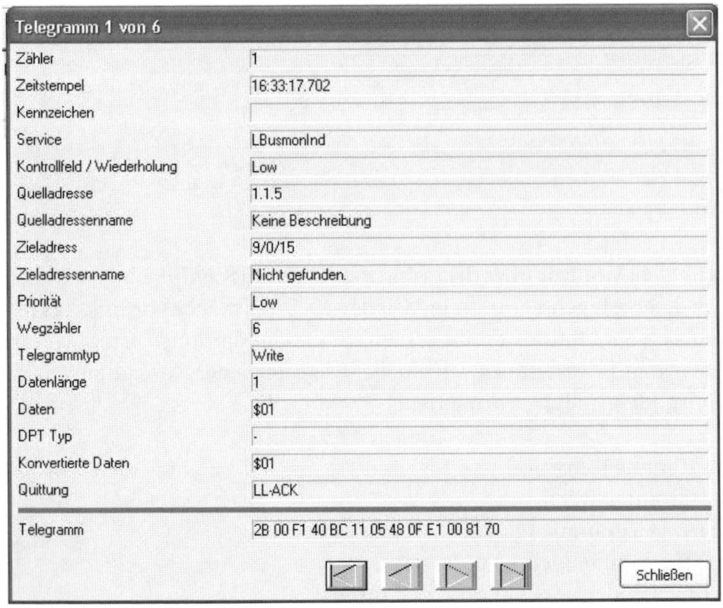

Bild 5.32
Detailfenster eines aufgezeichneten Telegrammes

Diese Telegramme lassen sich selbstverständlich auch speichern oder exportieren, um sie in einer Tabellenkalkulation weiter bearbeiten zu können. Interessant ist noch die Auswertung der statistischen Daten bei der Telegrammaufzeichnung. Über die 4. Schaltfläche von links (Telegrammstatistik) kann dieses Monitorfenster geöffnet werden. Bild 5.33 zeigt diese Fenster. Diese Informationen geben direkt Aufschluss über die Busbelastung. Diese kann sehr hoch sein, wenn eine Anlage falsch parametrisiert wurde, wenn Raumtemperaturen zu häufig gesendet werden oder ständig Lichtwerte der Konstantlichtregelung übertragen werden und wenn Filter in den Kopplern nicht richtig eingestellt wurden.

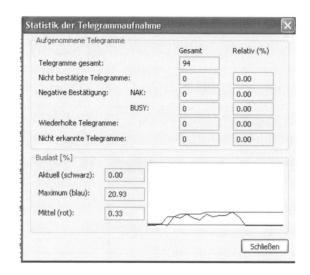

Bild 5.33
Statistische Auswertemöglichkeit bei der Telegrammaufzeichnung

### 5.4.4 Telegramme mit dem PC senden

Zu Diagnosezwecken oder wenn die Sensoren in einer Anlage noch nicht montiert sind, besteht des öfteren die Notwendigkeit, dass Telegramme vom PC aus gesendet werden müssen. Dazu wird in der ETS aus der Menüleiste «Diagnose» der Befehl «Gruppentelegramme» aktiviert. Es erscheint ein Fenster, das dem Busmonitor sehr ähnlich ist. Der Unterschied liegt darin, dass auf der oberen rechten Seite weitere Befehlsschaltflächen angebracht sind. Wenn der Monitor durch den grünen Pfeil aktiv geschaltet ist, lässt sich durch die Schaltfläche «(...)» neben dem Gruppenfenster eine Liste aller Gruppenadressen aus diesem Projekt anzeigen. Bild 5.34 zeigt diesen Ausschnitt.

Bild 5.34  Senden oder Lesen einer Gruppenadresse im Projekt-Gruppenmonitor

Wird nun eine Gruppenadresse aus dem Fenster «Gruppenadressen» markiert, erscheint diese im Fenster «Gruppe:». Jetzt kann über den Befehl «Senden» in das nächste Ansichtsfenster gewechselt werden. Bild 5.35 zeigt diese Fenster.

Bild 5.35  Auswahlfenster beim «Wert senden»

Nun lassen sich alle Informationen, die über den Bus gesendet werden sollen, in dieses Eingabefeld eintragen. Im Bildausschnitt 5.35 wurde nur ein 1-Bit-Befehl (An/Aus) gewählt. Es sind alle Standards möglich. So kann auch ein Helligkeitswert oder ein Dimmbefehl von hier ausgelöst werden. Vergleiche Abschnitt 2.8 EIS-Typen.

### 5.4.5  Wert lesen mit dem PC

Müssen Werte vom Bus gelesen werden, um Teilnehmer zu kalibrieren oder einfach nur, um den Schaltzustand eines Aktors festzustellen, kann gleichermaßen vorgegangen werden wie bereits in Abschnitt 5.4.4 beschrieben. Der einzige Unterschied ist, dass nicht die Taste «Senden», sondern die Taste «Lesen» betätigt wird. Sofort wird eine Leseanforderung an diese Gruppenadresse gesendet. Wenn diese Gruppenadresse einem Objekt zugewiesen wurde und auch das Lesen-Flag bei diesem Teilnehmer gesetzt ist, bekommt man unverzüglich den Status zurückgemeldet.

### 5.4.6 Teilnehmer entladen

Wenn ein Busteilnehmer in einem Projekt bereits eingebunden war, hat dieser Teilnehmer eine Programmierung bekommen. Diese Daten sind sowohl im EEPROM-Speicher hinterlegt als auch nach Spannungsausfall verfügbar. Werden nun in einem Projekt die Zuweisungen und Verknüpfungen geändert, bzw. neu erstellt, kann es sein, dass bereits ein Teil der Anlage die neue Programmierung und ein anderer Teil noch die alte Programmierung aufweist. Wenn nun Teile der Anlage ausprobiert werden, wundert man sich über Schaltfolgen, die nicht beabsichtigt waren. Geräte, die dann noch nicht neu programmiert sind, reagieren u.U. auf die scheinbar neuen Gruppenadressen. Der Adressvorrat wäre wohl groß genug, in der Praxis hat sich aber gezeigt, dass viele Projektanten immer wieder auf die gleichen Adressen zurückgreifen und somit dieses Phänomen entsteht. Abhilfe bietet der Befehl «Teilnehmer entladen». Aus dem Menü «Inbetriebnahme» wird der Befehl «Entladen» aktiviert. Bild 5.36 zeigt diesen Ausschnitt. In diesem Fenster kann dann entschieden werden, welche Teile des EEPROMs gelöscht werden sollen. Wobei ein Löschen einer Gruppenadresse das Zurücksetzen auf 15.15.255 bedeutet.

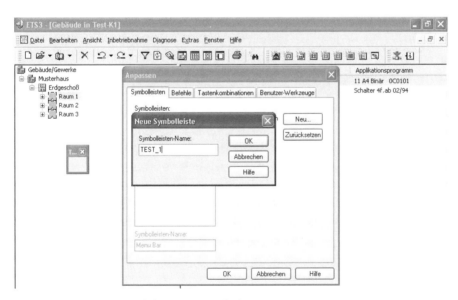

Bild 5.36    Fenster zum Entladen eines Busteilnehmers

### 5.4.7 Teilnehmer zurücksetzen

Sollte aus irgendwelchen Gründen ein Teilnehmer nicht mehr ordentlich arbeiten (u.U. falsche Programmierung), kann dieser Fehler durch einen Bus-Reset wieder aufgehoben werden. Da ein Bus-Reset aber auf alle Teilnehmer in einer Linie wirkt und damit die Gefahr besteht, dass einzelne Objektwerte verloren gehen, kann man Teilnehmer einzeln zurücksetzen. Dies geschieht, in dem man im Menü «*Inbetriebnahme*» den Befehl «*Zurücksetzen...*» aufruft. Im erscheinenden Fenster kann dann die physikalische Adresse des Teilnehmers angegeben werden.

## 5.5 Extras – Anpassen der Oberfläche

Über den Menüpunkt «Extras» Befehl «Anpassen» bietet sich die Möglichkeit, vorhandene Symbolleisten zu ändern, zu löschen oder neu zu gestalten. Das Dialogfenster enthält 4 Karteikarten. Zunächst soll die Karteikarte «Symbolleiste» beschrieben werden. Mit der Schaltfläche «Neu» kann eine eigene neue Symbolleiste erstellt werden. Es öffnet sich ein Fenster in dem der Name für die neue Symbolleiste eingegeben werden kann. Sobald dies bestätigt wurde, erscheint in der linken oberen Ecke diese eben neu erzeugte (noch leere) Symbolleiste. Bild 5.37 zeigt diesen Ausschnitt.

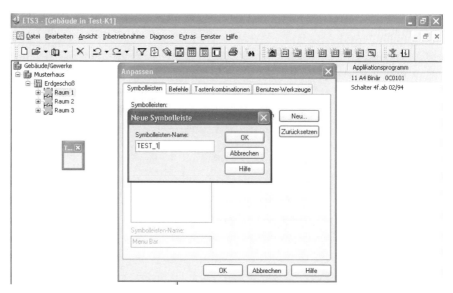

Bild 5.37   Dialogfenster zum Erstellen neuer Symbolleisten

Um nun die neu erstellte Symbolleiste zu editieren, wechselt man die Karteikarte. Mit der Karte «Befehle» können nun alle vorhanden Befehle des Programms in die eigene(n) Symbolleiste(n) übernommen werden. Dies geschieht indem man die Befehle mit der linken Maustaste selektiert und bei gedrückter Maustaste das Symbol in die Leiste verschiebt. Bild 5.38 zeigt die neue Symbolleiste. Je nachdem, welche Kategorie gewählt wurde, ändern sich die Symbole auf der rechten Seite.

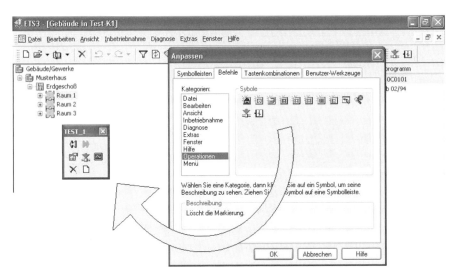

Bild 5.38  Neu erstellte Symbolleiste

Soll ein Symbol aus einer Symbolleiste entfernt werden, zieht man das zu löschende Bild mit der Maus aus der Symbolleiste im Hauptfenster der ETS 3 an eine beliebige Stelle und lässt die Maustaste wieder los. Das Symbol ist gelöscht!

Mit der 3. Karteikarte können den verschiedenen Funktionen Tastenkombinationen zugewiesen werden. Möchte man z.B. zum Starten des Busmonitors eine Tastenkombination neu anlegen, ist das hier bequem möglich. Man wählt aus der vorgegebenen Liste einen Befehl aus, den man mit Tastenkombination bedienen möchte. Anschließend wählt man die Taste «Tastenkombination anlegen». Es öffnet sich das Eingabefenster für die Tastenkombination. Die Tastenkombination (z.B. Strg+O) wird an der Tastatur eingegeben, und somit erscheint sie im Auswahlfenster. Sollte diese Tastenkombination bereits verwendet werden, erfolgt eine Meldung.

Die 4. Karteikarte erlaubt es, im Menü «Extras» benutzerdefinierte Menüpunkte unterzubringen. Bild 5.39 zeigt z.B. wie über die Einstellungen im oben gezeigten Fenster der Windows-Taschenrechner als benutzerdefiniertes Werkzeug im Extra-Menü eingefügt wurde.

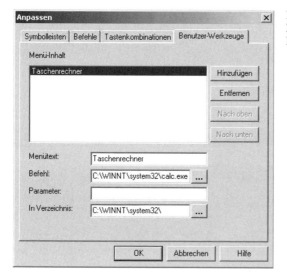

Bild 5.39
Karteikarte zum Anpassen der
Benutzerwerkzeuge

## 5.6 Datensicherung und Ausdruck

Am Ende eines jeden Projektes stellt sich die Frage, welche Art der Dokumentation muss dem Betreiber übergeben werden. Ist es ausreichend nur «Papier» zu übergeben oder muss ein Datenträger vorhanden sein? Diese Frage kann nur jeder für sich selbst – in Verbindung mit den Gegebenheiten des Projektes – entscheiden. Sicher ist, die Dokumentation muss in Art und Umfang zum Projekt passen. In der Praxis hat sich gezeigt, dass wenig oder «schlechte» Dokumentation den Betreiber nicht abhalten die Errichterfirma zu wechseln. Im Nachsatz wird nicht nur der Kunde unzufrieden sein, sondern auch die Folgefirma hat ihre Schwierigkeiten, was am Markt nicht unbemerkt bleiben dürfte. Als Empfehlung kann man nur sagen: lieber mehr und eine gute Dokumentation als zu wenig. Und wegen einer guten Dokumentation hat man auch noch nie einen Kunden verloren. Wenn man Bedenken hat, der Kunde könnte in der Anlage Veränderungen vornehmen und somit die Frage der Gewährleistung im Raume steht, bietet sich die Möglichkeit, die Anlage auszulesen und mit dem letzten Stand zu vergleichen. Nach Meinung des Autors sollte neben einem umfangreichen Ausdruck auch eine CD des Projektes vorhanden sein sowie eine Kopie der Datenbank!

### 5.6.1 Drucken

In der ETS 3 steht ein umfangreiches Druckmenü zur Verfügung. Man kann sich die Daten des Projekts in verschiedenen Ansichten ausdrucken lassen. Im Einzelnen sind dies

❏ Gebäudeansicht,
❏ Gruppenübersicht,
❏ Stückliste,
❏ Topologie.

Bevor man das Druckmenü aktiviert, empfiehlt es sich, die Taste «Vorschau» zu betätigen. Damit wird der Ausdruck zunächst auf den Bildschirm umgeleitet und kann eingesehen werden. Sollte das Ergebnis in Ordnung sein, kann mit dem Druck begonnen werden. Die ETS 3 verwendet wie alle Windows-Programme den installierten Systemdrucker. Daher sollten alle Fenster, die hier erscheinen, dem Projektanten bekannt sein. Sie sehen dann bei jedem Computer (Drucker) folglich anders aus.

### 5.6.2 Projekte importieren/exportieren

Einzelne Projekte werden in der Menüleiste «Datei», Befehl «Import», «Export» aus- oder eingelagert. Um nun ein einzelnes Projekt zu exportieren, wird der eben beschriebene Befehl ausgelöst. Es erscheint ein Fenster, in dem man dann den Dateinamen des Projektes sowie den Pfad zur Speicherung angeben kann. Die Projekte, die mit der ETS 3 erzeugt wurden, haben die Endung *.Pr3. Diese Datensätze können mit einer älteren ETS-Version ETS 1 oder ETS 2 nicht mehr bearbeitet werden. Diese Datensätze sind (je nach Anlagengröße) natürlich um ein Vielfaches kleiner als die komplette EIB.db.

# 6 Funktionen

Hier werden die verschiedensten Funktionen des EIB beschrieben. Dazu werden die Schaltungen in sehr kleine Einheiten zerlegt, um die Detailfunktion genau erklären zu können. Man hat dann die Möglichkeit, diese Einzelfunktionen später wieder in eine komplexe Anlage zu integrieren. Anhand dieser Funktionen kann man auch sein Wissen über den EIB testen und seine Kenntnisse vertiefen.

## 6.1 Ein-Aus-Funktion allgemein

Die Grundfunktion aller Möglichkeiten bietet der 1-Bit-Befehl. Mit ihm können Lampen ein- und ausgeschaltet werden, Jalousien gehen auf und zu, Heizungen werden ein- und ausgeschaltet, die Nachtabsenkung aktiviert und deaktiviert. Bei diesem Grundbeispiel wird klar, wie die Vergabe der logischen Adresse erfolgt. Im Sendeobjekt des Sensors und im Empfangsobjekt des Aktors müssen die gleichen Zuweisungen stehen. Bild 6.1 zeigt das noch einmal schematisch, Bild 6.2 die Grundeinstellung der Flags.

Hier muss natürlich noch beachtet werden, dass die Flags richtig stehen. Flags können mit *Schaltern* verglichen werden, die sich im Prozessor befinden. Im Folgenden ist die Bedeutung der einzelnen Flags beschrieben.

*Kommunikations-Flag*
Das Kommunikations-Flag muss gesetzt sein, damit eine Kommunikation mit dem Bus möglich ist.

*Übertragen-Flag*
Das Übertragen-Flag muss im Sensor (Taster) gesetzt sein, damit der Objektwert auf den Bus übertragen werden kann.

*Schreiben-Flag*
Das Schreiben-Flag muss am Aktor gesetzt sein, damit der Objektwert vom Bus aus geändert werden kann.

*Funktion*
Wird am Taster die obere Wippe betätigt, sendet der Taster ein Telegramm 4/7 mit dem Inhalt «einschalten» auf den Bus. Der Aktor hört dieses Telegramm und sen-

det ein Quittungstelegramm. Dieses Telegramm wird vom Taster verstanden, und es erfolgt kein Wiederholungstelegramm. Der Aktor ändert seinen Objektwert 0 von logisch 0 auf logisch 1 und schaltet durch (Lampe leuchtet).

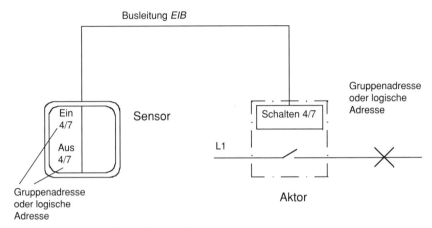

Bild 6.1  Funktionsübersicht der Ein-Aus-Funktion

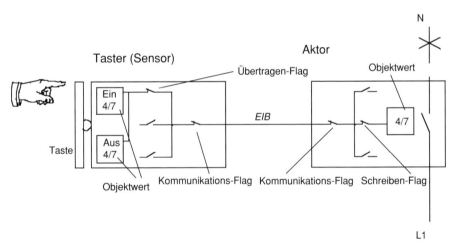

Bild 6.2  Zusammenhang der einzelnen Flags bei der Ein-Aus-Funktion

## 6.2 Ein-Aus-Treppenhausfunktion

Eine weitere wichtige Funktion ist die Treppenhausschaltung, auch Zeitschaltung genannt. Hierbei ist zu beachten, dass diese Funktion nicht mit der Einschaltverzögerung oder der Ausschaltverzögerung verwechselt wird. Bei der Treppenhausfunktion wird durch einen Tastendruck eine Zeit gestartet, und nach Ablauf dieser Zeit schaltet der Automat selbständig wieder aus. Natürlich muss es möglich sein, den Automaten nachzutriggern, d.h., durch einen weiteren Tastendruck wird die Zeit erneut gestartet bzw. verlängert. Zu beachten wäre, dass nach der DIN 18 015 bei Mehrfamilienhäusern das Treppenlicht nicht sofort ausgeschaltet, sondern erst heruntergedimmt wird.

Wenn nun das Gerät ausgewählt wurde, muss zunächst überprüft werden, ob der Schaltausgang auch eine Zeitfunktion besitzt. Wenn dies nicht der Fall ist, kann hier u.U. durch Änderung der Anwendungsapplikation Abhilfe geschaffen werden. Ist die Applikation richtig eingestellt, muss noch zwischen Zeitschalter und Normalbetrieb unterschieden werden.

*Normalbetrieb*
Einschaltverzögerung oder Ausschaltverzögerung oder beides. Für den Anwendungsfall Treppenhausschaltung nur sehr bedingt geeignet.

*Zeitschalter*
Hiermit lässt sich sehr einfach die Funktion des Treppenhausschalters nachbilden. Durch Betätigung des Tasters wird ein Ein-Telegramm auf den Bus gesendet. Dieses Telegramm schaltet den Aktor durch und lässt darin eine Zeit ablaufen. Nach Ablauf dieser frei einstellbaren Zeit, schaltet der Aktor selbständig zurück und das Licht verlöscht. Bei manchen Aktoren kann noch unterschieden werden, ob nun manuell ausgeschaltet werden darf oder nicht. Manuelle Ausschaltung bedeutet, dass durch ein Aus-Telegramm am Bus vorzeitig der Aktor ausgeschaltet werden kann. Ist diese Funktion im Gerät vorhanden und lässt sich dies nicht deaktivieren, kann z.B. im Taster das Aus-Telegramm unterdrückt werden. Man kann am Taster folgende Einstellung vornehmen: drücken oben «*EIN*» und unten «*keine Funktion*». Damit wäre ebenfalls ein manuelles Ausschalten nicht mehr möglich. Bild 6.3 zeigt den schematischen Aufbau dieser Funktion.

Die Zeiteinstellung (Brenndauer der Lampe) wird mit einer Zeitbasis und einem Faktor realisiert, die multipliziert werden. Um die Leuchtdiode im Taster im aktuellen Zustand zu belassen (d.h., dass der Schaltaktor mit der Lampe auch die Leuchtdiode abschaltet), ist es unumgänglich, die Rückmeldefunktion (Status, s. Abschnitt 6.12) zu verwenden.

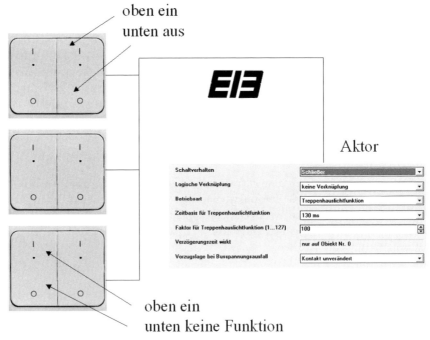

Bild 6.3    Funktionsübersicht der Treppenhausfunktion

## 6.3  Ein-Aus-Treppenhausfunktion mit Dauerlicht

In jedem Gebäude wird es oftmals nötig sein, eine Treppenhaus- oder Hofbeleuchtung für einen längeren Zeitraum einzuschalten. Hier bieten sich mehrere Möglichkeiten an.

**Variante 1**
Als einfachste Lösung könnte man parallel zum Ausgang des Schaltaktors einen Schalter setzen und damit im Bedarfsfall den Schaltkontakt des Aktors überbrücken. Mit dieser Notlösung sind dann aber alle Möglichkeiten des EIB nicht abrufbar.

**Variante 2**
Eine elegantere Lösung bietet der Zeitbaustein. Damit wird die Ausschaltzeit nicht mehr im Aktor, sondern im Zeitbaustein ablaufen. Diese Lösung wäre auch nachträglich in jede bestehende EIB-Anlage zu integrieren, da dieser Zeitbaustein irgendwo im System sitzen kann und der vorhandene Schaltaktor nicht ausgewechselt werden muss. In einem Zeitbaustein stehen i.d.R. auch 4 Zeitkanäle zur Verfügung. Somit könnten weitere Funktionen in das System eingebracht werden, ohne Mehrkosten zu verursachen.

Bild 6.4 zeigt den Aufbau dieser Variante 2. Mit dem Taster wird ein Telegramm an den Zeitbaustein gesendet, der wiederum gibt dann den Einschaltbefehl zur Lampe und startet intern eine Ablaufzeit. Nach dieser Zeit schaltet der Zeitbaustein den Aktor wieder aus, u.U. kann das auch manuell geschehen, also vor Ablauf der eingestellten Zeit. Um nun eine Dauerbeleuchtung zu realisieren, wird von einer 2. Wippe oder einem 2. Taster direkt ein Telegramm zum Schaltaktor geführt und dieser, unter Umgehung der Zeitfunktion, direkt ein- oder ausgeschaltet.

**Variante 3**
Diese Variante arbeitet prinzipiell wie die Variante 2. Allerdings wäre es auch denkbar, einen 2. Kanal des Zeitgliedes zu verwenden. Hier ist allerdings eine Zeitvorgabe von mehreren Stunden vorzusehen. Der Vorteil dieser Variante liegt darin, dass, wenn eine Rückstellung vergessen wird, nach mehreren Stunden automatisch eine Rückstellung erfolgt. Den Schaltvorgang dieser 3. Variante gibt Bild 6.5 wieder.

**Variante 4**
Eine ganze Reihe von Herstellern bieten auch Aktoren mit integrierter Zeitfunktion an, hier fällt dann der Zeitbaustein weg. Da jeder Kanal dann nur eine Zeit hat, muss man 2 Kanäle parallel schalten. Ein Kanal übernimmt die «normale» Treppenhauszeit, der andere Kanal die Dauerlichtfunktion (z.B. 5 Stunden Einschaltzeit). Wenn nun noch Taster zum Einsatz kommen, die einen kurzen und langen Tastendruck unterscheiden können (Jalousietaster, oder Tasterschnittstelle), kann man mit einem kurzen Tastendruck die kurze, mit einem langen Tastendruck die lange Treppenhauszeit starten.

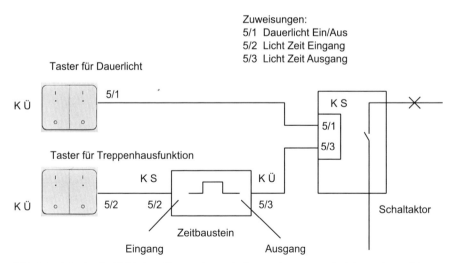

Bild 6.4 Prinzipschaltbild einer Treppenhausschaltung mit externem Zeitbaustein und Dauerlichtfunktion

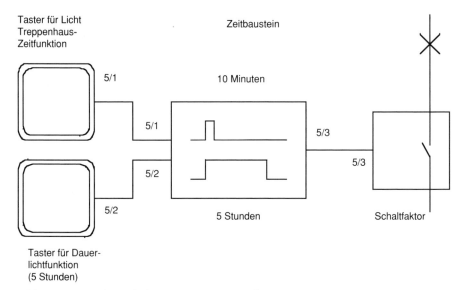

Bild 6.5   Treppenhausschaltung mit externem Zeitbaustein

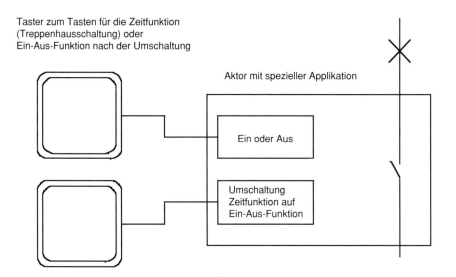

Bild 6.6   Spezielle Umschaltapplikation Ein-Aus- bzw. Zeitfunktion

## 6.4 Ein/Aus mit Einschaltverzögerung

Zum Anwendungsbereich dieser Schaltung gehören z.B. Gebäude, Säle und Hallen, in denen eine große Anzahl von Leuchten mit einem Taster geschaltet werden, aber dennoch nicht zeitgleich eingeschaltet werden sollen, um die Einschaltströme zu begrenzen. Hier ergeben sich wieder mehrere Varianten.

**Variante 1**
Man wählt einen Aktor mit Zeitfunktion aus. Hierbei wird der Normalbetrieb eingestellt (nicht die Zeitfunktion). Bei der Spalte *«Einschaltverzögerung»* wird über die Basis und einen Faktor die Zeit eingestellt. Wenn man hier einen Aktor *«4fach»* auswählt und verschiedene Zeiten vorgibt, ist eine solche Beleuchtungsaufgabe mit nur 1 Schaltgerät zu lösen. Bild 6.7 zeigt das Schema.

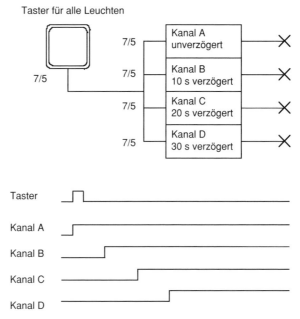

Bild 6.7
Prinzip: Einschaltverzögerung

**Variante 2**
Sollten die Schaltgeräte keine Möglichkeit der Zeitfunktion besitzen, kann auch hier mit einem Zeitbaustein Abhilfe geschaffen werden. Dann wird das vom Taster kommende Telegramm auf den Zeitbaustein umgeleitet und von dort aus die zeitverzögerte Schaltung vorgenommen. Diese Variante eignet sich auch, wenn von zentraler Stelle die Beleuchtung eingeschaltet werden soll (Arbeitsbeginn). U.U. wird so eine Schaltungsvariante erst nachträglich programmiert, und somit haben die

Aktoren eventuell keine Zeitfunktionen, oder es wird aus einem anderen Grund eine Applikation in den Aktoren benötigt, die ein Zeitverhalten nicht gestattet. Dies alles sind Gründe diese Variante zu wählen. Bild 6.8 zeigt den schematischen Aufbau dieser Variante.

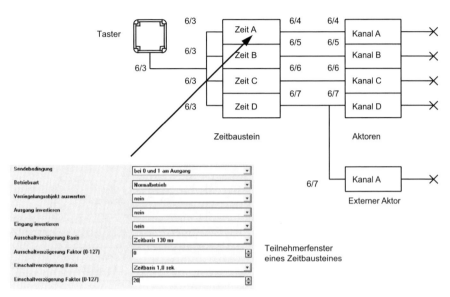

Bild 6.8

## 6.5 Ein/Aus mit Ausschaltverzögerung

Ein Anwendungsgebiet für die verzögerte Ausschaltung wäre, wenn in einer großen Maschinenhalle die Beleuchtung ausgeschaltet werden soll, aber nicht übersehbar ist, ob sich noch Personen in dieser Halle aufhalten. Hier wäre eine denkbare Lösung, wenn man über den Aus-Befehl einen großen Teil der Beleuchtung sofort und über eine Zeitfunktion verzögert, die restliche Beleuchtung abschaltet. Personen, die sich noch in diesem Bereich aufhalten, wären gewarnt und könnten die Maschinenhalle noch verlassen. In ähnlicher Form könnte die Anlage so programmiert werden, dass die letzte Person, die das Büro bzw. Gebäude verlässt, das Licht ausschaltet. Das Licht wird aber verzögert abschalten, und somit kann die Person bis hin zum beleuchteten Parkplatz gehen, ohne im Dunkeln zu stehen. Prinzipiell funktioniert diese Schaltung wie die Einschaltverzögerung in Abschnitt 6.4.

Da die meisten Aktoren oder Zeitbausteine über beide Funktionen verfügen (s. Bild 6.8) kann auch eine Kombination dieser beiden Funktionen durchaus sinnvoll sein, zumal die Zeiten für die Einschaltverzögerung und die Ausschaltverzögerung einzeln parametrisierbar sind und damit allen Kundenwünschen gerecht werden.

## 6.6 Ein/Aus mit UND-Verknüpfung

Die UND-Verknüpfung wird immer dann zum Einsatz kommen, wenn der Kunde gezielt einen Anlagenteil abschalten möchte. Z.B. soll eine Flurbeleuchtung in der Zeit von 20.00…6.00 Uhr sicher abgeschaltet werden. Dazu wird ein Aktor ausgewählt, der die Möglichkeit der Verknüpfung bietet (alternativ könnte auch extern ein Verknüpfungsbaustein eingesetzt werden). Nun laufen auf diesem Aktor 2 Befehle auf. Einmal der des Tasters mit der Funktion «*Lampe ein*» oder «*Lampe*» aus. Zum andern der Befehl einer Schaltuhr, die 1-mal um 20.00 Uhr und 1-mal um 6.00 Uhr ein Telegramm sendet. Wenn nun von der Schaltuhr ein Aus-Telegramm gesendet wird, wird der Objektwert des Aktors auf 0 gesetzt. Die UND-Verknüpfung ist damit nicht mehr erfüllt (s. auch Verknüpfungen der Digitaltechnik in Abschnitt 2.7), und der Aktor schaltet aus. Um 6.00 Uhr wird die Schaltuhr wieder ein Ein-Telegramm senden, und die Verknüpfung wäre wieder erfüllt. Das Licht schaltet wieder ein. Bei dieser einfachen Schaltung können sich folgende Zustände einstellen: Das Licht wird am Abend nicht durch den Taster ausgeschaltet. Dadurch wird aber trotzdem ab 20.00 Uhr die Schaltuhr aktiv und setzt das Ergebnis der UND-Verknüpfung auf 0. Am nächsten Morgen wird mittels Wiederherstellen der UND-Verknüpfung das Licht wieder eingeschaltet. Wenn inzwischen irgendjemand den Taster betätigt hat, aber nicht. Somit stellt sich am nächsten Morgen bei dieser Schaltungsvariante ein unkontrollierter Zustand ein (z.B. Wochenende). Abhilfe kann hier durch einen ganz einfachen Trick geschaffen werden. Der Befehl der Schaltuhr wird in das gleiche Objekt geschrieben, in dem sich der Taster befindet. Vergisst man das Licht abzuschalten, so wird das von der Schaltuhr getan. Gleichzeitig verhindert die UND-Verknüpfung, dass wieder eingeschaltet werden kann. Noch ein kleiner Tipp: Bei manchen Aktoren muss die Verknüpfung noch aktiviert werden. Die Zuordnung einer Gruppenadresse ist hier nicht ausreichend. Bild 6.9 zeigt den prinzipiellen Aufbau dieser Variante.

Bild 6.9

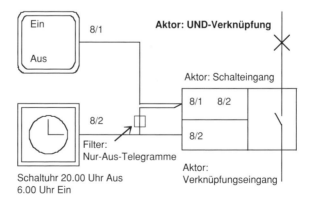

## 6.7 Ein/Aus mit ODER-Verknüpfung

Die ODER-Verknüpfung bietet hier das Gegenstück zur UND-Verknüpfung. Wenn der Kunde wünscht, dass eine Beleuchtungsanlage zu bestimmten Zeiten (z.B. Parteiverkehr) garantiert eingeschaltet ist, wird die ODER-Verknüpfung am Aktor eingestellt. Wird nun ein Telegramm (*Ein*) von einer Schaltuhr gesendet, so wird die Verknüpfung immer erfüllt sein. Bei der ODER-Verknüpfung muss nur an einem Eingang eine logische 1 vorhanden sein, um den Ausgang durchzuschalten (s. Abschnitt 2.7). Wird von der Schaltuhr die Verknüpfung zurückgenommen, ist entscheidend, wie der Objektwert des Schalteinganges (Taster) steht. War der Taster zuletzt eingeschaltet, wird das Licht nicht ausschalten, obwohl die Schaltuhr einen Aus-Befehl gesendet hat. Dies stellt aber kein Problem dar, weil hier die Beleuchtung sichtbar eingeschaltet bleibt. Bild 6.10 zeigt den Aufbau der ODER-Schaltung mit einer Schaltuhr.

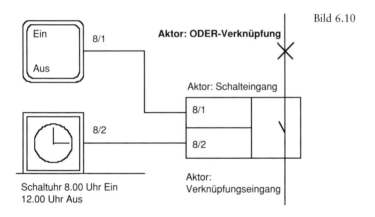

Bild 6.10

## 6.8 Ein/Aus mit Zeitumschaltung

Es wird eine Beleuchtungsanlage für einen Raum geplant. Während der normalen Bürostunden von 8.00...17.00 Uhr wird beabsichtigt, die Beleuchtung in diesem Raum über 2 dort installierte Taster zu schalten. In den Abendstunden will man die Beleuchtung ebenfalls über diese Taster bedienen, allerdings soll das Licht selbständig nach einer vorgegebenen Zeit ausschalten. Bild 6.11 zeigt den Grundriss mit Funktionsübersicht. Es bieten sich folgende Lösungsmöglichkeiten an:

❏ Man sucht eine Applikation, die dieses Umschalten bereits integriert hat.
❏ Man löst dieses Problem mit einem größeren Logikbaustein, z.B. mit dem Applikationsbaustein von ABB/Busch-Jaeger.

Hier soll die Lösung mit dem Applikationsbaustein vorgestellt werden: Nachdem der Baustein in der ETS eingefügt wurde und das Parameterfenster offen ist, erscheint die Programmierplattform. Hier können per Mausklick Gatter und Zeitbausteine platziert und verbunden werden. Bild 6.12 zeigt eine Auswahl der Möglichkeiten.

**Funktionsbeschreibung**
Bild 6.13 zeigt das Funktionsschema des Applikationsbausteines für diese Anwendung. Über den Taster E2 (Schaltuhr) wird eine logische 1 oder 0 erzeugt. Diese Information wirkt auf die beiden Tore 1 und 2. Da am Tor 1 der Eingang negiert ist und am Tor 2 nicht, erhalten die Tore immer unterschiedliche Informationen und somit invertierte Funktionen. Also wenn Tor 1 offen ist, ist Tor 2 geschlossen und umgekehrt. Nehmen wir an, Tor 2 ist offen und Tor 1 ist geschlossen. Dann wird der Einschaltbefehl der über E0 (Licht an/aus) anliegt, über Tor 2 weitergeleitet und kann die Gruppenadresse des Ausgangs A1 schalten. Das Licht kann ein- und ausgeschaltet werden. Tor 1 ist geschlossen. Eine Weiterleitung der Information ist nicht möglich. Wenn nun die Torfunktion am Abend durch die Schaltuhr umgeschaltet wird, kann die Information vom Taster nur noch über Tor 1 weitergegeben werden. Der Ausgang A3 wirk über den Eingang E4 auf die Treppenhausfunktion. Auf den Schaltaktor der das Licht schaltet müssen natürlich beide Adressen (Ausgang 1 und 3) eingetragen werden.

> **Anmerkung**
> Die Ausgänge A1 und A3 müssen in den Parametern die Funktion «Ausgang sendet bei jeder Zuweisung eines neuen Objektwertes» eingestellt sein, damit beim Umschalten der Tore eine Aktualisierung erfolgt.

Bild 6.11
Grundriss mit
Funktionsübersicht

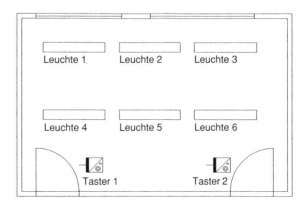

Bild 6.12
Programmierplattform zur
Aufgabe Ein/Aus mit Zeit-
umschaltung

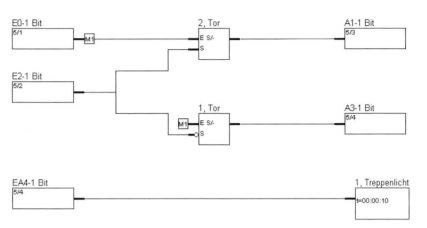

Bild 6.13 Funktionsschema des Applikationsbausteins

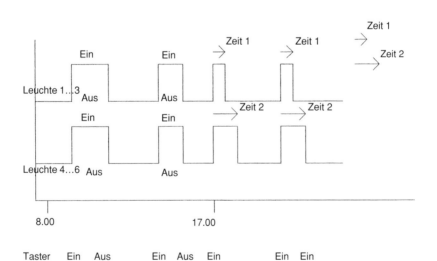

Bild 6.14 Funktionsablauf zur Zeitumschaltung

186

## 6.9 Ein/Aus über einen Binäreingang bzw. Tasterschnittstelle

Bei manchen Anwendungen müssen bereits eingebaute Geräte verwendet werden oder gar Geräte, die noch nicht als EIB-Geräte zur Verfügung stehen:

- Fensterkontakte,
- Störmeldung einer Heizungsanlage,
- Windwächter,
- Endschalter Garagentor,
- Wassermeldung Zisterne,
- bereits vorhandene Taster aus der Elektroinstallation,
- Meldung vom Maximumwächter usw.

Dafür wurden die verschiedensten Applikationen für Binäreingänge entwickelt.

Wird nun ein Taster konventioneller Bauart verwendet, um Signale (Telegramme) auf den Bus zu senden, muss beachtet werden, dass dieser Taster im Normalfall nur in 1 Richtung betätigt werden kann. Somit ist ein gezieltes Ein- und Ausschalten natürlich nicht möglich. Hier kann Abhilfe geschaffen werden, indem man den Taster toggeln lässt, d.h., bei jeder Betätigung wird einmal umgeschaltet, also ein ständig wechselndes Ein- und Ausschalten. Noch schwieriger wird es, wenn ein Schalter eingesetzt werden soll. Bei einem Binärausgang wertet man üblicherweise die Flanken aus. Deshalb ist der Eingang so einzustellen, dass das berücksichtigt wird. Im folgenden Beispiel werden die entsprechenden Möglichkeiten vorgestellt.

### 6.9.1 Konventioneller Taster mit Ein-Aus-Funktion

Bild 6.15 zeigt den prinzipiellen Aufbau der Schaltung. Da in diesem Beispiel ein Taster verwendet wurde, müssen die Parameter des Binäreinganges so eingestellt werden, dass bei jedem Tastendruck ein Umschalten erfolgt. Mögliche Einstellungen könnten sein:

- *steigend UM,*
- *fallend UM.*

Bei der Verwendung *«steigend EIN»* könnte man zwar die Beleuchtung einschalten, aber nicht mehr ausschalten. Bei *«steigend EIN»* und *«fallend AUS»* müsste der Taster festgehalten werden, um den gewünschten Erfolg zu erzielen. Wäre allerdings der Taster ein Schalter, könnte die Einstellung *«steigend EIN»* und *«fallend AUS»* genau die richtige Variante sein. Wenn dagegen bei einem Schalter die Einstellung *«steigend UM»* eingestellt wird, muss der Kunde beim Ausschalten den Schalter 2-mal betätigen. Eine weitere Möglichkeit beim Schalter wäre *«steigend»* und *«fallend UM»*. Das würde wieder zum gewünschten Ergebnis führen.

Binäreingänge werden mittlerweile so klein gefertigt, dass ihr Einbau in eine tiefe

Schalterdose möglich ist. Weiterhin kann bei diesen Geräten dann die Spannungsversorgung über den Bus erfolgen, d.h., der konventionelle Taster wird dann mit einer sehr kleinen Spannung betrieben, die man direkt aus dem Binäreingang übernimmt. Allerdings ist damit die Länge der Anschlussleitung zum konventionellen Taster oder Schalter auf wenige Meter begrenzt.

Für diese Tasterschnittstelle, und natürlich auch für den Binäreingang i.Allg., gibt es alle notwendigen Applikationen, wie z.B.:

❑ Ein/Aus,
❑ UM,
❑ Jalousien,
❑ Dimmer.

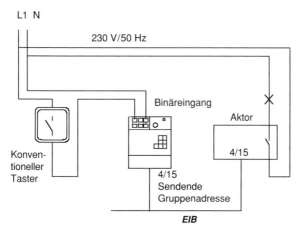

Bild 6.15
Prinzip: Kombination eines konventionellen Tasters mit einem Binäreingang

### 6.9.2 Taster mit Mehrfachbetätigung

Wenn nur eine konventionelle Taste zur Verfügung steht, d.h., die Taste nur in eine Richtung betätigt werden kann, der Kunde aber 4 Leuchten schalten möchte, hilft die Applikation Mehrfachbetätigung der Tasterschnittstelle von ABB. Im Parameterfenster lässt sich auswählen, wie oft die Taste kurz gedrückt werden soll. In diesem Fall 4-mal. Wird die Taste 1-mal kurz betätigt, wird das Licht 1 eingeschaltet. Im Parameterfenster steht die Betätigung auf Umschalten. Wenn also die Taste ein 2. Mal betätigt wird, schaltet das Licht wieder aus. Möchte man nun die Leuchte 3 schalten, so wird die Taste 3-mal kurz betätigt. Das Licht schaltet entsprechend ein oder aus. Über die gleiche Taste, aber mit einem langen Tastendruck lässt sich die Beleuchtung (Lampe 1...4) komplett ausschalten. Problem bei der Umschaltung besteht grundsätzlich in der Aktualisierung des Objektwertes. Wenn die Leuchte 3 eingeschaltet wurde (dies geschieht hier durch Umschaltung), ist der Objektwert, der bei der nächsten Betätigung ausgelöst wird, ein Befehl zum Ausschalten. Wenn aber zwischenzeitlich über den langen Tastendruck ein Aus-Befehl für alle 4 Leuchten gesendet wurde, sind die Leuchten aus, und der nächste Tastendruck würde ebenfalls einen Aus-Befehl schicken. Die Folge: Der Kunde betätigt den Taster und es passiert nichts, da Leuchten, die bereits ausgeschaltet sind, nochmals ausgeschaltet werden.

Die Lösung diese Problems ist ganz einfach. Die Taster werden haben zu ihrer Sendeadresse noch eine «hörende» Adresse. Auf den Taster werden 2 Gruppenadressen zugewiesen. Man beachte: Die 1. von beiden wird die sein, die bei Betätigung auf den Bus gesendet wird. Die 2. ist dann die Adresse, mit der der Objektwert aktualisiert wird. In unserm Fall die Adresse, die auf den langen Tastendruck gelegt wurde und die alle Leuchten ausschaltet. Wenn nun noch beiden Tastern die Schreiben-Flags gesetzt werden, kann die Zentralfunktion alle Objektwerte richtig einstellen. Das Drücken ins «Leere» ist somit behoben.

Dieses Problem tritt in der Praxis sehr häufig auf. Immer wenn die Funktion «drücken – umschalten» ausgewählt wurde. Leider ist bei älteren Produkten diese Vorgehensweise mangels Zuordnung der Gruppenadressen nicht immer möglich. In solch einem Fall hilft nur ein Logikbaustein, der die Adressen dann konvertiert, aber wie gesagt, nur bei älteren Produkten!

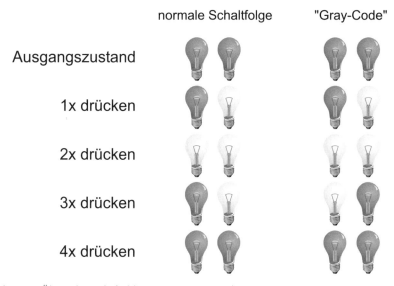

Bild 6.16　Übersicht Mehrfachbetätigung: Gray-Code

### 6.9.3　Taster als Schaltfolge

Taster als Schaltfolge kann Verwendung finden, wenn der Kunde Leuchten hat, die, ausgehend von einer Grundbeleuchtung, immer heller geschaltet werden sollen.

Beim 1. Tastendruck wird Lichtband 1 eingeschaltet, beim nächsten Tastendruck ein weiteres Lichtband hinzugeschaltet, bis beim 4. Tastendruck das letzte Lichtband eingeschaltet wurde. Zum Ausschalten kann auf die gleiche Weise vorgegangen werden. Jeder Tastendruck nimmt ein Lichtband weg, bis dann nach der 4. Betätigung alle Lampen wieder ausgeschaltet sind.

Wenn diese Art zu schalten dem Kunden zu umständlich ist, kann diese Schaltung durch eine weitere Taste erweitert werden. Die 1. Taste dient dann zum Hochschalten und die weitere Taste zum Herunterschalten. Somit kann jede beliebige Funktion, z.B. 2 Lichtbänder leuchten, wieder abgeschaltet werden, ohne vorher alle Lichter einschalten zu müssen.

### 6.9.4 Taster mit allen Möglichkeiten («Gray-Code»)

Mit dieser Möglichkeit kann man mit jedem Tastendruck den Zustand der Leuchten verändern. Wobei sich diese Variante eigentlich nur für eine geringe Anzahl von Leuchten eignet. Wenn z.B. 2 Leuchten geschaltet werden, ergeben sich folgende Zustände. Leuchte 1/2 = 0/0 1/0 0/1 1/1. Hier sind 16 Möglichkeiten mit 1 Taste und 4 Leuchten einstellbar.

## 6.10 Ein/Aus mit Lampentest oder «Dauer EIN»

Eine weitere Möglichkeit bietet die Applikation eines Herstellers, mit der eine ODER-Verknüpfung bzw. ein Lampentest durchgeführt werden kann. Hier wurde ein Objekt eingefügt, das sich *Dauer EIN* nennt. Wird dieses Objekt mit einer Gruppenadresse verbunden, können bestimmte, vorher ausgewählte Ausgänge dauerhaft eingeschaltet werden, unabhängig davon, auf welchem Objektwert der einzelne Ausgang steht. Wird dieser Befehl zurückgenommen, wird der vorher eingestellte Zustand wieder übernommen. Im Einzelnen bedeutet dies, dass man den Objektwert der einzelnen Ausgänge nicht verändert. Mit dieser Schaltungsvariante kann, wenn alle Ausgänge über das Objekt *Dauer EIN* angewählt wurden, auch ein Lampentest durchgeführt werden. Nach Beendigung dieses Testes wird der aktuelle Zustand wieder eingestellt.

## 6.11 Ein/Aus mit Sperren

Diese Funktion des gleichen Herstellers funktioniert in umgekehrter Logik. Über diesen Befehl können verschiedene Ausgänge mit einer Sperrfunktion belegt werden und sind dann mit dem Taster vor Ort nicht mehr ansprechbar. Eine andere Art der UND- und ODER-Verknüpfung.

## 6.12 Ein/Aus mit Status und Rückmeldung

Wird am Taster z.B. die obere Wippe betätigt, sendet der Taster ein Telegramm 1/15 mit dem Inhalt *«einschalten»* auf den Bus. Der Aktor hört dieses Telegramm und sendet ein Quittungs-Telegramm. Dieses Telegramm wird vom Taster verstanden, und es erfolgt kein Wiederholungstelegramm. Der Aktor ändert seinen Objektwert 0 von logisch 0 auf logisch 1 und schaltet durch (Lampe brennt).

Wird noch gewünscht, dass eine Rückmeldung (Lampenkontrolle) programmiert werden soll, gibt es 2 grundsätzliche Möglichkeiten:

1. den Status,
2. das Rückmeldeobjekt.

### Status

Bei der Statusanzeige funktioniert die LED (Leuchtdiode) wie ein Aktor. Sie bekommt die gleiche Gruppenadresse, wie der zu schaltende Aktor. Wird nun die Taste betätigt, nimmt die LED den Zustand an, der als Telegramminhalt (1 oder 0) versandt wird. Die Leuchtdiode zeigt bei genauer Betrachtung nur den Inhalt des letzten Telegrammes an. Wird der Aktor z.B. über eine andere Gruppenadresse wieder ausgeschaltet, kann dieser Zustand von der LED nur dann angezeigt werden, wenn sie auch mit allen Gruppenadressen des Aktors verbunden ist. Das kann in einer großen Anlage zu einem erheblichen Aufwand führen. Man sollte deshalb prüfen, ob nicht die Variante Rückmeldeobjekt Verwendung finden kann.

### Rückmeldeobjekt

Bei verschiedenen Herstellern werden Aktoren mit Rückmeldeobjekt angeboten. Diese Objekte geben den aktuellen Schaltzustand des Aktors wieder. Wenn nun vom Kunden gewünscht wird, einen bestimmten Schaltzustand an einer LED anzuzeigen, kann diese LED mit ihrem Objekt mit einer weiteren Gruppenadresse verbunden werden. Wird nun vom Taster die Gruppenadresse 1/15 gesendet, so schaltet der Aktor. Anschließend wird der aktuelle Objektwert des Aktors z.B. 1/16 über das Rückmeldeobjekt auf den Bus gegeben. Mit diesem Telegramm kann dann die Leuchtdiode am Taster eingeschaltet werden.

Sehr zu empfehlen ist diese Art der Programmierung, wenn z.B. der Aktor über eine Zeitfunktion selbständig wieder ausschaltet. Bei der herkömmlichen Programmierung wäre das Licht bereits über die Zeitfunktion wieder abgeschaltet, während die LED noch eingeschaltet wäre. Bild 6.17 zeigt den systematischen Zusammenhang der Rückmeldefunktion (Status).

### Anmerkung

Ob das Leuchtmittel einen Defekt hat, kann hiermit natürlich nicht überprüft werden. Es ist auch bei der Geräteauswahl darauf zu achten, dass der Taster eine frei programmierbare Leuchtdiode besitzt. Je nach Hersteller oder Applikation kann dies sehr unterschiedlich ausfallen!

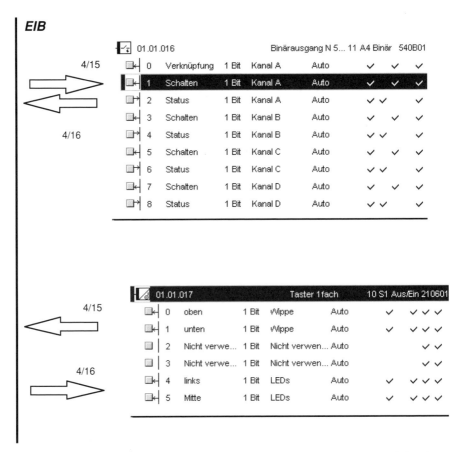

Bild 6.17   Prinzip: Kombination eines EIB-Tasters mit einem Binärausgang und den dazugehörigen Kommunikationsobjekten

## 6.13   Ein/Aus als Vorrang (2-Bit-Befehl)

Eine Kombination aus der ODER- und der UND-Verknüpfung bietet der 2-Bit-Befehl oder die Zwangsführung. Mit diesem Schaltobjekt ist es möglich, wahlweise zwischen den verschiedenen Verknüpfungen hin- und herzuschalten. Z.B. soll in einem Flur zu den Zeiten des Parteiverkehrs die Beleuchtung unbedingt eingeschaltet bleiben, zu anderen Zeiten (in der Nacht) unbedingt ausgeschaltet sein. Hier würden beide Verknüpfungen zum Zuge kommen. Bei der Parametrisierung des Teilnehmers kann aber nur 1 Verknüpfung ausgewählt werden. Aus diesem Grund wäre es notwendig, eine Applikation zur Verfügung zu stellen, die diese beiden Kombinationen verbindet. In einem 2-Bit-Befehl lassen sich 4 Möglichkeiten verschalten, wobei für diese Funktion nur 3 Möglichkeiten zum Einsatz kommen. In Bild 6.18

ist tabellarisch dargestellt, welche Funktionen im Einzelnen wirken. Bit 1 schaltet sozusagen die Zwangsführung ein oder aus. Wenn die Zwangsführung ausgeschaltet ist, d.h. der Aktor vor Ort geschaltet wird, ist die Information im 2. Bit unwichtig. Ist dagegen die Zwangsführung aktiviert (Bit 1 auf logisch 1) kann vor Ort nicht mehr direkt zugegriffen werden. Nun gibt Bit 2 den Zustand der Leuchte vor. Wenn das 2. Bit auf logisch 0 steht, ist die Beleuchtung ausgeschaltet und vergleichbar eine UND-Verknüpfung entstanden. Steht das 2. Bit auf logisch 1, ist die Beleuchtung vor Ort eingeschaltet, was einer ODER-Verknüpfung gleichkommt.

Bild 6.19 zeigt den schematischen Zusammenhang des Aktors mit dem Befehl der Zwangsführung. In diesem Beispiel wirkt der Taster direkt auf den Aktor und schaltet das Licht im Regelfall vor Ort ein und aus. Eine konventionelle Schaltuhr

| Bit 1 | Bit 2 | Zugriff | |
|---|---|---|---|
| 0 | 0 | | Objekt ist freigegeben |
| 0 | 1 | | Objekt ist freigegeben |
| 1 | 0 | | Objekt ist nicht freigegeben / Licht ist aus |
| 1 | 1 | | Objekt ist nicht freigegeben / Licht ist ein |

Bild 6.18  Übersicht der Funktionen beim 2-Bit-Befehl

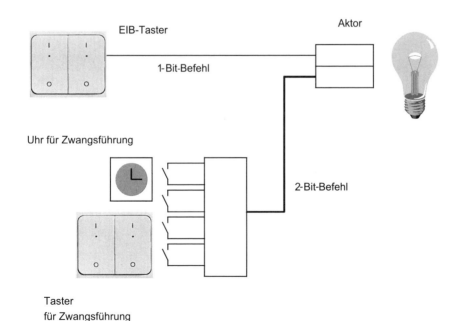

Bild 6.19  Schaltschema: Zwangsführung

und ein konventioneller Schalter übernehmen die Aufgaben der Zwangsführung (hier über einen Binäreingang bzw. Tasterschnittstelle busfähig gemacht, dies kann natürlich auch ein Taster mit entsprechender Applikation sein). Wenn die Schaltuhr bzw. Taste die Zwangsführung aktiviert, wird je nach Schalterstellung das Licht dauerhaft ein- oder ausgeschaltet.

Bild 6.20 zeigt das Parameterfenster eines Tasters, mit dem so eine Schaltungsvariante möglich ist. Bild 6.21 zeigt einen Aktor, mit dem eine derartige Verknüpfung möglich ist.

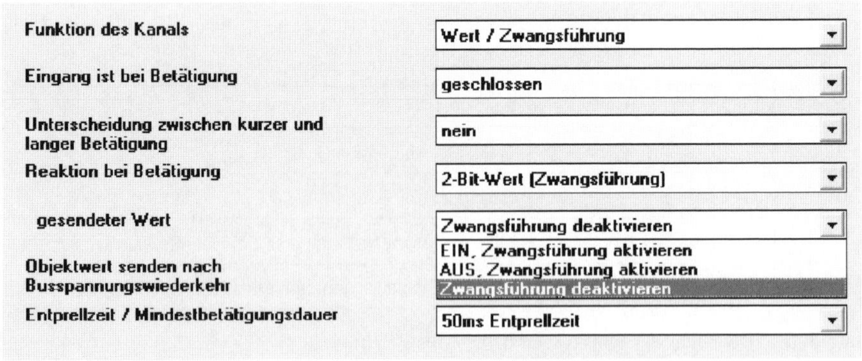

Bild 6.20  Parameterfenster eines EIB-Sensors mit der Möglichkeit der Zwangsführung

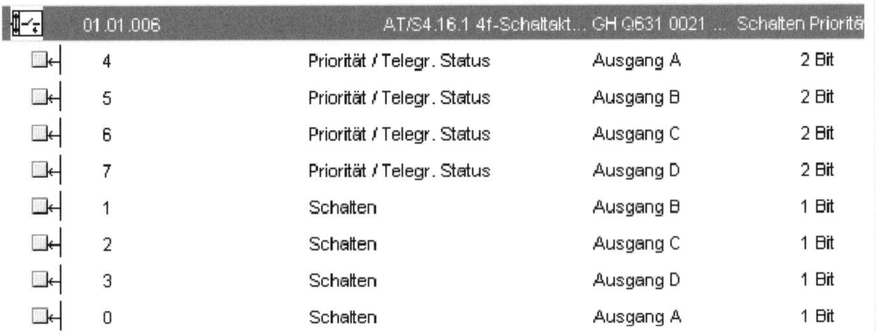

Bild 6.21  Objektfenster eines EIB-Aktors mit der Möglichkeit der Zwangsführung

Eine ganz spezielle Variante dieses 2-Bit-Befehls ist durch Umkehrung der Funktion möglich. Es gibt spezielle Logikbausteine, die wahlweise die Zwangsführung oder das Binärobjekt senden. Wird im Parameterfenster umgestellt, d.h. das Binärobjekt zum Sendeobjekt gemacht, invertiert sich im Prinzip die Funktion dieses Teilnehmers. Es wäre also denkbar, ein 2-Bit-Telegramm am Bus wieder in die eigent-

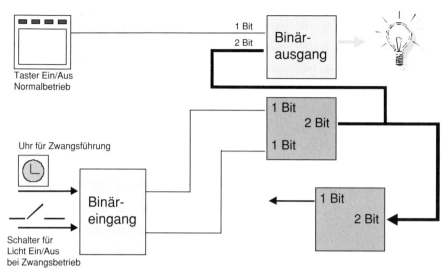

Bild 6.22   Parameterfenster eines EIB-Aktors mit der Möglichkeit der Zwangsführung

liche Binärinformation zu zerlegen (1 Bit). Die Grafik in Bild 6.22 veranschaulicht dies nochmals.

## 6.14  Ein/Aus als Zentralfunktion

Die Zentralfunktion wird zunächst an einem einfachen Beispiel besprochen, um die Grundfunktion zu klären. Mit einem 4fach-Taster sollen 3 Lampen ein- und ausgeschaltet werden. Jeder Lampe wird eine Schaltwippe zugeordnet. Mit der 4. Schaltwippe sollen alle 3 Lampen zentral geschaltet werden (s. Bild 6.23).

Die Ein-Aus-Funktion der ersten 3 Wippen stellt im Normalfall keine Schwierigkeit dar. Bei der Zentralfunktion wird oftmals der Fehler gemacht, dass man hier mehrere Gruppenadressen auf eine Wippe legt. Das ist nicht möglich. Die Zuordnung mehrerer Gruppenadressen auf 1 Taste (Schaltobjekt) wird zwar von der Software angenommen, aber nur die 1. Gruppenadresse gesendet. Bei der früheren ETS-Version 1.X waren die nicht sendenden Adressen in Klammer gestanden. Bei der neueren ETS-Version (2 und 3) wird das nicht mehr in Klammern angegeben, jedoch bleibt das Funktionsprinzip dasselbe. Wie aus Bild 6.24 ersichtlich, ist von den dort zugewiesenen Gruppenadressen nur 1 mit einem «S» versehen.

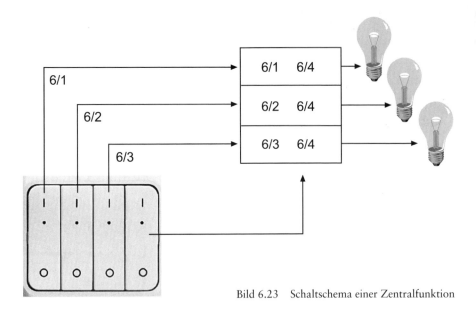

Bild 6.23  Schaltschema einer Zentralfunktion

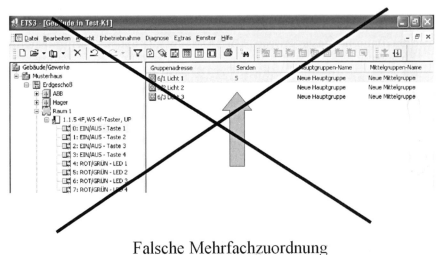

## Falsche Mehrfachzuordnung

Bild 6.24  Fehler: Mehrfachzuordnung einer Gruppenadresse bei einem Taster

**Anmerkung**
Wenn nicht bekannt ist, dass die 1. Gruppenadresse die sendende Adresse ist, kann man das Objekt (in diesem Fall die Taste) markieren und ein neues Fenster öffnen. Dort kann man kontrollieren, welches die «sendende» Adresse ist, und gegebenenfalls Änderungen durchführen.

Daher ist es verständlich, dass für die Zentralfunktion eine eigene Gruppenadresse vergeben werden muss. Somit wird nur 1 Gruppenadresse gesendet, die von vielen Aktoren gehört werden kann. Diese Gruppenadresse muss natürlich jedem Aktor erneut zugewiesen werden. Bild 6.23 verdeutlicht noch einmal diesen Zusammenhang.

Es bleibt dann noch die Frage, in welcher Reihenfolge die Adressen dem Aktor zugewiesen werden, also welche Adresse als 1. im Aktor stehen soll (die dezentrale oder die zentrale Funktion). Im Normalfall spielt dies keine entscheidende Rolle, weil der Aktor gleichermaßen auf beide Adressen reagiert. Etwas komplizierter gestaltet sich der Vorgang, wenn eine Visualisierung ins Spiel kommt. Bei einer Visualisierung muss hin und wieder der aktuelle Zustand einer Leuchte abgefragt werden (neues Booten des Rechners). In diesem Fall wird eine Leseanforderung an die örtliche Gruppenadresse gesendet und der Status abgefragt. Der Teilnehmer kann aber nur auf seiner Sendeadresse antworten. Steht nun hier zuerst die Zentralfunktion, so wird der Teilnehmer auf die Leseanfrage mit einer anderen Gruppenadresse antworten, vielleicht sogar mit der Adresse der Zentralfunktion. Da diese Antwort mit einem normalen Telegramm vergleichbar ist, wird hier dann ungewollt die Zentralfunktion ausgelöst. Um dieses Problem zu umgehen, muss man für Visualisierungen das Statusobjekt verwenden. Ein gute Lösung ist auch, prinzipiell die örtliche Gruppenadresse voranzustellen und sie zur sendenden Adresse zu machen, dann brauchen später keine Fehlfunktionen befürchtet zu werden. Auch bei der Verwendung von neueren Busankopplern lässt sich dies durch das «Aktualisieren-Flag» lösen.

## 6.15 Dimmen allgemein

Eine besonders wichtige Funktion beim EIB ist die Helligkeitsveränderung von Lampen. Hier muss aber klar zwischen Dimmen und Schalten unterschieden werden. Ein Schaltbefehl ist ein 1-Bit-Befehl, während ein Dimmbefehl einen 4-Bit-Befehl darstellt. Im Fortgang daraus werden 2 verschiedene Gruppenadressen benötigt, 1 Schaltadresse und 1 Dimmadresse. Damit nicht 2 Tasten dafür benötigt werden, wählt man am Taster die Applikation Dimmen. Das ermöglicht, dass auf eine Schaltwippe 2 verschiedene Gruppenadressen gelegt werden können. Damit später der Kunde dann gezielt die Dimm- oder Schaltfunktion auswählen kann, unterscheidet man zwischen einem langen und einem kurzen Tastendruck. Der kurze Tastendruck sendet den 1-Bit-Schaltbefehl und der lange Tastendruck den 4-Bit-Dimmbefehl. Da die Tasten noch nach oben und unten betätigt werden können, kann gezielt ein- oder ausgeschaltet bzw. hell oder dunkel gedimmt werden. Bild 6.25 zeigt den grundsätzlichen Zusammenhang beim Dimmen.

Im Taster kann zwischen «zyklischem Dimmen» und «Dimmen mit Stopp-Telegramm» unterschieden werden. Für die normale Dimmfunktion wird hier Dimmen mit Stopp-Telegramm eingestellt, damit, so lange wie die Taste betätigt wird, es

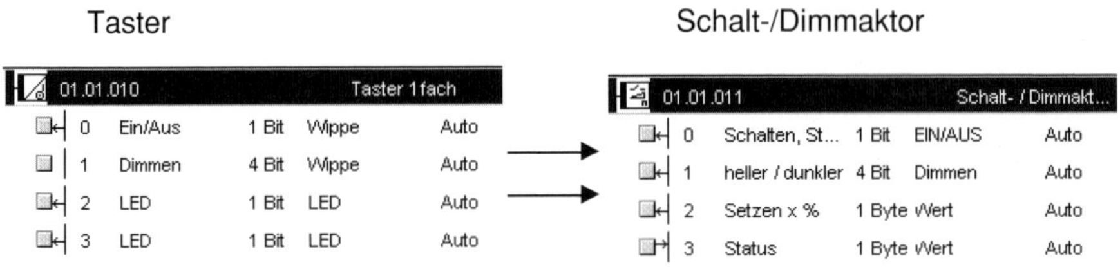

Bild 6.25   Funktionsprinzip Dimmen

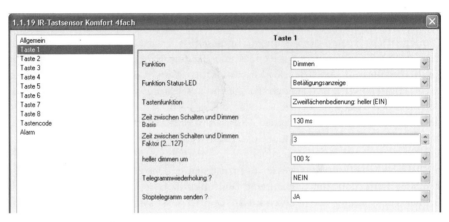

Bild 6.26   Parameterfenster eines Dimm-Sensors

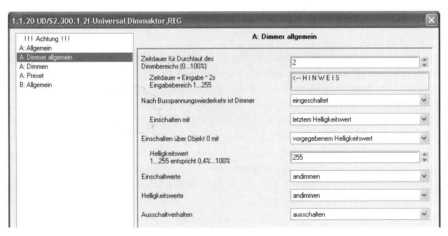

Bild 6.27   Parameterfenster eines Dimm-Aktors

auch heller oder dunkler wird. Sobald man die Taste loslässt, stoppt der Dimmvorgang, und der momentan eingestellte Helligkeitswert bleibt. Bild 6.26 zeigt das Parameterfenster.

Wenn die Zeit, die der Dimmvorgang benötigt, nicht den Kundenwünschen entspricht, kann dies im Aktor verändert werden. Hierbei sollte man vorsichtig die entsprechenden Zahlenwerte in kleinen Schritten ändern. Bild 6.27 zeigt dieses Einstellfenster. Über die Dimmzeitbasis und den Dimmzeitfaktor können hier die entsprechenden Einstellungen vorgenommen werden.

## 6.16 Dimmen ein- und ausschalten

Bei manchen Aktoren ist es möglich, über den Dimmbefehl ein- und auszuschalten. Diese Einstellungen müssen aber erst aktiviert werden. Wenn dies möglich ist, kann eine sehr interessante Schaltung realisiert werden. Z.B. soll in einem Kino die Beleuchtung langsam verdunkelt und dann gänzlich abgeschaltet werden, oder in einem Lokal ganz allmählich die Deckenbeleuchtung durch eine indirekte Wandbeleuchtung ersetzt werden. Wenn die Dimmzeit so groß gewählt wird, dass der Besucher diesen Übergang kaum wahrnimmt, müsste jemand lange Zeit den Taster drücken. Hier hilft ein kleiner Trick. Am Taster wird zyklisches Senden eingestellt. Damit wird die Änderung, die am Taster eingestellt wurde, auch am Aktor vorgenommen. Wenn nun die Änderung 100 % beträgt, so heißt das, egal welcher Helligkeitswert eingestellt war, die Lampe wird beim Dunkeltasten allmählich ihren Helligkeitswert immer mehr verringern. Da dem Aktor erlaubt wurde, über Dimmen auszuschalten, wird dies beim Erreichen der geringsten Helligkeit eintreten. Wenn nun noch durch geschickte Einstellungen im Aktor die Dimmzeit entsprechend gewählt wurde, kann sich dieser Vorgang über mehrere Minuten hinziehen (Dimmzeitfaktor mal Dimmzeitbasis: Vorsicht! Bei zu großen Werten erhöht sich die Dimmzeit sehr schnell.).

Im Beispiel mit dem Lokal wird diese Schaltung 2-mal aufgebaut und gegenphasig betrieben. Z.B. wird zu einer bestimmten Uhrzeit der Befehl gegeben, die Deckenbeleuchtung herunterzudimmen und schließlich abzuschalten. Zur gleichen Zeit wird der Befehl an die Wandlampen gegeben, mit ihrer geringsten Helligkeit einzuschalten und nach oben zu dimmen. Wenn auch hier die Zeit geschickt eingestellt wurde, kann dieser Vorgang den ganzen Abend dauern. Damit wird für den Gast unmerklich das Stimmungsbild im Lokal verändert.

## 6.17 2-mal dimmen und 2-mal schalten mit dem 4fach-Taster

Immer wieder stellt sich das Problem, mit einem 4fach-Taster dimmen und schalten zu müssen. Wenn nun das Produkt aus der Datenbank ausgewählt wurde, befinden sich 8 Objekte am Taster: 4-mal Schalten und 4-mal Dimmen. Wenn nun

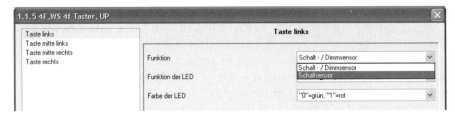

Bild 6.28 Parameterfenster: Dimm-Sensor, Umschaltung: Schalten/Dimmen

die nicht benutzten Dimmobjekte freigelassen werden, können sich, je nach Hersteller und Applikation, Fehlfunktionen einstellen. Im ungünstigsten Fall muss ein Reset für den Taster vorgenommen werden, damit dieser wieder lauffähig wird. In etwas günstigeren Fällen, wenn der Kunde zu lange auf der Taste bleibt (Dimmbefehl), löst der Schaltbefehl nicht aus. Auch das Auflegen einer Dummyadresse bringt hier nicht den gewünschten Erfolg. Für diesen Fall haben die Programmierer die Möglichkeit geschaffen, einzelne Taster so einzustellen, als wären sie keine Dimmer, sondern Schalter. Dies ist die wohl beste Lösung für dieses Problem. Bild 6.28 zeigt diese Einstellung. Diese Kombination wird auch bei der Applikation «*Dimmen/Jalousien*» so zum Einsatz kommen.

## 6.18 Dimmen mit Binäreingang

Sollen konventionelle Taster zum Dimmen verwendet werden, kann dies über einen Binäreingang oder eine Tasterschnittstelle geschehen. Dies wird der Fall sein, wenn in der Anlage bereits Taster eingebaut sind, die wieder Verwendung finden sollen. Bei dieser Variante sind einige Eigenheiten zu beachten. Im Teilnehmerfenster, Bild 6.29, kann man erkennen, dass man mit 1 Taste diese Funktion realisieren kann. Folgende Funktionen stellen sich ein:

❏ kurzer Tastendruck schaltet ein und aus,
❏ langer Tastendruck dimmt hell und dunkel.

Man könnte aber auch 2 Taster an die Schnittstelle anschließen und hat dann weitere Möglichkeiten:

❏ kurzer Tastendruck Taste 1 schaltet ein,
❏ langer Tastendruck Taste 1 dimmt hell,
❏ kurzer Tastendruck Taste 2 schaltet aus,
❏ langer Tastendruck Taste 2 dimmt dunkel.

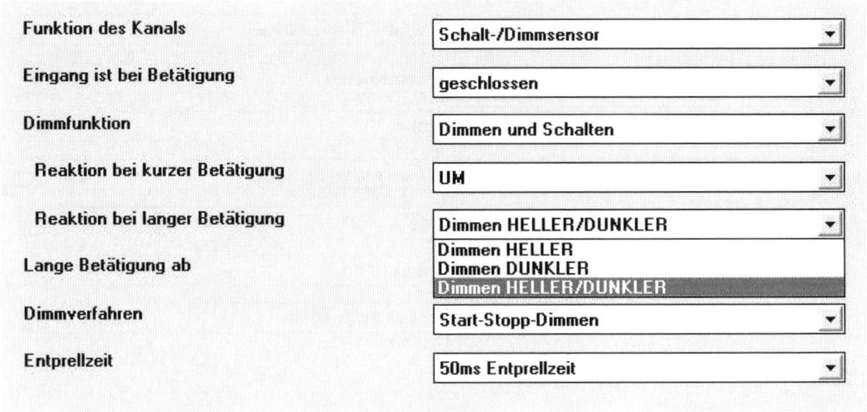

| Funktion des Kanals | Schalt-/Dimmsensor |
|---|---|
| Eingang ist bei Betätigung | geschlossen |
| Dimmfunktion | Dimmen und Schalten |
| Reaktion bei kurzer Betätigung | UM |
| Reaktion bei langer Betätigung | Dimmen HELLER/DUNKLER |
|  | Dimmen HELLER |
| Lange Betätigung ab | Dimmen DUNKLER |
|  | Dimmen HELLER/DUNKLER |
| Dimmverfahren | Start-Stopp-Dimmen |
| Entprellzeit | 50ms Entprellzeit |

Bild 6.29   Parameterfenster: Schalt-Dimm-Sensor

## 6.19 Lichtwerte setzen

Eine weitere Möglichkeit, die Helligkeit eines Aktors zu beeinflussen, besteht darin, ihm Lichtwerte zu senden. Diese Lichtwerte werden in einem 1-Byte-Wert ausgedrückt. 1 Byte d.h., 8 Bit können 256 verschiedene Zustände beschreiben. Diese 256 Zustände entsprechen 0...100%. Wird also der Lichtwert 128 gesendet, entspricht das ca. 50 % des Lichtwertes am Aktor. Lichtwerte können nur an Aktoren gesetzt werden, die für diese Funktion ein Kommunikationsobjekt besitzen. Die Sendung des Lichtwertes kann über einen Binäreingang oder einen Wert-Taster erfolgen. Auch ein Eingriff über eine Maximumsteuerung ist denkbar. Wenn in der Anlage zuviel Strom entnommen wird, könnte man kurzzeitig alle Leuchten in Fensternähe auf z.B. 30 % der Leistung einstellen.

## 6.20 Lichtwert setzen mit Binäreingang

Eine sehr einfache Lichtsteuerung könnte man realisieren, in dem man an der Außenfront eines Gebäudes einen Lichtfühler montiert. Dieser Lichtfühler wird so eingestellt, dass er bei einer bestimmten Helligkeit an der Außenfront einen Kontakt schließt. Dieser Kontakt wiederum wird auf einen busfähigen Binäreingang gelegt. Dieser Binäreingang wiederum sendet ein 1-Byte-Telegramm auf den Bus und stellt den dazu vorprogrammierten Wert am Aktor ein. Dieser Lichtwert kann durch eine geeignete Parametrisierung sogar zyklisch auf den Bus gesendet werden. Wenn die Zykluszeit entsprechend groß gewählt wird, kann in den davon betroffenen Räumen per Hand nachgeregelt werden, wenn es notwendig ist. Bei geschickter Parametrisierung kann sogar die steigende und die fallende Flanke mit verschiedenen Werten belegt werden, um noch mehr Spielraum für diese Steuerung zu haben. Hierbei handelt es sich um

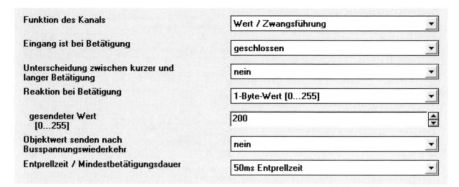

Bild 6.30   Parameterfenster: Wertgeber

eine sehr einfache Lichtsteuerung, die nicht in allen Fällen den gewünschten Erfolg erzielt. Die beste Lösung bietet immer ein kompletter Regelkreis mit Einzelraumfühler. Bild 6.30 zeigt das Parameterfenster eines solchen Teilnehmers im Ausschnitt.

## 6.21   Lichtwert setzen mit EIB-Taster

Im Wohnbereich verwendet man Taster, um Lichtwerte zu ändern, im Normalfall nicht um Lichtenergie zu sparen, sondern um Stimmungsbilder einzustellen. Solche Stimmungsbilder können entweder direkt vom Taster oder von einem Lichtszenenbaustein gesendet werden. Ähnliche Lichtszenen könnten natürlich in Vortragsräumen, Tagungsräumen, Schulen Hotels usw. Verwendung finden.

In der einfachsten Form verwendet man einen Taster, der die Funktion «Wert senden», sowie «Ein/Aus» und «dimmen» besitzt (Bild 6.31). Mit dieser Applikation ist es möglich, das Licht im Raum ein- und auszuschalten, zu dimmen und auf den verbleibenden Tasten Lichtwerte zu speichern und diese dann wieder abzurufen. Diese Funktion könnte man mit einem Memory-Dimmer mit 6 Speichertasten

Bild 6.31   Parameterfenster: Szenentaster

vergleichen. Bei dieser Applikation ist es nicht möglich die Lichtwerte später durch den Nutzer ändern zu lassen. Diese Werte werden beim Überspielen der Applikation in den Busankoppler eingespielt.

## 6.22 Lichtszenen

Beim Einsatz von Lichtszenen unterscheidet man grundsätzlich 2 Systeme. Zum einen, wenn die Lichtszenenfunktion im Taster gespeichert wird (Lichtszenentaster), zum anderen, wenn die Lichtszenen mit einem ganz normalen EIB-Taster aufgerufen werden und der eigentliche Speicherbaustein irgendwo (meist im Unterverteiler) am Bus installiert ist. Im 2. Anwendungsfall werden sog. Lichtszenenbausteine zum Einsatz kommen.

Diese Lichtszenenbausteine haben eine Speichermatrix in denen die ganzen Funktionen (Lichtwerte) gespeichert werden (s. Abschnitt 4.10). Auf diese Speichermatrix kann über die ETS 3 zugegriffen werden.

**Beispiel: Taster mit Lichtszenenbaustein und Programmiermöglichkeit**
In diesem Beispiel wird eine Variante beschrieben, wie eine Lichtszenenanlage aufgebaut sein kann. Bild 6.32 zeigt den schematischen Aufbau.

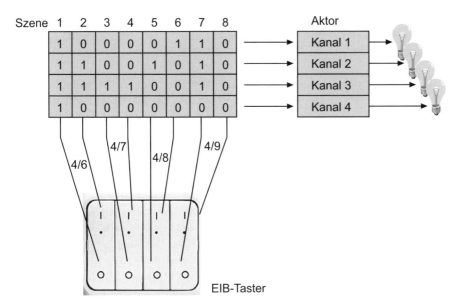

Bild 6.32    Funktionsübersicht zwischen einem Taster, einem Lichtszenenbaustein und dem dazugehörigen Aktor

**Funktionsbeschreibung**

Der 4fach-Taster wird so parametrisiert, dass auf den 4 Tasten 4 Gruppenadressen gelegt werden. Jede Taste kann aber ein- und ausschalten, also auf seiner Gruppenadresse eine logisch 1 oder 0 senden. Mit diesem kleinen Trick ist es möglich von jeder Taste (eine Gruppenadresse) 2 Szenen anzusteuern. Folgende Funktion ergibt sich:

❏ Taste 1 drücken oben, Gruppenadresse 4/6 (1) ruft Szene 1
❏ Taste 1 drücken unten, Gruppenadresse 4/6 (0) ruft Szene 2
❏ Taste 2 drücken oben, Gruppenadresse 4/7 (1) ruft Szene 3
❏ Taste 2 drücken unten, Gruppenadresse 4/7 (0) ruft Szene 4
❏ Taste 3 drücken oben, Gruppenadresse 4/8 (1) ruft Szene 5
❏ Taste 3 drücken unten, Gruppenadresse 4/8 (0) ruft Szene 6
❏ Taste 4 drücken oben, Gruppenadresse 4/9 (1) ruft Szene 7
❏ Taste 4 drücken unten, Gruppenadresse 4/9 (0) ruft Szene 8

Die Gruppenadressen 4/6...4/9 werden zum Szenenbaustein übertragen. Dort werden entsprechend einer vorher festgelegten Matrix dann Ausgangstelegramme erzeugt. Diese Telegramme wiederum steuern dann die verschiedenen Aktoren an.

## 6.23 Lichtregelung

Eine sehr interessante Variante ist beim EIB die Lichtregelung. Hier wird durch einen Fühler an einem Arbeitsplatz ein konstanter Lichtwert gehalten. Bei dieser Anwendung unterscheidet man prinzipiell 2 Möglichkeiten:

1. Wenn ein bestimmter Lichtwert überschritt wir, schaltet die Beleuchtung komplett aus. Im Prinzip arbeitet die Anlage dann als 2-Punkt-Regler. Wobei hier der Begriff Lichtregelung sicher noch nicht zutreffend ist. Bei dieser Möglichkeit muss es auch bereits sehr hell am Arbeitsplatz sein, damit die Beleuchtung gänzlich abgeschaltet werden kann.
Als Beispiel dient ein Büroraum mit 500 lx. Hier muss nach DIN 5035 mit einer Reserve von 25 % gearbeitet werden. Dies bedeutet, dass am Arbeitsplatz bereits 625 lx vorhanden sind. Damit nun die in der DIN geforderten 500 lx nicht unterschritten werden, muss am Arbeitsplatz eine Beleuchtungsstärke von 1125 lx vorherrschen (500 lx · 1,25 + 500 lx = 1125 Lux), um die Beleuchtung abschalten zu können. Dieses abrupte Abschalten wird dann sehr störend vom menschlichen Auge wahrgenommen (Hell-Dunkel-Adapption des Auges). Aus diesen Gründen ist diese Variante im Einzelfall zu prüfen und findet nicht so sehr häufig Anwendung.
2. Die bessere Lösung ist eine wirkliche Lichtregelung, wo über entsprechende Dimmbefehle die Beleuchtung herunter oder hoch gedimmt werden kann. Hierbei wäre

besonders zu beachten, dass Lampen, die ausgeschaltet sind, also derzeit nicht benötigt werden, über Dimmbefehle eingeschaltet werden. Dies kann bei der Parametrisierung der Teilnehmer entsprechend eingestellt werden. Sonst würde z.B. in der Nacht der Lichtfühler hoch dimmen und die Beleuchtung einschalten.

*Funktionsbeschreibung Lichtregler*
Der Lichtregler fühlt einen entsprechenden Helligkeitswert, entscheidet anhand der eingestellten Parameter und sendet Dimm-Telegramme auf den Bus.

*Montage des Lichtreglers*
Im Raum sollte nach Möglichkeit nur 1 Regler montiert sein (gegenseitiges Aufschwingen). Der Regler sollte das reflektierende Licht vom Arbeitsplatz einfangen, ohne direkte Einstrahlung der Leuchte.

*Inbetriebnahme*
Die Inbetriebnahme gestaltet sich etwas umfangreicher aber nicht schwierig. Zunächst wird, nachdem der Lichtregler montiert und die Anlage prinzipiell betriebsbereit ist, die Helligkeit unter dem Regler (Fühler) mit einem Luxmesser aufgenommen. Der Wert sollte zwischen 200…1900 Lux liegen. Ist dies nicht der Fall, muss der Raum entsprechend aufgehellt oder abgedunkelt werden. Der Helligkeitswert als solcher ist bei der Inbetriebnahme nicht entscheidend, sollte aber während des Parametrisiervorganges dann nicht mehr verändert werden. Dieser gemessene Luxwert (Messhöhe 0,85 m vom Boden) wird dann in die Kalibrierungssoftware des Reglers geladen, d.h., in der ETS wird der Regler aufgerufen und die Applikation *«Kalibrierung»* eingestellt. Im Parameterfenster dieses Teilnehmers kann dann der gemessene Luxwert eingetragen werden. Bild 6.33 zeigt das Übersichtsschema.

Dies ist notwendig, um die Raumdaten zu erfassen, d.h., der Regler bekommt einen gemessenen Luxwert als Vorgabe und liefert dafür seinerseits ein Kalibrierungsergebnis. Dazu muss das Objekt Kalibrierung noch mit einer Gruppenadresse verbunden werden, die später zurückgelesen wird. Wenn nun alle Einstellungen soweit getätigt wurden, wird dem Teilnehmer *«Lichtregler»* seine Applikation eingespielt. Nach kurzer Wartezeit ist der Lichtregler *«hochgefahren»* und kann das Kalibrierungsergebnis liefern.

Dazu wird in der ETS-Inbetriebnahme unter dem Menüpunkt Diagnose der Befehl *Gruppentelegramme* ausgewählt (s. Abschnitt 5.4.5). Mit der vorher vergebenen Adresse kann (wenn das Lesen-Flag gesetzt ist) das Kalibrierungsergebnis abgerufen werden. Dieses Ergebnis wird anschließend in der Applikation *«Konstantlicht»* im Parameterfenster eingetragen.

Hier kann dann im Parameterfenster eingestellt werden, mit welcher Beleuchtungsstärke der Regler arbeiten soll. Dazu muss im Parameterfenster auch das Kalibrierungsergebnis eingetragen werden. Hier ist aber wirklich das abgerufene Ergebnis und nicht irgendeines einzutragen, da sonst die Regelung nicht hinreichend funktioniert!

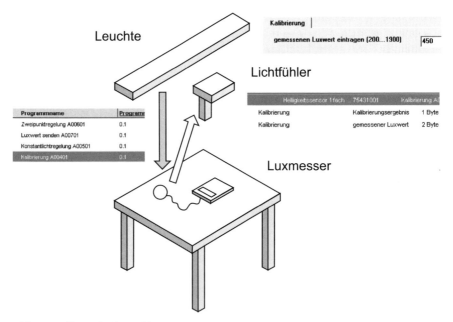

Bild 6.33   Übersicht der Kalibrierung

**Funktion der Schaltung**
Der Taster im Raum hat die Aufgabe, das Licht ein- oder auszuschalten. Somit wird das 1-Bit-Objekt des Tasters Ein/Aus mit dem 1-Bit-Objekt des Aktors verbunden. Der Lichtregler fühlt den entsprechenden Helligkeitswert und versucht dann über Dimm-Telegramme einzugreifen. Dies bedeutet, dass das 4-Bit-Objekt «*dimmen*» mit dem 4-Bit-Objekt des Aktors verbunden werden muss.

**Eingriff in die Schaltung über den Dimmbefehl**
Verbindet man das Dimmobjekt des Tasters mit dem Dimmobjekt des Aktors, kann mit dem Taster das Licht gedimmt werden. Wird das Licht vom Sollwert abgedimmt, merkt dies der Fühler und regelt sofort nach. Da die Zyklusdauer aber Minuten beträgt, bis der Regler mit Dimm-Telegrammen die Lampe wieder auf den Sollwert eingestellt hat, kann kurzfristig ein völlig anderer Helligkeitswert gewählt werden.

**Sollwertverschiebung**
Möchte man in dieser Schaltung den Sollwert verschieben, d.h., die eingestellten 500 lx sollen z.B. auf 700 lx oder auf 300 lx verschoben werden, ist dies überhaupt kein Problem. Der Dimmbefehl des Tasters wird auf das Objekt der Sollwertverschiebung im Regler gelegt. Somit kann per Dimmbefehl jederzeit jeder beliebige Sollwert eingestellt werden. Natürlich ist dann zunächst nicht bekannt auf welchen

Sollwert der Regler eingestellt wurde. Die ist aber auch nicht nötig. Der Kunde stellt mit dem Dimmer den «*optisch*» gewünschten Sollwert ein, und der Regler hält diesen Wert stabil. Nun will man sicher irgendwann zurück auf den parametrisierten Sollwert, der auch im Einklang mit der DIN 5035 steht. Dies geschieht, in dem man den 1-Bit-Befehl des Schaltobjektes des Tasters auf die Verriegelung bzw. Freigabe legt. Damit wird spätestens beim nächsten Einschalten der Leuchte wieder der originale Sollwert eingestellt. Wenn man zwischendurch wieder den Sollwert benötigt, kann dies durch Einschalten erfolgen. Da dieses Objekt auf die logische 1 triggert, ist es nicht notwendig, das Licht auszuschalten und wieder einzuschalten, es genügt ein einfaches Einschalten. Das hat zur Folge, dass das Licht eingeschaltet bleibt, wenn man den originalen Sollwert wieder aktiviert.

**Von Hand dimmen**
Will man von Hand eingreifen, d.h. das Licht verändern, ohne dass der Regler dies wieder ausgleicht, kann die Schaltung so aufgebaut werden, dass das Dimmobjekt des Tasters mit dem des Aktors verbunden wird. Damit aber der Regler hier nicht eingreift, wird auch der Regler «*verriegeln/dimmen*» mit dem Dimmbefehl verbunden. Bild 6.35 zeigt das Schema. Damit auch hier wieder zurück auf den Regelmodus geschaltet werden kann, ist das Schaltobjekt des Tasters mit dem «*Freigabe-Verriegelung-Objekt*» zu verbinden.

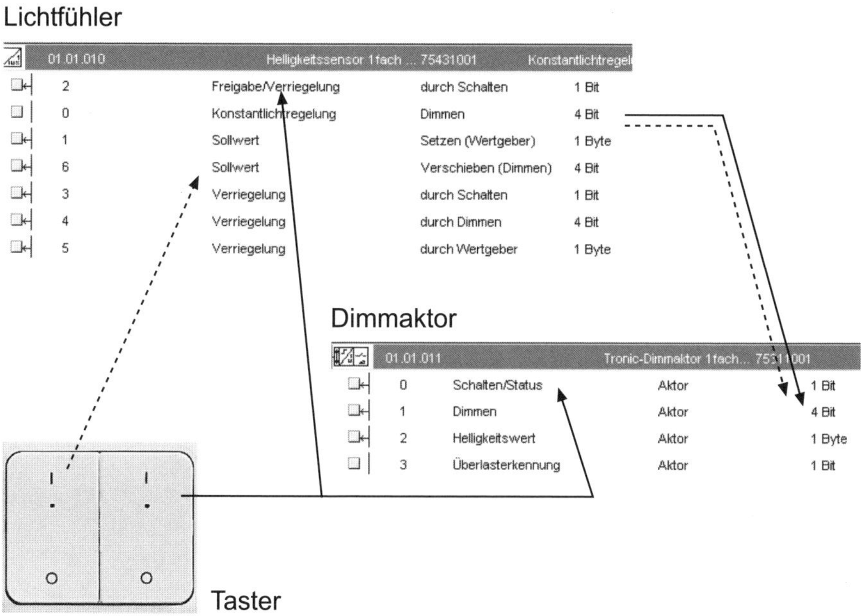

### Lichtfühler

| | | | | |
|---|---|---|---|---|
| | 01.01.010 | Helligkeitssensor 1fach ... 75431001 | Konstantlichtregel |
| | 2 | Freigabe/Verriegelung | durch Schalten | 1 Bit |
| | 0 | Konstantlichtregelung | Dimmen | 4 Bit |
| | 1 | Sollwert | Setzen (Wertgeber) | 1 Byte |
| | 6 | Sollwert | Verschieben (Dimmen) | 4 Bit |
| | 3 | Verriegelung | durch Schalten | 1 Bit |
| | 4 | Verriegelung | durch Dimmen | 4 Bit |
| | 5 | Verriegelung | durch Wertgeber | 1 Byte |

### Dimmaktor

| | | | | |
|---|---|---|---|---|
| | 01.01.011 | | Tronic-Dimmaktor 1fach... 75311001 |
| | 0 | Schalten/Status | Aktor | 1 Bit |
| | 1 | Dimmen | Aktor | 4 Bit |
| | 2 | Helligkeitswert | Aktor | 1 Byte |
| | 3 | Überlasterkennung | Aktor | 1 Bit |

Taster

Bild 6.35
Funktionsübersicht der Telegrammwirkung bei einer Lichtsteuerung mit Sollwertverschiebung

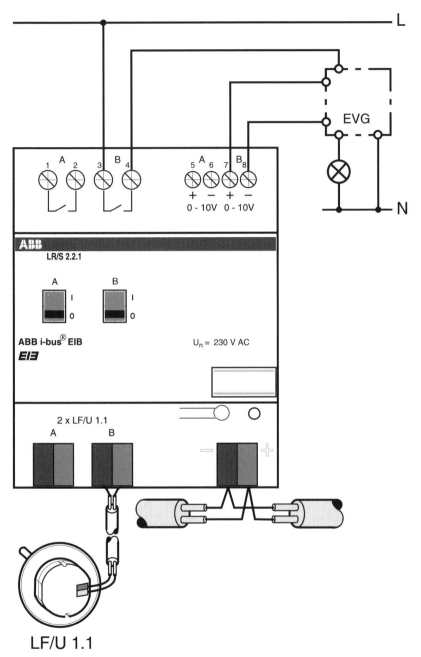

Bild 6.36 Anschluss Lichtregler im Objektgeschäft

### 6.23.1 Lichtregler im Objektgeschäft

Für das Objektgeschäft benötigt man oftmals Regelungen, die sehr präzise arbeiten, den Bus nicht belasten und kostengünstig sind. Hier kann ein anderes Produkt gute Dienste leisten. Der Lichtregler LR/S 2.2.1 von ABB erfüllt diese Vorgaben. Der 2fach-Schalt-/Dimmaktor besitzt eine Handbetätigung und die Anschlussmöglichkeit von 2 Lichtfühlern. Ferner werden auch die Steuerleitungen der EVGs direkt an dieses Bauteil angeschlossen. Wenn nun in 2 Büroräumen getrennt eine Lichtregelung aufgebaut wird, kann dies mit diesem Bauteil erfolgen. Die 5-adrigen Leitungen der Leuchten werden direkt zu Verteiler oder Einbauort des Reglers geführt und angeschlossen. Bild 6.36 zeigt das Anschlussbild dieses Produktes.

## 6.24 Jalousien-Auf-Ab-Funktion, Lamellen- und Stopp-Funktion

Eine weitere interessante Kombination ist, die Jalousien in die EIB-Anlage mit einzubinden. Wobei hier zwischen den einzelnen 1-Bit-Telegrammen unterschieden werden muss (s. Abschnitt 4.7). Ein Telegramm (1 Bit) wird dazu benötigt, wenn man die Jalousien auf- und abfährt. In einem 1-Bit-Telegramm kann die logische 0 und die logische 1 hinterlegt sein. Damit ist es möglich, die Jalousien in die beiden Endpositionen (Endschalter) zu bringen. Ein Anhalten der Jalousien ist mit dieser Kombination noch nicht möglich. Diese Bewegung wird je nach Hersteller als Auf/Ab oder auch als Langzeitbewegung definiert. Wird die Jalousie programmiert, muss das Objekt Auf/Ab des Tasters mit dem Objekt Auf/Ab des Aktors verbunden werden.

Will man die Jalousien in jeder Position anhalten, muss diese Information in einem neuen Telegramm untergebracht werden. Dieses Telegramm nennt man *«Lamelle Stopp»* oder *«Stopp-Schritt»* oder *«Kurzzeitbewegung»*. Mit diesem Befehl kann der Motor eine kurze Bewegung der Jalousienseile ausführen (sowohl nach oben als auch nach unten) und wird anschließend angehalten. Somit ist es möglich die Lamellen entsprechend einzustellen oder diesen Befehl in eine laufende Motorenbewegung zu geben, damit dieser sofort stehen bleibt. Vom Prinzip kann dies auch mit einem Rollladen in gleicher Weise geschehen, wobei eine Lamellenbewegung hier nur wenig Sinn macht. Das Objekt *«Lamelle Stopp»* des Tasters wird mit dem Objekt *«Lamelle Stopp»* des Aktors verbunden, damit ist die Grundschaltung Jalousien «Auf, Ab, Stopp» bereits programmiert.

Die Unterscheidung, wann eine Auf-Ab-Bewegung und wann eine Lamellen-Stopp-Bewegung ausgelöst werden soll, wird mittels kurzem oder langem Tastendruck ausgewählt.

## 6.25 Jalousien-Windalarm

Wenn an einer Gebäudefront Markisen, Jalousien oder Rollos angebracht sind, können bei einem Sturm oder starken Böen erhebliche Schäden dadurch entstehen, wenn ungünstige Stabilitätsfaktoren wirksam werden. Deshalb ist es notwendig, Sicherungsmaßnahmen einzubauen. Die meisten Jalousien-Aktoren verfügen diesbezüglich über ein Objekt *«Windalarm»*. Wird dieses Objekt aktiviert, so fahren Markisen, Jalousien oder Rollos und Dachluken in einen sicheren Zustand. Der sichere Zustand muss vom Errichter definiert werden. Er kann, je nach physikalischer Gegebenheit, sowohl auf oder zu sein. Der Aktor ist dann, wenn der Windalarm aktiviert wurde, ohne Handfunktion. Dies bedeutet: Der Kunde kann per Tastendruck den Motor der Jalousien so lange nicht mehr bewegen, bis der Windalarm wieder aufgehoben wurde.

Bei dieser Sicherheitsfunktion wird meist im Jalousienaktor zyklisches Empfangen aktiviert. Der Aktor muss also vor Ablauf der Zykluszeit ein Telegramm bekommen. Fällt dieses Telegramm aus, so bedeutet dies für den Jalousien-Aktor dasselbe, als wäre ein Sturm-Telegramm aufgelaufen. Der Aktor bewegt die Jalousien in einen sicheren Zustand. Sollte keine Sturmauswertung beim Kunden erfolgen, so ist es natürlich auch möglich, dieses Objekt zu deaktivieren. Die Zykluszeit der empfangenden Sturm-Telegramme kann durchaus im Bereich mehrerer Stunden liegen, da dies ja nur zur Überprüfung des Sensors dient, was nur eine Art Drahtbruchsicherheit und Funktionsüberwachung ist. Wenn zwischen 2 Zyklen ein Sturm aufzieht, werden diese Sturm-Telegramme ebenfalls übertragen (ereignisgesteuert).

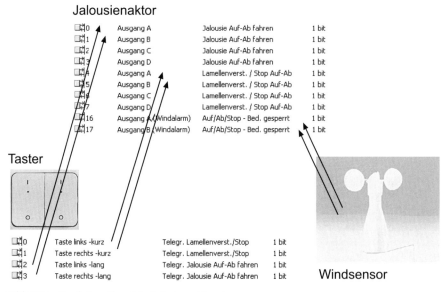

Bild 6.37   Funktionsübersicht bei einer Jalousiensteuerung

Als Gegenstück auf dem Dach kann z.B. ein konventioneller Windwächter eingesetzt werden, der bei zu hohen Windgeschwindigkeiten einen Relaiskontakt schließt, der wiederum auf einen Binäreingang geführt ist. Dieser Binäreingang kann dann die zyklischen Telegramme (Windalarme) auf den Bus geben. Die Zykluszeit des Binäreingangs sollte kleiner gewählt werden als die des Aktors. Z.B. können 3 Sende-Telegramme auf die Zykluszeit des Aktors kommen. Bild 6.36 zeigt die Grundschaltung einer Jalousie mit Windüberwachung.

Neuere Jalousien-Aktoren können von bis zu 3 Windwächtern angesteuert werden. Für jeden Ausgang ist dann frei wählbar, auf welchen der 3 Windwächter die Jalousien reagieren soll. Die mit dem Ausgang verbundenen Windwächter sind ODER-verknüpft, d.h., wenn auf einen Windwächter ein Alarm ausgelöst wird, fährt dieser seine Alarmposition an. Man kann aber auch frei parametrisieren, ob überhaupt und wenn dann, wie viele Wächter auf einen Ausgang wirken sollen.

**Regen- und Frostalarm**
Eine weitere Neuerung ist der Regen- und Frostalarm. Damit kann der Behang vor Regen und Frost geschützt werden. Dieser Alarm hat ebenfalls 1-Bit-Telegramme zur Aktivierung des Alarmes. Wenn der Alarm ausgelöst wird, fährt der Behang eine vorher parametrisierte Position an und kann dann so lange nicht mehr verfahren werden, bis der Alarm wieder aufgehoben wurde. In der Regel kann für jeden Ausgang separat die Position bei Regen- und Frostalarm eingestellt werden. Die Alarmeingänge werden ebenso wie der Windalarm zyklisch überwacht.

**Sperren**
Eine weitere Möglichkeit bietet der Befehl «Sperren». Hiermit kann über einen 1-Bit-Befehl ein Ausgang gezielt in eine vorgegebene Position gefahren und die Bedienung über die Tastsensoren gesperrt werden. Mann kann diese Funktion mit einem Fensterkontakt verbinden, um zu verhindern, dass, wenn das Fenster geöffnet ist, auch der Behang/Jalousien verfahren werden kann.

## 6.26 Jalousien-Positionierung

**Gebäudefront**
Jalousien zu positionieren war in der Vergangenheit immer eine etwas schwierige Angelegenheit, da sich in den Motoren keine Sensoren für eine Rückmeldung befinden. Mittlerweile löst man das Problem über die Fahrzeit der Motoren. Somit ist ziemlich genau bekannt, wo die Jalousien derzeit stehen (es gibt Aktoren, die ständig ihre Position zurückmelden). Man unterscheidet «direktes» und «indirektes» Anfahren der Position.

**«Direktes» Anfahren der Position**
Wenn direktes Anfahren eingestellt wurde, fährt der Jalousien-Aktor seine neue

Position direkt von der letzten Position aus an. Da der Aktor über die Fahrzeit weiß, wo er sich befindet, rechnet er die Differenz und fährt die neue Position an.

### «Indirektes» Anfahren der Position
Beim indirekten Anfahren wird die neue Position über die Endlage (oben oder unten) angefahren, was kein eigentlicher Vorteil ist, aber vom Kunden als optisch ansprechender empfunden wird.

### 8-Bit-Wert
Neu bei den Jalousien-Aktoren ist auch der 8-Bit-Wert. Mit ihm kann die Jalousie gezielt in jede beliebige Position gefahren werden. Weiterhin können ebenfalls über einen 8-Bit-Wert die Lamellen in einem beliebigen Winkel positioniert werden.

### Fahren in Preset-Position
Bei manchen Applikationsprogrammen gibt es auch die Preset-Position. Hier können im Aktor für jeden Ausgang mehrere voreingestellte Positionen parametrisiert werden, die dann über einen 1-Bit-Befehl angerufen werden. Die Zielposition kann über die ETS vorgegeben werden oder vom Kunden einfach eingelernt werden.

### Preset-Position setzen
Wenn man die Preset-Position ändern möchte, fährt man die Jalousien in die gewünschte Position. Diese neue Position wird dann über einen Tastendruck (1 Bit, EIS 1) als neue Preset-Position in den Speicher des Jalousien-Aktors übernommen. Man könnte sich folgende Anwendung vorstellen: Mit dem kurzen Tastendruck eines Jalousien-Tasters wird die Jalousie in die gewünschte Position fahren, und über den langen Tastendruck wird dann diese Position gespeichert.

### 8-Bit-Szene
Eine ganz neue Funktion ist die 8-Bit-Szene. Bei der 8-Bit-Szene können bis zu 64 Szenen über eine einzige Gruppenadresse angesprochen werden. Dieser Befehl arbeitet wie folgt:

In den Datenbits D0...D5 ist die Szenennummer hinterlegt, die aufgerufen oder bearbeitet werden soll (0...63). Das Datenbit D6 ist nicht definiert. Das Datenbit D7 gibt an, ob die Szene aufgerufen oder gespeichert werden soll. Wenn der Jalousien-Aktor ein Telegramm empfängt, werden alle Ausgänge, die über eine Verknüpfung der empfangenen Szenennummer zugeordnet sind, in die gewünschte Position fahren oder diese speichern.

### Nachtschaltung
Eine andere Variante von Jalousienpositionierung könnte die *Nachtschaltung* darstellen. Wenn sich ein Kunde zur Nachtruhe begibt, kann es sinnvoll sein, per Tastendruck alle Jalousien in eine Position (meist nach unten) zu fahren, um das Gebäude zu schützen. In dem Raum oder in Räumen in denen der Kunde schläft, kann

es dagegen z.B. im Sommer wünschenswert sein, die Jalousien in der Nacht zu öffnen. Entsprechende Schaltungen bewältigt man mit einem Zeitbaustein oder der Preset-Position. Per Tastendruck werden alle Jalousien in eine Position nach unten gefahren. Der Befehl für die Schlafräume kann direkt oder zeitversetzt invertiert gesendet werden. Der Befehl muss mittels eines Logik- oder Zeitbausteins invertiert werden, da der Kunde diese Funktion mit einem Tastendruck auslösen will. Auf eine Taste kann üblicherweise nur die logische 1 oder die logische 0 gelegt werden.

## 6.27 Heizungsanlagen Ein/Aus

Die einfachste Art, eine Einzelraumregelung zu realisieren, wäre es, die Temperatur mittels eines Thermostaten zu erfassen und als 2-Punkt-Regler zu verarbeiten. Die darauf folgenden Ein- und Aus-Telegramme würden dann ein Ventil öffnen oder schließen und damit die Regelung übernehmen. In dieser sehr einfachen Form müssen noch die Schaltbefehle «Heizen Ein/Aus» sowohl mit dem Regler als auch mit dem Binärausgang verbunden werden. Somit ist die einfachste Form der Einzelraumregelung programmiert. Bild 6.38 zeigt das Schalt- und Anschlussschema dieser Grundschaltung.

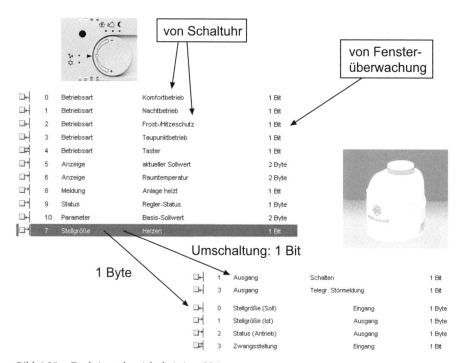

Bild 6.38  Funktionsübersicht bei einer Heizungssteuerung

**Fensterüberwachung**
Um diese Schaltung nun aufzuwerten, soll, wenn das Fenster geöffnet wird, die Heizung automatisch abschalten. Man muss hier die Produkte sehr genau auswählen, denn einige haben einen direkten Anschluss für die Fensterüberwachung. In diesem Beispiel wurde mit Absicht eine andere Variante gewählt, um verschiedene Lösungsmöglichkeiten aufzuzeigen.

Die Fenster werden über kleine Kontakte (Reed-Relais) und dazugehörige Magnete überwacht. Mittlerweile ist es kein Problem, neue Fenster direkt mit eingebauten Kontakten zu bestellen, wodurch diese Schaltelemente auch optisch nicht mehr zu sehen sind. Diese Fensterkontakte können nun über einen Binäreingang (gibt es bereits für den Einbau in Schalterdosen) mit dem EIB verbunden werden. Wird nun ein Fenster geöffnet und damit der Kontakt unterbrochen, wird entsprechend vom Binäreingang ein 1- oder 0-Telegramm zum Schaltausgang (Objekt Fensterkontakt) gesendet. Dieser Aktor wertet dieses Telegramm aus und schaltet das Ventil aus. Solange gelüftet wird, kann die Heizung ausgeschaltet bleiben. Wenn das Fenster nun geschlossen wird, springt die Heizung in ihren originalen Zustand zurück.

Diese Funktion ist vergleichbar mit einer einfachen UND-Verknüpfung. Theoretisch kann natürlich jeder Ausgang hierfür verwendet und mit einer entsprechenden Verknüpfung versehen werden. Bei manchen Herstellern lässt sich hier auch eine Zeitvorgabe machen, damit, wenn ein Fenster vergessen wurde, trotzdem die Heizung nach einer einstellbaren Zeit wieder anspringt.

## 6.28 Heizungsanlagen mit Frostschutz

Bei allen Herstellern besteht die Möglichkeit, wenn ein Raum längere Zeit nicht benutzt wird, diesen Raum im Frostschutzbetrieb arbeiten zu lassen. Bei den ersten Reglern am Markt war dies ein Wert von ca. 7 °C, der konstant gehalten wurde. Bei neueren Reglern kann dieser Wert frei programmiert werden. Bild 6.39 zeigt diese Einstellmöglichkeiten bei den am Markt üblichen Reglern.

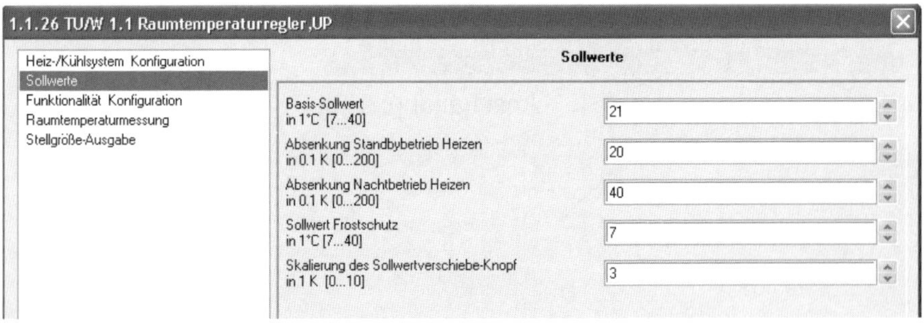

Bild 6.39   Parameterfenster: Thermostat-Frostschutzeinstellung

Bei einer geschickten Programmierung kann dieser Wert «*Frostschutz*» vom Fensterkontakt geliefert werden. Öffnet man das Fenster, wird über den Binäreingang «*Fensterkontakt*» nicht wie im Beispiel von Abschnitt 6.27 eine UND-Verknüpfung geschaltet und die Heizung damit komplett ausgeschaltet, sondern das Telegramm wirkt auf den Regler und schaltet den Raum auf Bereitschaft (Frostschutz). Wird hier längere Zeit gelüftet und die Raumtemperatur kühlt unter z.B. 7 °C ab, beginnt der Regler wieder Wärme anzufordern, obwohl das Fenster noch geöffnet ist. Das Einfrieren des Heizkörpers ist damit unmöglich.

## 6.29 Heizungsanlagen mit Nachtabsenkung und Temperaturprofil

Gerade hier werden die Vorzüge des EIB besonders deutlich. Im Gegensatz zur konventionellen Technik können damit Komfort und Energieeinsparungen in Einklang gebracht werden. Regler neuerer Bauart stellen heute gleich mehrere Sollwertvorgaben zur Verfügung, die jetzt programmierbar, d.h. nutzbar sind. Diese werden je nach Hersteller als

- Temperatur «Komfort»,
- Temperatur «Eco»,
- Temperatur «Nachtabsenkung»,
- Temperatur «Standby»

bezeichnet. Nachfolgend werden die einzelnen Möglichkeiten beschrieben.

**Komfort-Temperatur**
Diese Einstellung regelt die Raumtemperatur in Zeiten der Anwesenheit von Personen.

**Eco-Temperatur**
Die Eco-Temperatur ist eine Spareinstellung, in der zu gewünschten Zeiten eine niedrigere Grundeinstellung gewählt wird (ähnlich wie Standby).

**Nachtabsenkung**
Für diesen Anwendungsfall ist es notwendig, eine Schaltuhr oder Ähnliches einzubauen. Das Thermostat soll zu einer bestimmten Zeit die Raumtemperatur absenken. So z.B. jeden Abend um 22.00 Uhr. Mit diesem Befehl wird nichts anderes getan, als eine neue Komforttemperatur eingestellt. Diese Temperaturvorgabe regelt dann, bis sie wieder zurückgenommen wird. Diese Temperatur, die hier als Nachtabsenkung bezeichnet wird, ist in Grenzen frei einstellbar und könnte auch als Wochenendtemperatur zweckentfremdet werden. Wenn sich nun nach der Umschaltung noch Personen im Raum befinden oder der Raum noch genutzt wird, kann mit der Taste, die sonst zum Ab- und Anmelden gedacht war, eine Ausnahme-

steuerung aufgerufen werden. Dann wird für eine bestimmte Zeitdauer auf die Komforttemperatur zurückgeschaltet. Die Dauer der Ausnahmesteuerung ist natürlich einstellbar, 30...60 min sind die Regel.

**Stand-by-Temperatur**
Der Kunde befindet sich z.B. tagsüber in einem Raum. Der Raum ist auf Komforttemperatur (Normaltemperatur) eingestellt. Verlässt nun die Person tagsüber den Raum, besteht die Möglichkeit, sich an einem in neueren Thermostaten eingebauten Taster abzumelden. Die Raumtemperatur wird um einige Grad heruntergefahren (sog. Stand-by-Betrieb). Wie weit die Temperatur im Stand-by-Betrieb nach unten gefahren wird, kann in den Parameterfenstern des Teilnehmers eingestellt werden. Kommt die Person während des Tages zurück, kann sie sich per Tastendruck wieder anmelden, und die Raumtemperatur wird wieder auf normal gefahren.

An den meisten Reglern befindet sich ein Einstellrad, mit dem man die eingestellte Komforttemperatur persönlich korrigieren kann, wobei der Einstellbereich hier auf ±3 beschränkt sein muss, um die Regelung nicht zu überfahren.

## 6.30 Heizungsanlagen mit Wert setzen

Da bei neueren Reglern ein PI-Regelverhalten integriert ist, können diese neuen Reglertypen, entsprechend der Führungsgröße (vorhandene Raumtemperatur), die Raumtemperatur (Solltemperatur) genauer regeln. Aber nicht nur das Regelverhalten wird genauer, sondern weil es auch Stellantriebe gibt, die diese Reglerausgangsgröße verarbeiten können, werden Überschwinger klein gehalten. Bild 6.38 zeigt den schematischen Aufbau mit verschiedenen Reglern.

Moderne Stellantriebe werden über das Kommunikationsobjekt 1-Byte geführt. Hier wird dieser 1-Byte-Befehl empfangen in dem 0...255 verschiedene Einstellmöglichkeiten untergebracht sind. Somit ist es möglich, dass der integrierte Schrittmotor von 0...100 % durchfahren kann und entsprechend den günstigsten Wert einstellt. Über ein 2. Kommunikationsobjekt kann der aktuelle Stand ausgelesen werden.

Dieser Stellantrieb besitzt ein eigenes Kommunikationsobjekt «*Zwangsstellung*». Mit diesem Kommunikationsobjekt kann das Telegramm des Fensterkontaktes direkt verbunden werden. Über die Parameterfenster des Teilnehmers kann voreingestellt werden, auf welche Position der Stellantrieb fahren soll, wenn das Fenster geöffnet wird. Nach dem Schließen des Fensters übernimmt der Stellantrieb wieder die Regelfunktion, entsprechend der Vorgabe des Sollwertes.

Der Stellantrieb führt von Zeit zu Zeit (nach ca. 4000 Eingangstelegrammen) eine Eigenjustage durch, um höchste Präzision zu gewähren.

**Kühlen**
Manche Hersteller bieten Thermostate an, mit denen nicht nur die Heizung, sondern auch die Klimatisierung des Raumes übernommen werden kann. Über ein ent-

sprechendes Kommunikationsobjekt wird eine «Wirksinn-Umschaltung» vorgenommen. Mit dem so arbeitenden Regler kann nun im umgekehrten Sinn der Raum gekühlt werden.

## 6.31 Heizungsanlage mit Pulsweitenmodulation (PWM)

Eine etwas andere Lösung bietet unter anderem die Fa. Hager/Tehalit mit ihrer Kombinationseinheit. Das kanaleinbaufähige Gerät kann mit seinen 3 Ein- und 4 Ausgängen komplexe Funktionen, wie Jalousiensteuerung, Fensterüberwachung und stetige Einzelraumregelung, gleichzeitig ausführen und intern verknüpfen.

An dieser Stelle wird die Funktion der Einzelraumregelung anhand eines PI-Reglers (1 Byte) und eines 2-Punkt-Stellantriebes (1 Bit) beschrieben.

**Funktion**
Der PI-Regler erfasst die Raumtemperatur und regelt, entsprechend der Sollvorgabe, die Temperatur. Da dieser Regler aber als Ausgangsobjekt einen 1-Byte-Wert sendet, muss prinzipiell ein Stellventil eingebaut werden, das diesen 1-Byte-Wert verarbeiten kann. Will man das mit einem vorhandenen oder einem neuen (somit kostengünstiger) 2-Punkt-Stellantrieb lösen, kommt die Kombinationseinheit zum Einsatz. An diesem Gerät läuft das Telegramm als 1-Byte-Wert auf. Am Ausgang A2 kann dann ein 2-Punkt-Stellantrieb angeschlossen werden. Nun kommt der eigentliche Trick dieser Schaltung: Der Ausgang A2 wird nun in Abhängigkeit vom 1-Byte-Eingangssignal gepulst. Durch ständiges Ein- und Ausschalten wird der Stellantrieb (der eine gewisse Laufzeit hat) in eine entsprechende Position gebracht, die man mit einem 3-Punkt-Stellantrieb vergleichen kann. Diesen Vorgang nennt man Pulsweitenmodulation (PWM).

Das bedeutet, dass mit einem 2-Punkt-Stellantrieb ein 3-Punkt-Stellantrieb simuliert werden kann. Bild 6.40 zeigt eine prinzipielle Übersicht dieser Funktion. Bild 6.41 zeigt den schematischen Zusammenhang zwischen dem gepulsten 2-Punkt-Stellantrieb und der simulierten Öffnung.

Bild 6.40   Parameterfenster: PWM

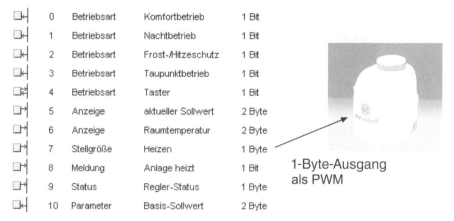

| | 0 | Betriebsart | Komfortbetrieb | 1 Bit |
| | 1 | Betriebsart | Nachtbetrieb | 1 Bit |
| | 2 | Betriebsart | Frost-/Hitzeschutz | 1 Bit |
| | 3 | Betriebsart | Taupunktbetrieb | 1 Bit |
| | 4 | Betriebsart | Taster | 1 Bit |
| | 5 | Anzeige | aktueller Sollwert | 2 Byte |
| | 6 | Anzeige | Raumtemperatur | 2 Byte |
| | 7 | Stellgröße | Heizen | 1 Byte |
| | 8 | Meldung | Anlage heizt | 1 Bit |
| | 9 | Status | Regler-Status | 1 Byte |
| | 10 | Parameter | Basis-Sollwert | 2 Byte |

Bild 6.41  Funktionsübersicht der Telegrammwirkung bei einer Heizungssteuerung

Als weitere Besonderheit kann direkt ein potentialfreier Kontakt angeschlossen werden (Spannung wird von der Kombinationseinheit geliefert). Wenn man diesen Kontakt über eine Gruppenadresse mit dem PI-Regler verbindet, um ihn z.B. in den Frostschutzbetrieb oder eine andere Komforttemperatur während der Raumlüftungsphase zu schalten. Noch einfacher wäre es, wenn diese Gruppenadresse, die von der Kombinationseinheit gesendet wird, auch auf dieselbe gelegt wird. Auf der Kombinationseinheit befindet sich ein Kommunikationsobjekt «*Energiesparfunktion*». Somit steuert die Kombinationseinheit sich selbst an. Dies ist übrigens auch

Bild 6.42  Anschlussbild: Kombinationseinheit

bei anderen Busgeräten möglich! Wenn die Energiesparfunktion ein Telegramm bekommt, wird der Stellantrieb für maximal 1 Stunde geschlossen. Während dieser Zeit werden keine Regel-Telegramme ausgeführt. Vergisst man das Fenster zu schließen, nimmt der Stellantrieb nach 1 Stunde die Regelung wieder auf. Bild 6.42 zeigt das Schaltbild der Kombinationseinheit. Deutlich ist zu sehen, dass bei dieser Verwendung die Eingänge E2/E3 sowie die Ausgänge A3/A4 nicht verwendet wurden. Hier könnte z.B. der Anschluss einer Jalousie erfolgen.

### 6.31.1 Heizungsregelung mit der Tasterschnittstelle

Eine weitere Variante bietet die Fa. ABB mit ihrer Tasterschnittstelle US/U. Hier wird die Tasterschnittstelle über 2 Leitungen mit einem elektronischem Relais verbunden. In der Tasterschnittstelle wird die Applikation «elektronisches Relais (Heizungsaktor)» eingestellt. Der Aktor kann dann wahlweise über EIS 1 als Schalter, oder über EIS 6 als Stetigregler betrieben werden. Am Aktor wird das Ventil angeschlossen. Wenn ein Ventil Verwendung findet, wie z.B. das der Fa. Möhlenhoff, kann der Installateur optisch kontrollieren, ob dieses Ventil geöffnet oder geschlossen ist. Das Ventil kann über einen 1-Bit-Befehl auf- und zugefahren oder auch über PWM betrieben werden. Da der Aktor elektronisch arbeitet (Triac), werden keine störenden Schaltgeräusche wahrgenommen.

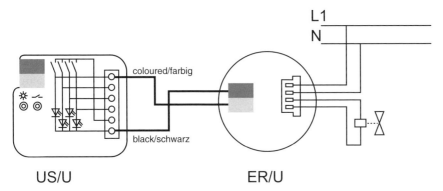

Bild 6.43   Anschlussbild der Unterputzschnittstelle

> **Anmerkung**
> Die Ventilköpfe lassen sich nachträglich sehr leicht wechseln. Der normale Ventilkopf am Heizkörper wird abgeschraubt (seitliche Schraube lösen und einfach abziehen). Wasser kann nicht austreten, weil noch das eigentliche Ventil mit Stößel am Heizkörper ist. Nun wird der elektrisch verstellbare Ventilkopf aufgesetzt. Bei sehr alten Heizkörpern müssen u.U. Zwischenringe eingebaut werden. Nachdem der Ventilkopf montiert wurde, lässt sich die Position (Fa. Möhlenhoff) zwischen Ventilunterteil und Antrieb kontrollieren. Im stromlosen Zustand sollte die Funktionsanzeige leicht abgehoben sein. Sie darf nicht bündig mit dem Gehäuse abschließen, und der farbige Bereich sollte nicht sichtbar sein. Der aktuelle Betriebszustand lässt sich an der Funktionsanzeige optimal ablesen. Ist der farbige Bereich sichtbar, bedeutet das, dass der Antrieb geöffnet ist, farbiger Bereich verdeckt bedeutet folglich der Antrieb ist geschlossen.

### Parameter «Angeschlossener Ventiltyp»
In diesem Parameter kann eingestellt werden, ob ein Ventil «stromlos geschlossen» oder «stromlos geöffnet» angesteuert wird. Bei «stromlos geschlossen» wird das Öffnen des Ventils über das Schließen des elektronischen Relais erreicht, bei «stromlos geöffnet» entsprechend umgekehrt.

### Parameter «Raumtemperaturregler überwachen»
Mit dieser Funktion ist ein zyklisches Überwachen des Raumtemperaturreglers möglich. Die Telegramme des Raumtemperaturreglers an den elektronischen Aktor werden in bestimmten zeitlichen Abständen übertragen. Das Ausbleiben dieser Telegramme kann auf eine Kommunikationsstörung oder einen Defekt im Raumtemperaturregler hindeuten. Sobald der Aktor dies erkennt, geht er in den Störungsbetrieb und fährt eine vorher festgelegte Sicherheitsstellung an. Der Störungsbetrieb wird aufgehoben, sobald wieder Telegramme empfangen werden.

Je nach Hersteller gibt es solche und ähnliche Aktoren für den Verteilereinbau und auch für den Einbau in Heizverteilern der jeweiligen Etage.

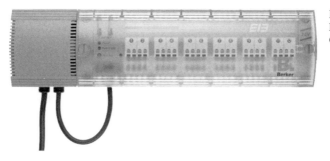

Bild 6.44
Heizungsaktor,
Quelle: Berker

## 6.32 Analogwertverarbeitung

Ein sehr interessantes Gerät ist der Analogeingang 4fach. Mit diesem EIB-Gerät können analoge Werte, wie z.B. gemessene Lichtwerte, erfasst und auf den Bus gesendet werden. Verschiedene Beispiele zeigen wie die Praxis aussehen kann. Bild 6.45 veranschaulicht den elektrischen Anschluss des Analogeinganges, der bei allen folgenden Beispielen nicht mehr geändert wird.

### 6.32.1 Licht in Abhängigkeit des Außenlichtes schalten

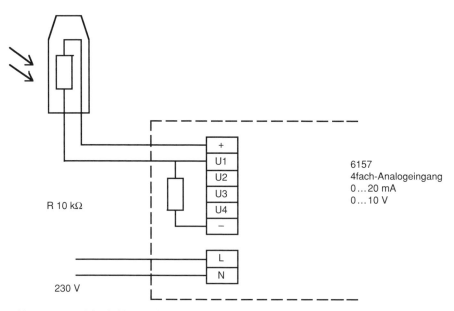

Bild 6.45   Anschlussbild: Lichtfühler an einem Analogeingang

Das 1. Beispiel vermittelt wie beim Erreichen einer bestimmten Außenhelligkeit das Licht abgeschaltet wird. Dabei muss natürlich die DIN 5035 beachtet werden. Diese DIN schreibt je nach Nutzung des Raums eine bestimmte Grundhelligkeit vor. Diese Grundhelligkeit (z.B. 500 lx) muss so ausgelegt sein, dass es auch bei nachlassender Leuchtstärke der Leuchtmittel (z.B. Verschmutzung) eingehalten wird. Aus diesem Grund wird mit einem Planungsfaktor 1,25 bzw. einem Verminderungsfaktor von 0,8 gerechnet. Daraus folgt, dass bei einer neuen Anlage die Beleuchtungsstärke im Raum 625 lx beträgt. Wird das Licht in diesem Raum außenlichtabhängig geschaltet, so muss im Raum bereits eine Grundhelligkeit von 1125 lx vorhanden sein. Wenn nun die Kunstbeleuchtung (625 lx) abgeschaltet wird, bleiben 500 lx Resthelligkeit übrig. Dieses abrupte Abschalten fällt natürlich im Raum sofort auf. Aus diesem Grund bietet sich eine Einzelraumregelung an. Erklärungen hierzu liefert Abschnitt 6.33.3. Um Energieeinsparung und Nutzung in Einklang zu bringen, bietet sich an, nur einen Teil der Beleuchtung abzuschalten. Meist befinden sich in den Räumen 2 oder mehr Lichtbänder. Wenn nun nur das Lichtband am Fenster über diese Steuerung geführt wird, kann die Energieeinsparung im Einklang mit den geforderten Werten der DIN 5035 stehen. Wobei noch zu berücksichtigen wäre, dass die Räume, in denen die Beleuchtung ausgeschaltet werden soll, u.U. auf verschiedenen Gebäudeseiten liegen und somit unterschiedlichen Lichteinfall haben kann (oder auch Räume, die auf der gleichen Seite liegen, aber durch andere Gebäudeteile, Bäume und dgl. vom Sonnenlicht abgeschirmt werden). Bei Verwendung dieses 4fach-Analogeingangs können natürlich 4 verschiedene Lichtsensoren eingebaut werden, die entweder an verschiedenen Seiten oder in verschiedenen Höhen des Gebäudes den Lichteinfall messen. Durch Beschaltung mit entsprechenden Widerständen (s. Herstellerangaben) kann ein entsprechender Abgleich auf bestimmte Messbereiche durchgeführt werden. Bei einem Hersteller ist dies z.B.:

- ohne Widerstand             2...    700 lx
- mit Widerstand 10    kΩ     5...  5 000 lx
- mit Widerstand  2,7 kΩ     20...20 000 lx

In der Praxis wird sich wohl ein Außenlichtmessbereich von 20...20 000 lx als geeignet erweisen. Die Spannung am Analogeingang hat einen Wert zwischen 0...10 V. Um einen Funktionsüberblick zu vermitteln, sind in der nachfolgenden Tabelle die Spannungswerte eines Herstellers genannt.

| Bereich 20....20 000 lx/Widerstand 2,7 kΩ | |
|---|---|
| Helligkeit in lx | Spannung in V |
| 20 | 0,28 |
| 50 | 0,42 |
| 100 | 0,69 |
| 200 | 0,90 |
| 500 | 1,91 |
| 1 000 | 2,98 |
| 2 000 | 4,13 |
| 5 000 | 5,80 |
| 10 000 | 7,96 |
| 20 000 | 9,78 |

Quelle: Busch-Jaeger

Nachdem die Geräte nun entsprechend installiert sind, kann mit der Parametrisierung begonnen werden. Da hier 4 verschiedene Kanäle zur Verfügung stehen, können auch 4 Ausgangstelegramme gesendet werden. Eine interessante Möglichkeit besteht darin, nur einen einzigen Lichtfühler einzubauen, aber mehrere Ausgänge zu belegen. Jeder der Ausgänge kann einem Eingang zugewiesen und dann noch entsprechend parametrisiert werden und somit sein eigenes Profil (inkl. Gruppenadresse) entwickeln, wobei sich bei der Parametrisierung die Frage stellt, ob Anlagenteile, die einmal ausgeschaltet wurden, wieder eingeschaltet werden sollen. Die Möglichkeit dazu besteht natürlich. Aber was geschieht, wenn die Beleuchtung ausgeschaltet wurde, die Personen den Raum verlassen haben und gar nicht mehr die Notwendigkeit besteht das Licht erneut einzuschalten? Durch entsprechende Programmierung (Herausfiltern der Ein-Telegramme) bleibt es ja unbenommen, dass die Person, die sich im Raum befindet, ihr Licht wieder zuschaltet. Bild 6.46 zeigt die Parametereinstellung für die Variante «*Außenlichtabhängiges Schalten*».

### 6.32.2 Licht in Abhängigkeit des Außenlichtes dimmen

In diesem Beispiel ändert sich an der installierten Hardware nichts. Die einzige Änderung, die vorgenommen wird, besteht in der Auswahl der Applikation und in der Parametereinstellung. Bei dieser Applikation können am Ausgang 1-Byte-Telegramme gesendet werden, die direkt mit dem Objekt «*Wert setzen*» des Schalt-Dimm-Aktors verbunden werden. Jeder der 4 Ausgänge kann beliebig mit jedem der Lichtwertgeber verbunden werden. Damit zusätzlich Korrekturen eingegeben werden können, liegen 3 verschiedene (editierbare) Wertetabellen im Hintergrund. Jeder der 4 Ausgänge kann mit einer der 3 Wertetabellen verbunden werden. Das Senden der 1-Byte-Werte kann über ein Kommunikationsobjekt 1 Bit zu- und abgeschaltet werden. Bild 6.47 zeigt das interne Blockschaltbild dieser Applikation. Um die Parameter richtig einzustellen, ist folgende Vorgehensweise zu beachten:

- Lichtstärke am Montageort des Außenfühlers messen, z.B. 1000 lx = $E_{außen}$
- Lichtstärke am Bestimmungsort messen (z.B. am Fenster/Büro) allerdings bei ausgeschalteter Kunstbeleuchtung z.B. 200 lx = $E_{innen}$
- Gewünschte Beleuchtungsstärke festlegen, z.B. 300 lx
- Berechnung des Q-Wertes (*Lichtquotient*)

nach der Formel:

$$\frac{E_{innen} \cdot 300}{E_{außen} \cdot E_{soll}}$$

**Beispiel**

Außenbeleuchtungsstärke  $E_{außen}$ = 1000 lx
Innenbeleuchtungsstärke  $E_{innen}$ = 200 lx
Sollbeleuchtungsstärke    $E_{soll}$  = 300 lx

$$Q = \frac{200 \cdot 300}{1000 \cdot 300} = 0{,}2$$

Laut Tabelle ergeben sich folgende Einstellungen:

| Für Widerstand 2,7 kW | $Q = 0{,}2$ | $Q = 0{,}15$ | $Q = 0{,}1$ | $Q = 0{,}08$ | $Q = 0{,}06$ | $Q = 0{,}05$ | $Q = 0{,}04$ | $Q = 0{,}03$ |
|---|---|---|---|---|---|---|---|---|
| niedrigster Eingangswert | 0 | 0 | 0 | 0 | 0 | 0 | 0 | 0 |
| dazugehöriger Ausgangswert | 255 | 255 | 255 | 255 | 255 | 255 | 255 | 255 |
| niedrigster Eingangswert | 20 | 20 | 20 | 20 | 20 | 20 | 20 | 20 |
| dazugehöriger Ausgangswert | 255 | 255 | 255 | 255 | 255 | 255 | 255 | 255 |
| niedrigster Eingangswert | 73 | 81 | 92 | 96 | 102 | 107 | 111 | 117 |
| dazugehöriger Ausgangswert | 148 | 158 | 173 | 180 | 188 | 194 | 200 | 208 |
| niedrigster Eingangswert | 110 | 123 | 142 | 155 | 174 | 190 | 213 | 248 |
| dazugehöriger Ausgangswert | 0 | 0 | 0 | 0 | 0 | 0 | 0 | |
| niedrigster Eingangswert | 255 | 255 | 255 | 255 | 255 | 255 | 255 | 255 |
| dazugehöriger Ausgangswert | 0 | 0 | 0 | 0 | 0 | 0 | 0 | 0 |

Im Parameterfenster erfolgt die Frage nach der Umrechnungstabelle. Die Umrechnungstabellen 1...3 sind voreingestellt (s. auch Bild 6.48c).

Tabelle 1 für $Q = 0{,}3$
Tabelle 2 für $Q = 0{,}2$
Tabelle 3 für $Q = 0{,}1$

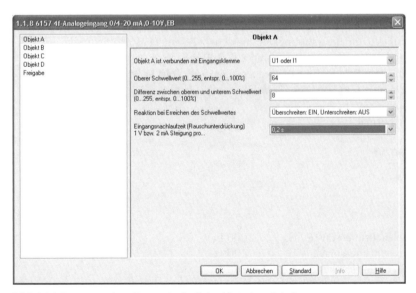

Bild 6.46  Parametereinstellung «Außenlichtabhängiges Schalten»

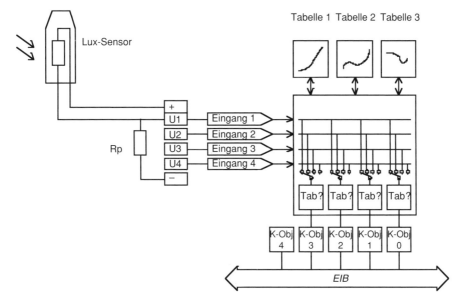

Bild 6.47
Funktionsübersicht der Korrekturtabellen zu den einzelnen Kommunikationsobjekten

Bei anderen Werten müssten die Tabellen laut Herstellerangaben editiert werden. Bild 6.48a bis c zeigt die Parameterfenster für diesen Anwendungsfall.

Ist es hier notwendig im Einzelraum einzugreifen, werden mittlerweile Busgeräte angeboten, mit denen man 1-Byte-Telegramme zu- und abschalten kann. Somit kann jeder Raum von dieser Regelung getrennt werden. Nur Vorsicht an dieser Stelle, sonst läuft die Regelung für sich alleine, und alle Geräte werden von ihr getrennt, wobei ein tägliches zentrales Zurücknehmen der Abtrennfunktion zu überlegen wäre.

Auch hier sollte bei der Inbetriebnahme der Schaltung darauf geachtet werden, dass Beleuchtungskörper, die ausgeschaltet waren, nicht durch den «*Energieeinsparer*» Lichtregelung unnütz eingeschaltet werden.

### 6.32.3 Konstantlichtregelung

Vorteil dieser Applikation ist, dass hier der optimale Energieeinsatz gewährleistet wird. Generell kann der Konstantlichtregler ein- und ausgeschaltet werden, wenn z.B. andere Raumnutzungen dies erfordern. Die Helligkeit am Schreibtisch wird über einen Lichtfühler aufgenommen und mit dem Analogeingang des Reglers verbunden. Der aufgenommene Wert wird verarbeitet und als 1-Byte-Telegramm an den Schalt-Dimm-Aktor weitergeleitet. Das Leuchtmittel des Aktors gibt einen bestimmten Lichtstrom ab und verändert damit die Helligkeit im Raum. Dies wird physikalisch vom Lichtsensor erfasst, und der Regelkreis schließt sich. Bild 6.49 zeigt den schematischen Aufbau des Lichtregelkreises.

An dieser Stelle müssen noch ein paar grundsätzliche Dinge zur Lichtregelung besprochen werden. Wenn das Raumlicht am Morgen eingeschaltet wird, ist der Anteil des Tageslichtes noch sehr gering. Das Kunstlicht muss zu 100 % die Raumbeleuchtung übernehmen. Im Laufe des Tages steigt der Anteil am Tageslicht, und das Kunstlicht kann zurückgefahren werden. Da nicht alle EVGs (Elektronische Vorschaltgeräte für Leuchtstofflampen) auf 0 % Lichtstrom zurückfahren können, verbleibt die Beleuchtung in einer unteren Grundhelligkeit. Zunächst muss das Tageslicht noch um diesen Anteil ansteigen, bevor die Kunstbeleuchtung gänzlich abgeschaltet werden kann. Bild 6.50 zeigt den Ablauf Tageslicht/Kunstlicht.

Nachfolgend findet man die Vorgehensweise zur Inbetriebnahme der Konstantlichtregelung:

- ❏ Raum so weit wie möglich abdunkeln.
- ❏ Dimm-Aktoren ausschalten.
- ❏ Helligkeit im Raum messen und notieren (Luxwert A).
- ❏ Leuchten auf die geringste Helligkeit einstellen.
- ❏ Beleuchtungsstärke messen und notieren (Luxwert B).
- ❏ Wenn beim Einschalten der Leuchte diese auf 100 % einschaltet und anschließend heruntergedimmt, ist ein EVG mit Startwert 100 % zum Einsatz gekommen. In diesem Fall muss eine Totzeit im Parameterfenster des Analoginganges eingestellt werden. Die Totzeit ist die Zeit vom Einschalten bis zum Erreichen der Grundhelligkeit.
- ❏ Differenz aus Luxwert A und Luxwert B ermitteln und notieren.
- ❏ Einstellungen im Parameterfenster des Analoginganges vornehmen, Gruppenadressen angeben und die Applikation in den Busankoppler laden.
- ❏ Luxmesser unterhalb des Fühlers legen.
- ❏ Mit dem am Lichtfühler vorhandenen Trimmpoti die gewünschte Beleuchtungsstärke, z.B. 500 lx, einstellen.

> **Hinweis**
> Der Abgleich sollte erst erfolgen, wenn die Räume bezugsfertig sind, damit eventuelle Störgrößen ausgeschaltet werden.

## 6.33 Logikgatter: 1-Bit- bzw. 4-Bit-Verarbeitung

Wie bereits in Kapitel 4 unter Abschnitt 4.13 bzw. 4.14 beschrieben, stehen beim EIB sehr viele verschiedene Logikgatter zur Verfügung. An dieser Stelle sollen nun spezielle Anwendungsfälle aus der Praxis beschrieben werden.

Wenn sich die Logikauswertung nur auf 1 Bit bezieht, ist dies relativ einfach und dürfte in der Praxis kaum Probleme bereiten. Etwas differenzierter muss die Verarbeitung von 4-Bit- oder 1-Byte-Telegrammen betrachtet werden.

**Beispiel**

Wenn ein Raum mit mehreren Trennwänden versehen ist und je nach dem wie die Trennwände stehen die Telegramme zu Schalten, Dimmen oder Wertsetzen umgeleitet werden müssen, ist ein spezielles Logikgatter notwendig. Der Einfachheit halber soll in diesem Beispiel ein Raum geplant werden, der nur 1 Trennwand besitzt. In diesem Raum befinden sich 2 Lichtbänder und 2 Taster. Bild 6.51 zeigt den schematischen Aufbau der Anlage. Die Funktion der Schaltung lässt sich wie folgt beschreiben:

*Trennwand ist geschlossen*
❏ Taster 1 schaltet mit kurzem Tastendruck die Leuchte 1 ein und aus.
❏ Taster 1 dimmt mit langem Tastendruck Leuchte 1 hell und dunkel.
❏ Taster 2 schaltet mit kurzem Tastendruck die Leuchte 2 ein und aus.
❏ Taster 2 dimmt mit langem Tastendruck Leuchte 2 hell und dunkel.

*Trennwand ist geöffnet*
❏ Taster 1 schaltet mit kurzem Tastendruck die Leuchten 1 und 2 ein und aus.
❏ Taster 1 dimmt mit langem Tastendruck Leuchte 1 und 2 hell und dunkel.
❏ Taster 2 schaltet mit kurzem Tastendruck die Leuchten 1 und 2 ein und aus.
❏ Taster 2 dimmt mit langem Tastendruck Leuchte 1 und 2 hell und dunkel.

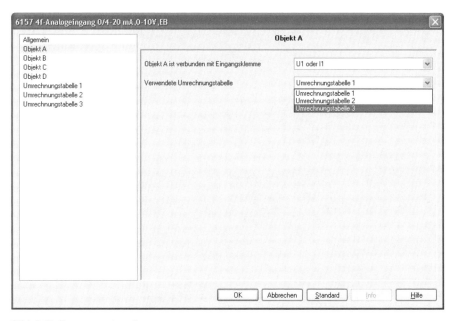

Bild 6.48  Parametereinstellung

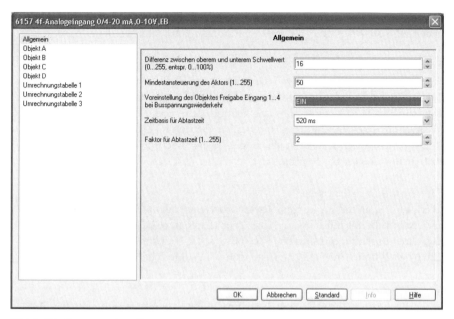

Bild 6.48b Parametereinstellung

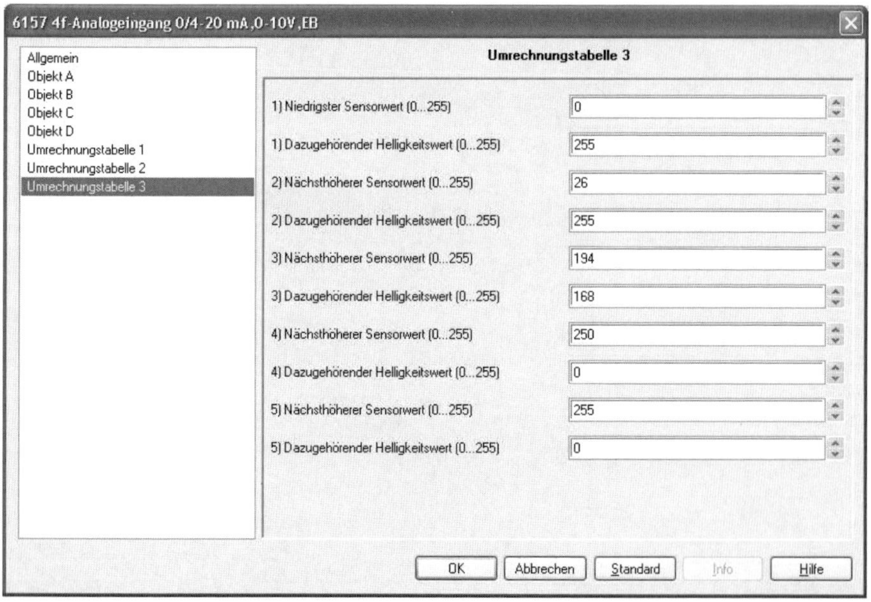

Bild 6.48c Parametereinstellung

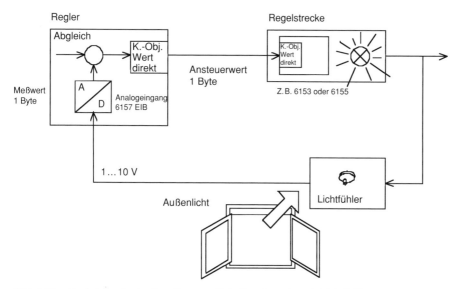

Bild 6.49   Funktionsprinzip einer Konstantlicht-Regelstrecke mit Lichtfühler

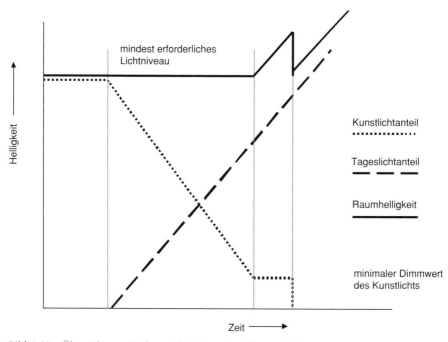

Bild 6.50   Übersicht vom Lichtanteil im Raum im Tagesverlauf

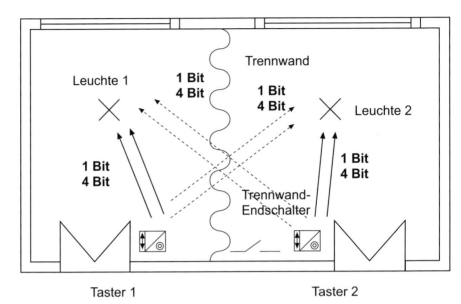

Bild 6.51   Beispiel: Lichtschaltungen mit Trennwand

Aufgrund dieser Forderung müssen sowohl die 1-Bit- als auch die 4-Bit-Telegramme entsprechend gefiltert werden. Für solche Anwendungen haben die meisten Hersteller entsprechende Applikationen geschrieben. Hier soll stellvertretend eine Applikation vorgestellt werden.

Bild 6.52 zeigt den gewählten Logikbaustein. Dieser Logikbaustein besitzt 4 Objekte mit 1 Bit und 4 Objekte mit 4 Bit. Diese Objekte können nach Belieben zum Sender oder Empfänger werden.

Dies bedeutet: Der eigentliche Trick dieser Schaltung liegt im Parameterfenster. Dort können softwaremäßige Brücken eingelegt werden, die die Senderichtungen bestimmen (Bild 6.53). Hier macht es natürlich nur Sinn, wenn die *Brücken* in der 1-Bit- und 4-Bit-Aufarbeitung in gleicher Weise gelegt sind. In dieser Applikation ist dies vorgegeben.

**Fall A**

Die Telegramme, die am Eingang A auflaufen, werden über den Ausgang B, C und D weitergeleitet. 1 Bit und 4 Bit arbeiten in gleicher Weise. Wenn nun die internen *Brücken* anders gelegt werden: z.B. Fall B.

**Fall B**

Telegramme, die am Eingang B auflaufen, werden auf Kanal A und D gesendet. Kanal C wird in diesem Fall ausgeblendet. Jeder dieser Kanäle verfügt natürlich über die Möglichkeit einer eigenen Gruppenzuweisung (Gruppenadresse).

Die Zuweisung, welche interne *Brücke* zur Zeit aktiv sein soll, wird über interne Parameter festgelegt, und diese Festlegungen werden durch die externen Selekt-Eingänge angesteuert. In diesem einfachen Beispiel ist nur 1 Selekt-Eingang notwendig (Zwischenwand ist offen oder geschlossen), da von den Kommunikationsobjekten 4 Zuweisungsmöglichkeiten bestehen können. Bild 6.54 zeigt das Parameterfenster eines solchen Teilnehmers.

Man kann deutlich erkennen, dass zu jeder Selekt-Zuweisung die entsprechenden Brücken gelegt werden können. In unserem Beispiel bedeutet dies, wenn der Endschalter offen ist (Trennwand offen), werden die Telegramme weitergeleitet. Taster 1 hat Zugriff auf die Leuchten 1 und 2, ebenso Taster 2. Sobald die Trennwand geschlossen wird, ändert sich der Zustand des Selekt-Einganges, die Telegramme 1 Bit und 4 Bit werden in gleicher Weise gesperrt. In dieser einfachen Schaltung werden die Möglichkeiten, die sich hier bieten, bei weitem nicht ausgeschöpft.

Eine andere interessante Variante dieses Bausteins wäre es, 4-Bit-Telegramme zu verknüpfen. Man stelle sich einen Dimm-Aktor vor, der von sehr vielen verschiedenen Gruppenadressen gedimmt werden soll. Nun kann es passieren, dass die Anzahl der möglichen Zuweisungen im Dimm-Aktor überschritten wird. Wären dies 1-Bit-Telegramme, könnten sie über einen normalen Logikbaustein verknüpft werden. Dies ist zunächst mit 4-Bit-Telegrammen nicht möglich. Setzt man nun diesen Baustein ein und legt die *Brücke* so, dass auf 3 Eingängen 1 Ausgang kommt, können 3 verschiedene 4-Bit-Eingangsadressen auf 1 4-Bit-Ausgangsadresse gelegt werden, und das Problem der Zuweisung ist gelöst. In diesem Fall werden die 1-Bit-Verbindungen nicht benötigt.

| | | | | | |
|---|---|---|---|---|---|
| 01.01.017 | | Logikbaustein N 3... 12 CO Binär 740C01 | | | |
| 0 | Kanal A | 1 Bit | Gruppe 1 | | Auto |
| 1 | Kanal B | 1 Bit | Gruppe 1 | | Auto |
| 2 | Kanal C | 1 Bit | Gruppe 1 | | Auto |
| 3 | Kanal D | 1 Bit | Gruppe 1 | | Auto |
| 4 | Kanal A | 4 Bit | Gruppe 2 | | Auto |
| 5 | Kanal B | 4 Bit | Gruppe 2 | | Auto |
| 6 | Kanal C | 4 Bit | Gruppe 2 | | Auto |
| 7 | Kanal D | 4 Bit | Gruppe 2 | | Auto |
| 8 | A | 1 Bit | Selekt | | Auto |
| 9 | B | 1 Bit | Selekt | | Auto |
| 10 | C | 1 Bit | Selekt | | Auto |
| 11 | D | 1 Bit | Selekt | | Auto |

Bild 6.52  Objektübersicht Logikbaustein (Trennwand)

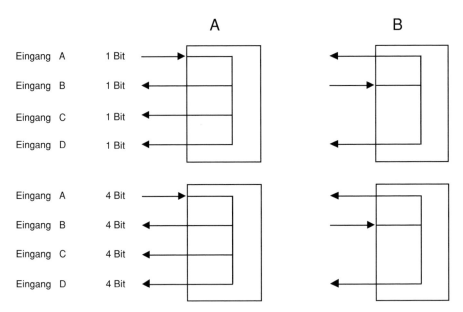

Bild 6.53　Senderichtungen

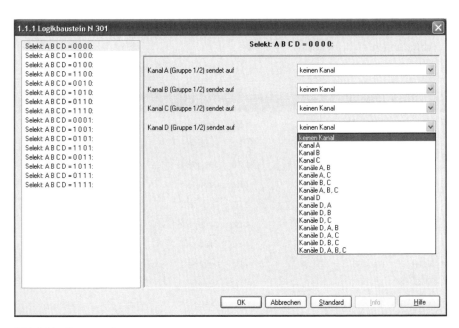

Bild 6.54　Parameterfenster

### 6.33.1 Logikgatter: 1-Byte-Verarbeitung

Eine weitere Ergänzung stellt der Logikbaustein eines anderen Herstellers dar. Dieses Produkt besitzt 4 Gatter, die als Eingangsobjekt und als Ausgangsobjekt benutzt werden können. Übertragen auf das Beispiel mit der Trennwand bedeutet dies, Lichtwerte vom Taster 1 (1 Byte) werden bei geschlossener Trennwand nur an die Leuchte 1 weitergeleitet. Ebenso gilt dies für die Lichtwerte des Tasters 2. Wird nun die Trennwand geöffnet, müssen die «Wertsetzen-Telegramme» in gleicher Weise, wie die bereits beschriebenen 1-Bit- und 4-Bit-Telegramme auf beide Aktoren weitergeleitet werden. Dazu wird der Logikbaustein so parametrisiert, dass die Telegramme in beide Richtungen Durchgang haben. D.h., ein 1-Byte-Telegramm (z.B. 4/7) wird am Eingang des 1. Objektes auflaufen und mit der Gruppenadresse (z.B. 4/8) am Ausgang gesendet. Wird ein Telegramm am eigentlichen Ausgang (4/8) auflaufen, so wird dieses Telegramm am eigentlichen Eingang (4/7) ebenfalls gesendet. Ob die Telegramme in 1 oder in 2 Richtungen durchgelassen werden, wird im Parameterfenster eingestellt. Weiterhin kann ausgewählt werden, ob der Toreingang invertiert, normal oder überhaupt nicht ausgewertet wird. Der Toreingang (wenn eingestellt) entscheidet, ob die Telegramme durchgeleitet oder gesperrt werden. Somit muss der Toreingang nur noch mit dem Endschalter für die Zwischenwand verbunden werden.

### 6.33.2 Logikgatter: 1-Bit-/4-Bit-/1-Byte-Verarbeitung über Torfunktion

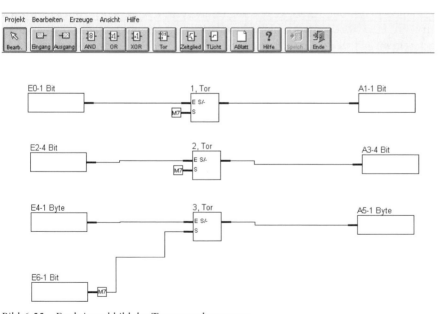

Bild 6.55   Funktionsabbild der Trennwandsteuerung

Die eben beschriebene Problematik kann auch ganz anders, über sogenannte Torfunktionen realisiert werden. Der Applikationsbaustein von ABB/Busch Jaeger hat eine solche Funktion integriert. Zunächst eine kurze Erklärung der Tor Funktion: Ein Tor leitet einen 1-Bit-/4-Bit-/1-Byte-Befehl (auch 2-Byte-Befehl möglich) weiter. Somit können alle Informationen die zum schalten, dimmen, Wert setzen oder Jalousiesteuerung notwendig sind gezielt weitergeleitet oder gesperrt werden. Je nachdem, welche Trennwände offen oder geschlossen sind, werden die Befehle gefiltert. Zur besseren Übersicht wurde in Bild 6.55 das Parameterfenster des Applikationsbausteines abgebildet. Entsprechend, wie Eingang E6 mit 1 Bit (EIS 1) belegt ist, können die Tore 1–3 geschaltet werden. Somit werden die Informationen von 1 Bit bis 1 Byte entsprechend weitergeleitet. Natürlich kann auch der Steuereingang des Tores negiert werden, um für andere Tore die Umkehrfunktion zu erreichen.

## 6.34  Windalarm unterbrechen

Wenn in einem Gebäude Jalousien eingebaut sind, werden diese meistens mit einem Windwächter kontrolliert. Wenn also der Wind an Stärke zunimmt, werden alle Jalousien in eine sichere Position gefahren (meist ist dies Auf). Dort verbleiben die Jalousien bis der Windalarm wieder zurückgenommen wird (s. auch Abschnitt 6.26 Windalarm).

In manchen Anwendungen kann dies allerdings störend wirken. Man denke an einen Schulungsraum im Erdgeschoss, wo der Wind sehr gering ist und der Raum für eine Vorführung verdunkelt werden muss. Auf das Sicherheitsobjekt gänzlich zu verzichten ist sicher auch nicht die Lösung. Aus diesem Grund soll eine Schaltung entwickelt werden, mit der man kurzfristig diese Funktion außer Betrieb setzen kann. Dazu sind einige Punkte zu beachten. Bild 6.56 zeigt den schematischen Überblick dieser Variante.

Zunächst muss das Telegramm vom Windwächter über einen Logikbaustein geführt werden, mit dem man dieses Telegramm «unterbrechen» kann. Genauer gesagt: Vom Windwächter werden zyklische Telegramme mit der logischen 1 oder 0 gesendet. Wenn diese Telegramme nun auf den Logikbaustein auflaufen und entsprechend mit UND verknüpft werden, können Sturm-Telegramme diese Gatter nur passieren, wenn die UND-Verknüpfung erfüllt ist. Keinesfalls außer Acht darf die Tatsache gelassen werden, dass die Telegramme, die das Gatter verlassen, ebenfalls zyklisch gesendet werden, egal welchen Inhalt sie haben. Wenn die zyklischen Telegramme am Sicherheitsobjekt des Jalousien-Aktors ausbleiben, fährt dieser die Jalousien sowieso (nach der Zykluszeit) in eine sichere Position. Also muss bei der Auswahl des Gatters darauf geachtet werden, ein Gatter mit zyklisch sendendem Ausgang zu wählen. Eine andere Lösung wäre, ein normales Gatter zu wählen und immer dann, wenn ein Eingangstelegramm aufläuft, den Ausgang senden zu lassen. Das bedeutet, als Sendekriterium für den Ausgang gilt immer, wenn ein Telegramm am Eingang ansteht. Wird die Funktion *nur bei Änderung am Ausgang* gewählt, wird nur ein Telegramm gesendet, wenn sich das Verknüpfungsergebnis geändert hat. Dies wäre nicht richtig. Mit einem externen Taster kann nun der 2. Eingang des Gatters angesteuert werden. Ist die Freigabe des Windalarms durch den externen Taster unterbrochen, wird, obwohl der Sensor Windalarm meldet, das zyklisch gesendete Verknüpfungsergebnis anders lauten. In Bild 6.56 ist neben dem externen Taster eine weitere Möglichkeit angedacht (gestrichelte Darstellung). Damit nicht vergessen wird, den Taster wieder zurückzustellen, also die Unterbrechung des Alarmes aufzuheben, sollten solche Zustände automatisch nach einer bestimmten Zeit wieder zurückgenommen werden. Dazu könnte man den Taster z.B. auf «*drücken ein*» und «*loslassen aus*» programmieren und über einen Zeitbaustein eine Zeit ablaufen lassen, die das Verknüpfungsergebnis dann ändert. In diesem Fall wird der Alarm mit der logischen 0 des Tasters aufgehoben. Aus diesem Grund muss das Ausgangstelegramm des Zeitbausteins zum Gatter invertiert werden. Diese Einstellungen sind, je nach eingesetztem Produkt, an unterschiedlichen Stellen vorzunehmen. Ein genaues Austesten der Funktion ist daher sehr wichtig. Die eingestellte Zeit für die Unterbrechung ist sehr stark von der Nutzung des Raums abhängig.

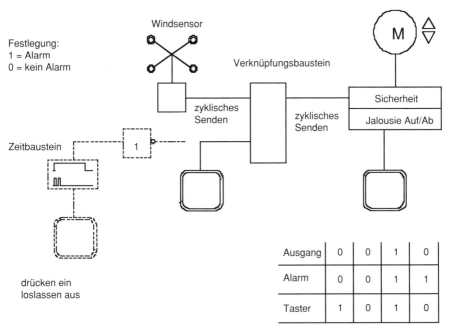

Bild 6.56  Prinzipübersicht einer Jalousienschaltung mit Windalarm, bei der der Windalarm unterdrückt werden kann

## 6.35 Minitableau MT701: alte Ausführung

> **Anmerkung**
> Es wird zunächst die alte Version erklärt, die zwar nicht mehr vertrieben wird, aber so häufig verkauft wurde, dass man wahrscheinlich irgendwann mit diesem Produkt in Berührung kommt. Die Geräte sind sich optisch sehr ähnlich, aber in der Art der Programmierung sehr unterschiedlich. Weiterhin werden zur Programmierung verschiedene Programme benötigt. Aus diesem Grund dient Abschnitt 6.35 nur zum «Nachschlagen». Der Projektant, der neu beginnt, kann mit Abschnitt 6.36 weiterlesen.

Da beim EIB alle Funktionen der Technik zusammenarbeiten, bietet es sich an, Fehlermeldungen oder wichtige Schaltfunktionen an zentralen Stellen anzuzeigen. Hierfür bietet der EIB im Wesentlichen 3 Möglichkeiten:

- Info-Display,
- Minitableau MT701,
- Visualisierung.

Als Anzeigemedium dient ein frei programmierbares, hintergrundbeleuchtetes LC-Grafikdisplay ($240 \times 128$ Bildpunkte). Je Bildschirmseite (50 Bildschirmseiten sind möglich) können bis zu 8 Funktionen verarbeitet werden (siehe Bild 6.57).

Die Bedienung erfolgt über eine Folientastatur unter Verwendung der gebräuchlichen EIS-Typen (Interworking Standards). Grundfunktionen wie: Schalten, Dimmen, Jalousien als auch komplexe Funktionen wie Wertgeber, Zeit, Datum usw. sind möglich. Die Funktionen der 4 Eingabetasten lassen sich frei parametrisieren. Weiterhin steht zur Bearbeitung der Zeitfunktionen eine interne Echtzeit-Uhr zur Verfügung. Die Schaltzeiten lassen sich vom Anwender ändern. Eine Einbindung von Hintergrundbitmaps (*.BMP) ist möglich. Alarmmeldungen können akustisch gemeldet werden. Die Steuerung und Abspeicherung von bis zu 24 Szenen mit bis zu 32 Ausgängen (1 Bit, 1 Byte) kann über das Minitableau erfolgen. Lichtszenen lassen sich vom Kunden ändern und beschriften. Ein Nebenstellenbetrieb über geeignete Sensoren (Wertgeber) ist möglich. Es können bis zu 4 passwortgeschützte Bereiche gebildet werden. Weiterhin lassen sich bis zu 8 eingehenden Telegrammen Grenzwerte (Schalttelegrammauslösung) definieren. Die Programmierung des *Minitableau* erfolgt über die Programmiersoftware *EIBTAB*.

Zusammenfassend ergeben sich folgende Leistungsmerkmale:

- bis zu 50 Dialogseiten mit je 8 Funktionen parametrisierbar,
- Grafikdisplay mit $240 \times 128$ Bildpunkten,
- Kontrast einstellbar, Grafikdisplay hintergrundbeleuchtet,
- 4 Folientasten zur interaktiven Bedienung frei projektierbar,
- Hintergrundbitmaps einfügbar,

- 8-Kanal-Zeitschaltfunktion, Wochenprogramm,
- 2 Cursortasten und 1 Beleuchtungstaste,
- Schaltzeiten vom Anwender einstellbar (ohne PC),
- Systemzeit C-gepuffert (ca. 3 Tage),
- Alarmfunktionen,
- Lichtszenenfunktion mit Nebenstellenbetrieb,
- Passwörter im EEPROM fixiert, 4 Passwörter,
- Schnittstelle zur Programmierung integriert,
- akustische Alarmmeldungen,
- Grenzwertbildung und Verarbeitung,
- Alarmbearbeitung über Alarmliste.

Um nun die Parametrisierung vornehmen zu können, muss man den Aufbau der EIB-TAB (Parametrisiersoftware) verstanden haben. Bild 6.58 zeigt die prinzipielle Vorgehensweise. Nachdem die EIBTAB gestartet wurde, wird ein neues Projekt angelegt und ein MT701 Fenster geöffnet. Anschließend können dann die Gruppenadressen eingegeben werden, die auch im EIB-Projekt verwendet wurden. Hier muss natürlich auf den EIS-Typ geachtet werden. Wenn nun alle Gruppenadressen angelegt sind, kann im nächsten Schritt die Gerätefunktion festgelegt werden (Bild 6.60). Diese Gerätefunktion ist mit den Objekten von EIB-Geräten gleichzusetzen. Dies bedeutet, dass die vielfältigen Möglichkeiten der Anzeigeeinheit auch einen gewissen Parametrisieraufwand vom Ersteller der Anlage abverlangen. Dies sollte bei der Angebotserstellung nicht vergessen werden! Je nach EIS-Typ müssen auch mehrere Objekte angelegt werden. Bild 6.61 zeigt einen Dimmer mit 3 Objekten (EIS 1; EIS 2 und EIS 6) mir denen Ein/Aus, Dimmen und Wertsetzen realisiert werden kann. Als weiterer Schritt beginnt nun die Zuweisung zu den einzelnen Tasten (siehe Bild 6.62). Noch mal zur Vertiefung. Am Display stehen auf jeder Seite 8 Zeilen für Funktionen zur Verfügung. Je nachdem, welche Zeile / Funktion angewählt wurde, können die Tasten anders belegt werden (siehe auch Bild 6.57). Aus diesem Grund muss die Hauptzeile mit den entsprechenden Unterzeilen richtig eingegeben und verknüpft werden. Bild 6.63 zeigt diese Einstellung. Um das Gesamtkonzept noch zu verdeutlichen zeigt Bild 6.64 eine Übersicht über eine komplett erstellte Seite. Man kann deutlich die einzelnen Zeilen erkennen, die einer Schaltfunktion zuzuordnen sind. In diesem Beispiel steht der Cursor auf «Arbeitsplatzbeleuchtung» hinter der Schaltfunktion ist der Status zu erkennen, hier «EIN». Wenn man nun zu dieser Schaltfunktion die 4 möglichen Tasten betrachtet, erkennt man die notwendigen Funktionen zu dieser Schaltfunktion «EIN/AUS». Des Weiteren muss in der Praxis auch die Möglichkeit bestehen, auf weitere Seiten des Displays zuzugreifen, was hier geschehen ist (nächste Seite / zu Startmenü). Wenn nun der Cursor auf eine andere Schaltfunktion gesetzt wird, ändern sich folglich die Zuweisungen auf den 4 Tasten nach Bedarf. Mit dem MT701 wurde eine Anzeigeeinheit geschaffen, die im Prinzip einer Visualisierung nahe kommt. Man sollte aber nicht den Zeitaufwand unterschätzen, bis ein solches Gerät entsprechend den Kundenwünschen funktioniert.

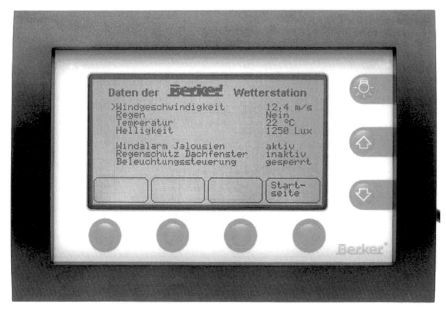

Bild 6.57   Minitableau MT 701 (Quelle: Fa. Berker)

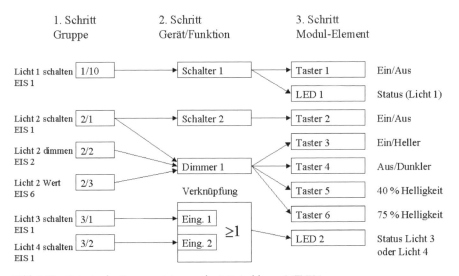

Bild 6.58   Prinzip der Parametrisierung des Minitableaus MT 701

238

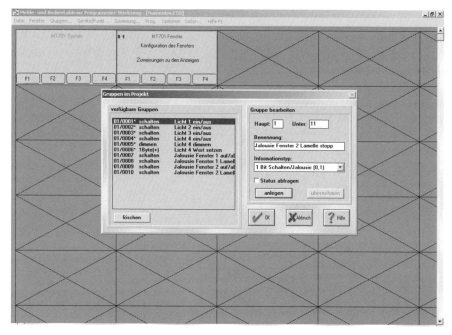

Bild 6.59  Eröffnungsbild (mit Gruppenfenster) der Programmierhilfe

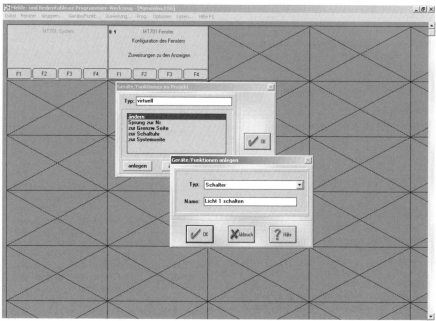

Bild 6.60  Anlegen der Gerätefunktionen in der Programmierhilfe

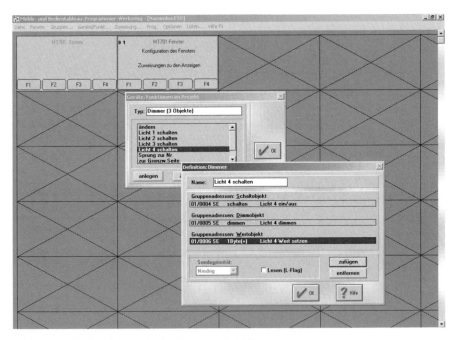

Bild 6.61  Objektdefinition in der Programmierhilfe

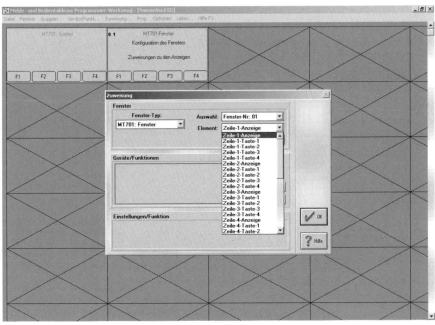

Bild 6.62  Textzuweisung der einzelnen Zeilen

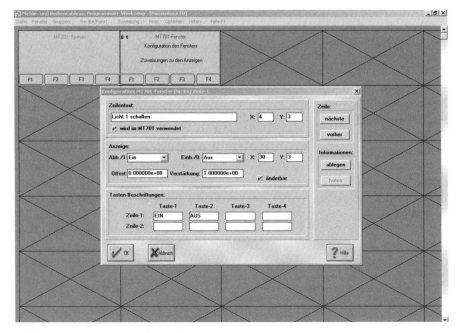

Bild 6.63   Textzuweisung der einzelnen Tasten

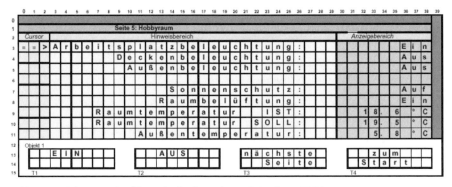

Bild 6.64   Schematische Übersicht der kompletten Seite des MT 701

241

## 6.36 Minitableau MT701: neue Ausführung

Das Melde- und Bedientableau MT701, das von verschiedenen Herstellern angeboten wird, ist zum

- Anzeigen und Visualisieren von Schaltzuständen, Status- und Störmeldungen auf einem LCD-Tableau,
- zentrales Steuern von EIB-Teilnehmern,
- Einstellen von Lichtszenen und Schaltzeiten,
- Abgeben von visuellen und akustischen Warnmeldungen,
- Anzeigen von Messwerten und Einstellen von Grenzwerten zur Messwertüberwachung sowie
- Ausführen von Zeitgliedern, logischen Verknüpfungen und multiplexer Funktionen

geeignet.

Die technischen Daten entsprechen im Wesentlichen dem Vorgängertyp. Als wesentliche Neuerung wäre die Programmierung des Infodisplays zu nennen. In dieser Variante hat man eine sehr komfortable Oberfläche zum Einstellen der Optionen. Nachdem das Parameterfenster des Teilnehmers aufgerufen wurde, erscheint am Bildschirm ein zweigeteiltes Fenster. Auf der einen Seite lassen sich alle Eingaben tätigen, die mit dem Infodisplay zu tun haben, auf der anderen Seite erscheint das Display in einer Art «Demo», auf der alle Eingaben direkt sichtbar sind. Bild 6.65 zeigt diesen Ausschnitt.

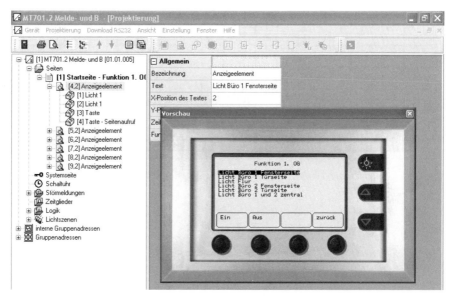

Bild 6.65  Oberfläche zum Einstellen der Optionen

# 7 Inbetriebnahme und Fehlersuche (Einführung)

Die Inbetriebnahme, vor allem das Austesten der Anlage, ist wohl der Teil, der am meisten Sorgfalt benötigt. Nachdem die Anlage mit dem Kunden besprochen (Pflichtenheft der Funktionen) und am Rechner projektiert wurde, beginnt die Inbetriebnahme. Zunächst sollten die Eckpunkte der Installation protokolliert werden. Dazu gehört im Einzelnen:

- Dokumentation der Leitungswege und -längen,
- Dokumentation der verlegten Leitungstypen,
- Isolationsmessung der Busleitung (ohne Busteilnehmer!),
- Spannungsmessungen (Wert und Polarität).

Anschließend werden die Geräte mit dem EIB verbunden und die physikalische Adresse wird eingespielt. Dies kann natürlich auch vorab in der Werkstatt geschehen, wobei hier ganz besonders auf die Beschriftung und den richtigen Einbau der Geräte zu achten wäre. Eine einfache Kontrolle kann bereits beim Einbau durchgeführt werden, in dem man die Lerntaste (Programmiertaste) kurz betätigt und jetzt die im Busankoppler eingebaute Leuchtdiode kurz aufleuchten. Durch nochmaliges drücken der Lerntaste kann die Leuchtdiode wieder abgeschaltet werden. Mit dieser kurzen Überprüfung steht fest, dass der Busankoppler mit richtiger Polarität mit der Spannungsquelle verbunden ist.

## 7.1 Überspielen der Applikationen

Zunächst wird der Rechner mit dem Bus verbunden. Dies geschieht durch eine Verbindung zwischen der RS232 / USB vom EIB und der Schnittstelle (RS232/PCM/CAI/USB) des PCs. Hier sind folgende Fehler möglich:

- Die Leitung hat eine Unterbrechung oder eine falsche Belegung.
- Die Leitung steckt auf der falschen Com (Com1 statt Com2 oder umgekehrt).
- Die Parameter der Schnittstelle wurden verstellt (9600 Bit/s).
- Die Busleitung wurde ohne Drossel an die Spannungsversorgung angeschlossen. Bei den 640-mA-Netzteilen stehen 2 Spannungsausgänge zur Verfügung. Einer mit Drossel, der andere Ausgang ist ohne Drossel und damit der Glättungskondensator als Lastwiderstand $X_c$ zum Signal zu sehen.

❏ Es sollte auch auf die richtige Gruppenadresse der Schnittstelle geachtet werden, insbesondere wenn über den Linienkoppler hinweg programmiert werden soll.

Nachdem der Rechner mit dem Bus verbunden wurde, kann mit dem Überspielen der Daten in die EEPROMs begonnen werden. Wenn die physikalische Adresse noch nicht vergeben ist, muss man, nachdem die ETS gestartet wurde (s. Kapitel 5), an jedem Teilnehmer die Lerntaste betätigen. Wurde dies schon in der Werkstatt vorgenommen, könnten nun die Daten (Applikationen) gleich überspielt werden.

**Möglicher Fehler:**

❏ Die ausgewählte Applikation eines Herstellers soll in den Busankoppler eines anderen Herstellers geladen werden. Dies ist nicht möglich, da in jedem Busankoppler eine Herstellerkennung vorhanden ist, die verhindert, dass eine Softwareapplikation eines anderen Herstellers eingespielt werden kann.

Wenn sich ein Linienkoppler in der Anlage befindet, muss man darauf achten, dass der Linienkoppler mit beiden Seiten verbunden ist (zum Beispiel Linie 1 und Hauptlinie) und beide Linien Spannung haben, sonst kann beim Programmieren der Filtertabellen der Koppler nach der halben Programmierung eine Fehlermeldung erzeugen.

## 7.2 Testen der Applikationen

Dies hört sich sehr einfach an, aber auch hier muss man sehr konzentriert vorgehen, um Fehler, die vom Programmierer begangen wurden, rechtzeitig zu finden. Wenn die Programmierung einen Fehler aufweist, wird irgendwann, vielleicht erst nach Wochen, die Tastenkombination vollzogen, die den Fehler sichtbar macht. Dazu ist auch darauf hinzuweisen, die Inbetriebnahme nicht zu «billig» zu machen. Wenn Funktionen vollständig ausgetestet werden, braucht das eben seine Zeit! Hier einige generelle Anregungen, die besonders beachtenswert sind.

### 7.2.1 Jalousien-Aktor

Wurde dem Kunden die Bedienung von Hand erklärt? Sind die Laufzeiten der Jalousien genau ermittelt worden (jede einzeln)? Sind die Reversierzeiten laut Herstellerangaben eingestellt (Erfahrungswert: nicht kleiner als 400 ms)?

### 7.2.2 Windwächter

Sinnvoll ist es, wenn man eine Jalousie programmiert, auch die Windalarm-Funktion einzusetzen. Da diese Funktion meist zyklisch sendet (Zykluszeit mehrere Stunden oder Tage) könnte hier ein Fehler in der Zykluszuweisung bei der Inbetriebnahme nicht erkannt werden. Folge wäre: Am nächsten Tag fahren die Jalousien in eine sichere Position und lassen sich nicht mehr bewegen. Oder, was geschieht im Falle eines Windalarmes? Fahren wirklich alle Motoren in eine sichere Position. Gilt dies auch für die Dachluken? Wurden die in der ETS eingestellten Werte der Windgeschwindigkeit mit den Angaben der Hersteller verglichen? Stimmen diese überein? Ist der Windwächter an der richtigen Stelle montiert (Windschatten)? Kann der Windwächter durch Frost in seiner Funktionsweise beeinflusst werden? Muss eine Heizung einbaut werden?

Weiterhin kann es sehr schwierig sein die verschiedenen Alarme, die unter Umständen verschieden wirken, auszutesten. Hierbei empfiehlt es sich, die Windgeschwindigkeiten, Temperaturen, Regen usw. mit dem PC zu simulieren (Menüleiste «Diagnose» / Befehl «Gruppentelegramme»). Entsprechende Kenntnis der EIS-Typen (s. Abschnitt 2.8) vorausgesetzt. Ein vorher handschriftliches Diagramm über die Wirkungsweise der Alarme ist hier sehr hilfreich!

### 7.2.3 Lichtregelungen

Was geschieht, wenn die Lichtregelung außenlichtgeführt ist, in den Räumen, in denen das Licht ausgeschaltet ist, wenn die Außenlichtregelung *alle* Lampen auf z.B. 30 % der Helligkeit einstellt? Diese Lampen sollen doch wohl nicht eingeschaltet werden? Was geschieht in einem Büro, in dem eine Konstantlichtregelung eingebaut ist, wenn in der Nacht der Raum dunkel ist? Schaltet die Regelung das Licht ein? Wenn eine Sollwertverschiebung für die Lichtregelung programmiert wurde, wie kann zurück auf den parametrisierten Wert geschaltet werden (z.B. 500 lx)? Kann die Regelung ins Schwingen geraten? Wurde über den Busmonitor der ETS 3 die Telegrammbelastung auf dem Bus ermittelt, und wie hoch ist diese? Wenn die Lichtregelung über einen Präsenzmelder geführt wurde, stimmt der Erfassungsbereich?

### 7.2.4 Lichtschaltung im Flur

Meist werden für Flure Verknüpfungen programmiert. Was geschieht nun, wenn durch Busspannungsausfall der Objektwert der Verknüpfung verlorengeht? Wurden Aktoren gewählt, bei denen sich der Objektwert beim Hochlaufen einstellen lässt? Wurden Aktoren gewählt, bei denen man einstellen kann, was sie bei einem Ausfall der Busspannung schalten? Tritt dieser Zustand auch wirklich ein? Können Uhren oder Logikbausteine ihre Werte zyklisch senden? Was geschieht, wenn das Prioritätsobjekt zurückgenommen wird? Was passiert bei Busspannungsausfall? Schalten dann alle Lampen im Flur ein? Wenn eine Visualisierung eingebaut werden soll, stimmt die Reihenfolge der Gruppenadressen (Zentralfunktion **niemals** die 1. Adresse). Wurden Rückmeldeobjekte verwendet? Wenn ja, sind alle Rückmeldeobjekte mit einer Gruppenadresse verbunden?

### 7.2.5 Taster

Wurden Wippen, die nicht benötigt werden, gesperrt oder u.U. mit einer Dummy-Adresse belegt (bei manchen Fabrikaten kann das Drücken eines Tasters, auf dem keine Gruppenadresse definiert wurde, zum «Absturz» desselben führen)? Wenn ein Dimmer ausgewählt wurde, bedeutet dies, dass alle Wippen als Dimmer eingestellt sind. Wird nun eine Wippe als Schalter benötigt, muss diese auch so parametrisiert werden, da sonst z.B. auf einen langen Tastendruck keine Funktion ausgelöst wird. Wenn bei Tastern die «UM»-Funktion belegt wurde und ein weiteres Steuerelement, z.B. eine Uhr, Verwendung findet, muss der Objektwert aktualisiert werden, da sonst je nach Stand des Objektwertes keine Funktionsänderung beim Tastendruck geschieht.

### 7.2.6 Taster mit Display

Beim Programmieren muss das Endgerät aufgesetzt sein. Die Objektnummern in der ETS müssen mit den Nummern der Objektnummern der Displaysoftware übereinstimmen! Das Gleiche gilt für die EIS-Typen.

### 7.2.7 Heizungsanlage

Ist die Nachtabsenkung funktionsfähig? Arbeiten die Fensterkontakte wie gewollt? Hier ein kleiner Tipp: Bei fast allen Herstellern von Reglern kann der aktuelle Zustand ausgelesen werden. Hier kann eine Adresse vergeben werden, die über die ETS zurückgelesen wird. Anschließend muss der zurückgelesene Wert in die einzelnen Bits zerlegt werden. Nun kann durch Abzählen der momentane Zustand des Reglers bestimmt werden. Die Bedeutung einzelner Bits muss aus den Herstellerdatenblättern entnommen werden.

Hier kann nur ein Abriss der Möglichkeiten gegeben werden, die beim Austesten der gewählten Applikationen Anwendung finden. Sicher werden auch nicht alle Möglichkeiten in einer komplexen Anlage erkannt. Man sieht aber, dass ein Austesten der geplanten und programmierten Anlage notwendig ist und hierfür auch eine entsprechende Zeit einkalkuliert werden muss!

## 7.3 Fehlersuche

Zunächst muss man sich einen genauen Überblick von nicht funktionsfähigen Schaltungen verschaffen. Eine kleine Skizze ist unter Zuhilfenahme der Gruppenadressen zweckmäßig. Der 2. Schritt ist die Unterteilung zwischen Sender (Sensor) und Empfänger (Aktor). Die Frage stellt sich: Sendet der Sensor das richtige Telegramm? Dazu gibt es nur die Möglichkeit, das Telegramm aufzuzeichnen. Danach kann es analysiert werden. Die ETS zeigt alle wichtigen Daten des Telegrammes im Klartext, ein lästiges Auszählen der einzelen Bits entfällt. Bevor man mit der Telegrammaufzeichnung beginnt, muss man sich die Reihenfolge der z.B. am Taster gedrückten Tasten notieren oder merken:

- Wippe 1 oben,
- Wippe 1 unten,
- Wippe 2 oben,
- Wippe 2 unten,
- Wippe 3 oben,
- Fensterkontakt öffnen,
- Fensterkontakt schließen,
- Wippe 3 unten,
- Wippe 1 oben,
- Ende der Aufzeichnung.

Wenn die Reihenfolge der gedrückten Objekte bekannt ist, ist die Analyse etwas einfacher. Nun kann bei den 1-Bit-Objekten direkt in der Telegrammanalyse abgelesen werden, ob ein *Ein-* oder *Aus-*Telegramm gesendet wurde. Die Telegrammanalyse ist in Abschnitt 2.3 beschrieben. Oft werden Fehler in der Parametereinstellung begangen, so z.B. «*drücken oben ein*» und «*drücken unten ein*». In einem solchen Fall kann über die Telegrammanalyse der Fehler sehr schnell eingegrenzt werden.

Ein weiterer Fehler, der sehr schnell bei der Telegrammanalyse auffällt, wäre, wenn das Telegramm mehrfach (3-mal) wiederholt wird. Dann ist klar, dass der Sender (Sensor) einwandfrei arbeitet, aber der Aktor diese Telegramme nicht bestätigt (vielleicht wurde die Gruppenadresse im Aktor vergessen oder falsch zugewiesen). Wenn kein «acknowledge (ACK)» gesendet wird, muss das Telegramm wiederholt werden. Bei der Teilnehmeradresse für das ACK steht bei der Telegrammaufzeichnung die Adresse des Senders (Sensors)!

Eine weitere Möglichkeit, die das Arbeiten des Sensors beeinflusst, sind die Flags (s. auch Abschnitt 2.7). Wenn an einem Sensor das «Übertragen-Flag» zurückgenommen wurde, kann dieser Teilnehmer seinen Objektwert nicht auf den Bus senden. Wurde sogar das Kommunikations-Flag ausgeschaltet, ist die Kommunikation zum Bus gänzlich unterbrochen.

Ein Fehler, der so einfach nicht zu erkennen ist, wäre, wenn die Applikation und der Busankoppler zwar identisch sind (Hersteller), der Busankoppler, der hardwaremäßig als 2fach-Taster vorhanden ist, aber softwaremäßig als 4fach-Taster programmiert wurde. Vielleicht wurde auch nur die Wippe mit der eines anderen Tasters (gleichen Fabrikates?) vertauscht. In diesem Fall wird von der BCU (Busankoppler) der Fehler erkannt, und das Gerät geht in «Störung». In diesem Fall kann der Teilnehmer über die Diagnosesoftware ausgelesen werden. Bei der Geräteinformation wird dieser Fehler unter dem Adaptertyp angezeigt.

Wenn nun der Fehler vom Sensor (Sender) ausgeschlossen ist, kann er meist nur im Aktor (Empfänger) zu suchen sein. Hier gelten vom Prinzip die gleichen Möglichkeiten. Auch hier wäre zunächst zu überprüfen:

❏ Sind alle Flags richtig gesetzt? Beim Aktor muss mindestens das Kommunikations-Flag und das Schreiben-Flag gesetzt sein.
❏ Sind der physikalische Typ und der projektierte Typ gleich? Manchmal wurde die physikalische Adresse vertauscht und immer wieder die falsche Applikation in den Aktor geladen. Die ETS bietet hier Möglichkeiten die physikalische Adresse zu überprüfen. Dies kann durch Drücken der Programmiertaste oder durch Einschalten der Leuchtdiode (per Software) geschehen.
❏ Auch sollten Fehler in der 230-/400-V-Installation bzw. defekte Leuchtmittel nicht außer Acht gelassen werden.
❏ Sehr schwer zu finden sind Fehler, die in der falschen Zuweisung der Bestellnummern liegen, d.h., wenn ein Gerät (z.B. ein 4fach-Aktor) im Projektierungsteil der Software über den Produktsucher geladen wird, kommt eine Auswahl von z.B. 3 Geräten, die sich sehr ähnlich sind. In der Software wurde ein 4fach-Aktor mit der Bestellnummer 123... gewählt, tatsächlich aber ein 4fach-Aktor mit der Bestellnummer 456... eingebaut. Nun kann es passieren, dass, obwohl alles richtig eingestellt und die Applikation ohne Fehlermeldung in den Teilnehmer geladen wurde, keine Funktion vorhanden ist. Ein sehr schwierig zu entdeckender Fehler. Das Senden einer Gruppenadresse vom PC ist mit der ETS kein Problem. Auf diese Art lassen sich auch Verknüpfungen vom PC aus setzen und wieder rücksetzen, falls dies erforderlich wird.

## 7.4  Linienkoppler

Fehlersuche mit und an Linienkopplern erfordern etwas Erfahrung mit dem EIB. An dieser Stelle wird auch darauf verzichtet die einzelnen Bits abzuzählen, um festzustellen ob, und wenn ja, welche Gruppenadresse sich im Koppler befindet. Eine einfache Diagnose besteht darin, die Senderichtung des Kopplers zu beeinflussen. Es stehen hier folgende Möglichkeiten zur Verfügung:

❏ Telegramme von der Linie zur Hauptlinie weiterleiten oder sperren,
❏ Telegramme von der Hauptlinie zur Linie weiterleiten oder sperren,
❏ alle Telegramme durchlassen.

Dies bedeutet: Die Filtertabelle wird nicht geprüft. Sollte der Fehler damit behoben sein, wurde wahrscheinlich vergessen, nach einer linienübergreifenden Änderung die Filtertabellen vom Rechner in den Linienkoppler neu einzuspielen.

In älteren Linienkopplern befindet sich eine Batterie mit einer Lebensdauer von mehr als 10 Jahren. Auch hier sind Fehler nicht auszuschließen, vor allem dann, wenn der Koppler vom Netz (EIB) getrennt war. Die Folge könnten Fehler in der Filtertabelle sein.

Auch ein Ausfall der Spannungsquelle (in Linie 0 oder Hauptlinie) würde es den Kopplern untereinander unmöglich machen, eine Kommunikation aufzubauen.

# 8 Visualisierung

Die Visualisierung beim EIB ist die grafische Darstellung eines Schaltvorgangs am Monitor. Für den EIB ist dies die optimale Ergänzung des Systems, da jeder Befehl (Telegramm) an jedem Ort (Topologie EIB) verfügbar ist. Damit wird der Hausmeister oder der Pförtner mit nur 2 Drähten mit dem EIB verbunden. Wenn es notwendig ist von einer anderen Stelle im System zu visualisieren, kann dies dann sehr einfach umgebaut werden. Auch mehrere Visualisierungen an verschiedenen Stellen sind denkbar. Eine Visualisierung ist natürlich auch viel dynamischer als ein Tableau. Vor allem Änderungen sind hier ohne großen Aufwand zu programmieren.

Die meisten Visualisierungen begnügen sich mit einem *handelsüblichen* Industrie-PC, wobei es Hersteller gibt, die für eine Visualisierung eine Zusatzkarte in den PC einbauen. Beim Bildschirmformat sind letztendlich von 15″ bis 21″ alle Möglichkeiten annehmbar. Mit einer Schnittstelle zum Bus ist die Hardware bereits vollständig.

## 8.1 Kosten

Die Kosten eines PCs sind je nach Qualität unterschiedlich und unterliegen persönlichen Anforderungen. Für die entsprechende Software gibt es mehrere Anbieter, auszugsweise und stellvertretend werden hier genannt:

WinSwitch Visualisierung
Fa. ASTON
46049 Oberhausen
Ruhrorterstr. 9

tebis Visualisierung
Fa. Hager
66440 Blieskastel
Zum Gunterstal

Siemens Visualisierung
Fa. Siemens
91050 Erlangen

B-CON/ICON AG
Binger Str. 14–16
55112 Mainz

Elvis-Visualisierung
IT-GmbH
90562 Kalchreuth
An der Kaufleite 12

Je nach Anbieter kann ein Programm von einer kostengünstigen Demoversion (teilweise Onlinefähigkeit) bis zur Vollversion erworben werden. Ein Preisvergleich ist hier nur sehr schwer möglich, da die im Preis gestaffelten Versionen unterschiedlichen Leistungsumfang haben. Für kleinere Projekte kann man mit ca. 500 € schon eine Vollversion bekommen. Wobei hier noch die Arbeit des Erstellers mit einfließen muss! Mit ein wenig Übung und entsprechenden schon vorhandenen Grafikprogrammen kann man pro Tag durchaus mehrere Bildseiten erstellen und in Betrieb setzen. Jeder muss natürlich hier selbst kalkulieren!

Bei allen Visualisierungen können sehr viele Bilder hinterlegt werden. Dies bedeutet: Wenn der Hausmeister an die Visualisierung geht, um Änderungen vorzunehmen, kann z.B. das Gebäude abgebildet sein. Per Mausklick kann die entsprechende Etage oder der Raum aufgerufen werden. Von jedem dieser aufgerufenen Bilder können nun per Mausklick Lichter ein- und ausgeschaltet oder Temperaturen abgefragt werden. Die Bilder können jederzeit geändert oder ergänzt werden. Von jedem Bild muss es natürlich auch die Möglichkeit geben, wieder zurück, oder in ein anderes Bild zu springen. Auch können ganze Betriebsanleitungen, Videos, Klangdateien und vieles mehr eingebunden werden. Wenn man die Möglichkeiten sieht, die eine Visualisierung gegenüber einem Tableau bietet, ist der Preis besonders niedrig.

## 8.2  Gruppenadressen auswählen

Wenn eine Visualisierung zum Einsatz kommt, handelt es sich meist um größere Anlagen mit mehreren Linien. Dabei muss bereits bei der Programmierung darauf geachtet werden, dass die benötigten Gruppenadressen an den Stellen, an denen eine Visualisierung mit dem Bus gekoppelt wird, auch die entsprechenden Gruppenadressen zur Verfügung stehen. Man denke auch daran, was passiert, wenn der Visualisierungs-PC an einen anderen Ort der Anlage gestellt wird. Es bieten sich verschiedene Lösungsansätze:

**1. Lösung**
Alle Linienkoppler in der Anlage werden auf Weiterleiten gestellt. Dies hat zur Folge, dass alle Telegramme überall auflaufen. Die Telegramme werden u.U. dann kein

«acknowledge» erhalten und wiederholt werden. In kleineren Anlagen wäre diese Praxis denkbar, aber sicher nicht die feinste der Lösungen.

**2. Lösung**
Bei der Vergabe der Gruppenadressen werden nur die Gruppen 14 und 15 vergeben. Damit kann am Linienkoppler auf *«Filtertabellen prüfen»* geschaltet werden, und die Telegramme mit den Gruppenadressen 14 und 15 werden sozusagen am Koppler vorbeigeleitet.

**3. Lösung**
Beim Projektieren mit der ETS 3 werden beim Erzeugen der Gruppenadressen entsprechende Parameter vergeben. Bild 8.1 zeigt diese Einstellungsfenster. Wobei folgende Einstellungen wichtig sind:

❏ *Nicht filtern*
   Dies bedeutet: Diese Gruppenadresse wird in sämtlichen Filtertabellen aufgenommen und steht im ganzen System zur Verfügung.
❏ *«Zentralfunktion»*
   Wird hier eine Eintragung vorgenommen, wird diese Gruppenadresse beim Kopieren nicht geschoben, also nicht verändert. Es wäre auch wenig sinnvoll, Gruppenadressen von Zentralfunktionen in jeder Etage zu ändern.

Mit diesen Möglichkeiten wurde die Voraussetzung geschaffen, die Anlage bereits in der Planungs- und Projektierungsphase auf eine spätere Visualisierung vorzubereiten.

Bild 8.1
Fenster zur Bearbeitung der Gruppenadressen zwecks Eintragung in alle Filtertabellen

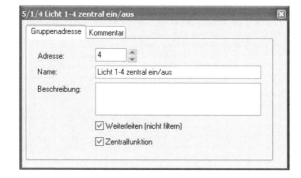

## 8.3 Aufbau der Kundenanlage und Erstellung eines Pflichtenheftes

Bevor man mit der Erstellung einer Visualisierung beginnt, ist es sinnvoll, Notizen zur Anlage zu machen und mit dem Kunden folgende Fragen abzusprechen:

- Wie viele Bilder will der Kunde haben?
- Sollen die Bilder mit entsprechenden Grundrissen versehen sein?
- Stehen solche Grundrisse bereits auf Datenträgern zur Verfügung, oder müssen diese aufwendig erstellt werden?
- Wenn diese Daten auf Datenträger zur Verfügung stehen, kann die gewählte Visualisierung diese Datenformate bearbeiten?
- Sollen Fotoaufnahmen gescannt werden?
- Können Luftbildaufnahmen für die Startmaske Verwendung finden?
- Soll ein Passwortschutz vergeben werden?
- Gibt es verschiedene Benutzerstufen?
- Welche Funktionen sollen auf die Visualisierung gelegt werden?

Wenn diese und weitere Fragen geklärt sind, kann mit der eigentlichen Arbeit begonnen werden.

Welche Visualisierung zum Einsatz kommt, muss im Einzelfall vom Ersteller entschieden werden, und die Vorteile der einzelnen Systeme müssen untereinander verglichen werden. Die folgenden Beschreibungen beziehen sich auf die im Einzelfall erforderliche Funktion und lassen keine Wertung der einzelnen Produkte zu!

Zunächst sollte eine Reihenfolge der Bilder mit den entsprechenden Sprungmarken festgelegt werden. Dies kann wie folgt aussehen: Bild 8.2 zeigt an einem kleinen Beispiel die verschiedenen Sprungmarken der einzelnen Bilder. Hier ist auch deutlich zu sehen, von welchem Bild man in welchen Bereich weiterkommt.

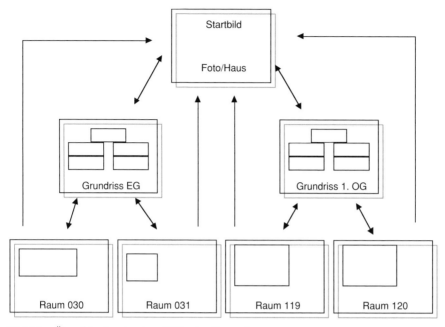

Bild 8.2   Übersicht der einzelnen Bilder im Gesamtkonzept

## 8.4   Startbild anlegen

Damit sich der spätere Nutzer der Anlage in der Visualisierung zurechtfindet, sind folgende Grundregeln wichtig:

1. Auf jeder Seite der Visualisierung muss ein Hinweis sein, für welchen Anlagenteil das Bild gilt.
2. Diese Information ist sinnvollerweise bei jedem Bild an derselben Stelle anzubringen.
3. Von jedem Bild aus in das vorherige springen zu können, ist von Vorteil. Deshalb ist es günstig, wenn man die Schaltfläche ebenfalls immer an derselben Stelle des Bildes findet.
4. Für alle Fälle muss in jedem Bild ein Sprungbefehl zum Hauptmenü vorhanden sein.
5. Im Hauptmenü ist ein Sprungschema der einzelnen Bilder anzulegen.

Für das Startbild ist ein besonderer Aufwand angebracht, da das Bild die Visualisierung anführt und von jedem Betrachter, der damit arbeitet, wahrgenommen wird. Ein gescanntes Foto oder Firmenlogo kann hier als Blickfang dienen.

Im Folgenden soll nun an 2 Beispielen auszugsweise der Aufbau einer Visualisierung beschrieben werden. Als Beispiele sollen hier die Visualisierungen Elvis von der IT-GmbH und WinSwitch der Fa. Aston dienen. Die getroffene Auswahl stellt keine Wertigkeit dar!

## 8.5 Visualisierung Elvis

Bei Elvis sind alle wichtigen Standards von modernen Microsoft®-Betriebssystemen angewendet bzw. berücksichtigt (OLE®, OPC®, COM/DCOM, ActiveX®, Stile Guide) worden.

Das Elvis-Visualisierungsprogramm besteht aus verschiedenen Modulen:

**Projektierungsteil**
In dem das Projekt durch den Planer oder Installateur erstellt wird. Hier werden die Grundrisse eingebettet, die Datenpunkte angelegt sowie Verknüpfungen oder Zeitprogramme usw. hinterlegt.

**Elvis-Prozessserver**
Er enthält ein Prozessabbild (die aktuellen Werte des Prozesses), damit jederzeit die Bedien-Module über den aktuellen Anlagenzustand informiert sind. Darüber hinaus kann das Zentralmodul die Daten des Prozesses in Berechnungen weiterverarbeiten, Zeitprogramme ausführen, Aufzeichnungen erstellen und Meldungen absetzen.

**Elvis-Bedienstation**
Die Elvis-Bedienstation ist die grafische Bedienoberfläche zur Anzeige und Veränderung des Anlagenzustands. Die Anzahl der Elvis-Bedienstationen, die gleichzeitig gestartet werden können, wird nur durch die Lizenz begrenzt.

Es sollen nun die einzelnen Schritte besprochen werden, um eine kleine Visualisierung komplett zu erzeugen und zu testen. Natürlich kann an dieser Stelle nicht der komplette Funktionsumfang des Programmes wiedergegeben werden, sondern nur ein exemplarische Beispiel der Vorgehensweise. Im Beispiel Projekt sollen mehrere Lampen einzeln und zentral geschaltet, eine Leuchte gedimmt sowie eine Jalousie gefahren werden. Bei Elvis-Projekten ist es üblich, die Daten aus einer vorhanden Projektierung der ETS zu übernehmen. Gruppenadressen müssen also nicht erzeugt, sondern können über eine *.csv-Datei importiert werden.

### 8.5.1 *.csv-Datei erzeugen

Nachdem in der ETS das Projekt erstellt wurde und die Inbetriebnahme erfolgreich war, kann in der ETS eine *csv-Datei erzeugt werden, die dann exportiert wird. Der Befehl hierzu heißt: «Export nach Elvis» und ist erst dann verfügbar, wenn die Elvis-

Software am Rechner installiert ist. Bild 8.3a zeigt das Dialogfenster und Bild 8.3b zeigt den Inhalt einer solchen Datei.

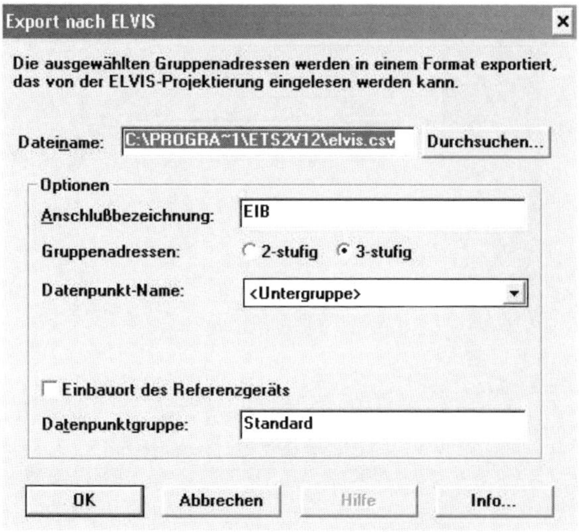


Bild 8.3a
Exportfenster Elvis

```
Name;Typ;Anschluß;Adresse;Text;DP-Gruppe;Ort
"Licht 1 ein/aus";"EIB Schalter";EIB;"01/1/001";"";Standard;"Schlafzimmer"
"Licht 2 ein/aus";"EIB Schalter";EIB;"01/1/002";"";Standard;"Schlafzimmer"
"Licht 3 ein/aus";"EIB Schalter";EIB;"01/1/003";"";Standard;"Schlafzimmer"
"Licht 4 ein/aus";"EIB Schalter";EIB;"01/1/004";"";Standard;"Schlafzimmer"
"Licht 5 ein/aus";"EIB Schalter";EIB;"01/1/005";"";Standard;"Schlafzimmer"
"Licht 5 dimmen";"EIB Dimmer";EIB;"01/1/006";"";Standard;"Schlafzimmer"
"Licht 5 Wert setzen";"EIB Stellung";EIB;"01/1/007";"";Standard;"Schlafzimmer"
"Jalousie 1 auf/ab";"EIB Schalter";EIB;"01/2/001";"";Standard;"Schlafzimmer"
"Jalousie 1 Lamelle/stopp";"EIB Schalter";EIB;"01/2/002";"";Standard;"Schlafzimmer"
"Jalousie 2 auf/ab";"EIB Schalter";EIB;"01/2/003";"";Standard;"Schlafzimmer"
"Jalousie 2 Lamelle/stopp";"EIB Schalter";EIB;"01/2/004";"";Standard;"Schlafzimmer"
"Licht 1 - 5 ein/aus";"EIB Schalter";EIB;"01/3/001";"";Standard;"Schlafzimmer"
"Jalousie 1 + 2 auf/ab";"EIB Schalter";EIB;"01/3/002";"";Standard;
```

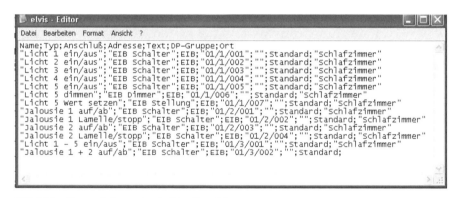

Bild 8.3b Exportinformation in Textübersicht

### 8.5.2 Elvis-Projektierung starten

Beim Aufrufen der Projektierungssoftware erscheint die Startmaske. Mit dem Befehl «NEU» wird ein neues Projekt erzeugt. Bild 8.4 zeigt die Startmaske.

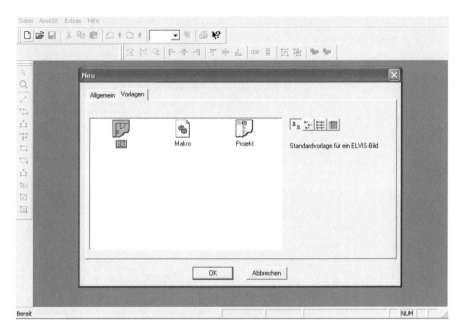

Bild 8.4

Es wird nun ein neues Projekt angelegt. Bild 8.5 zeigt das Datenbankfenster.

Bild 8.5

Nachdem die Datenbank erstellt wurde, erscheint das eigentliche Fenster zur Bearbeitung der Anlage/des Projektes. Im linken Teil des Fensters kann man deutlich die Struktur des Programmes erkennen. Im oberen Bereich Bedienstation/Pictures werden später die Grundrisse und Übersichtsschemen verwaltet und bearbeitet. In der Mappe «Prozessserver» werden die Datenpunkt-Busanschlüsse usw. verwaltet.

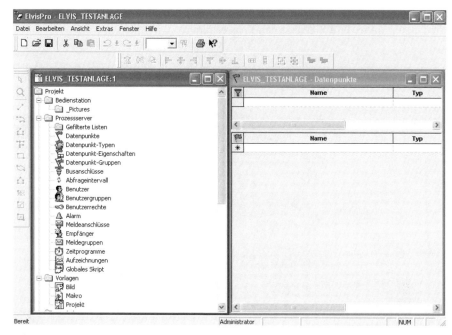

Bild 8.6

### 8.5.3 Datenpunkte importieren

Zunächst sollen die Datenpunkte aus der ETS importiert werden. Dazu wird im Pulldown-Menü «Datei» der Befehl «Import» angewählt. Bild 8.7 zeigt diesen Schritt. Natürlich können Datenpunkte auch von Hand eingegeben oder editiert werden.

Bild 8.7
Fenster: Datenpunkte importieren

259

Wenn nun das Dialogfenster mit OK bestätigt wird, übernimmt das Programm die Datenpunkte. Bild 8.8 zeigt den Fensterinhalt.

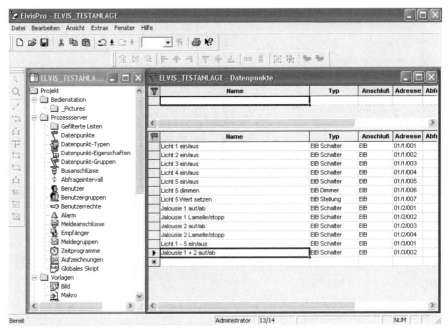

Bild 8.8    Fenster: Datenpunkte

### 8.5.4    Busanschluss prüfen

An dieser Stelle sollte nicht vergessen werden, mit welcher seriellen Schnittstelle später mit dem Bus kommuniziert werden soll; in unserem Beispiel wird dies die Com2 sein! Mit einem Doppelklick linke oder Einfachklick rechte Maustaste «öffnen» kann auf dem Menüpunkt Busanschlüsse das Fenster Busanschlüsse geöffnet werden. Soll nun der Anschluss geändert werden, genügt ein Klick auf das Feld mit dem Busanschluss, und ein weiteres Fenster öffnet sich, in dem die nötigen Einstellungen getätigt werden können. Bild 8.9 zeigt diese Fenster.

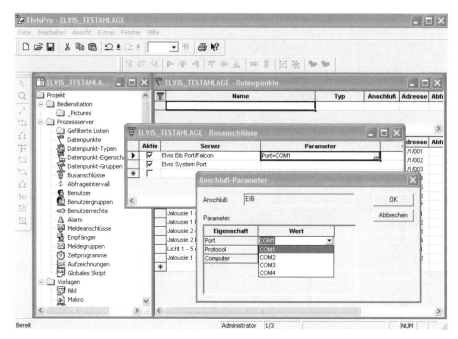

Bild 8.9  Einstellung: Buskommunikation

## 8.5.5 Grundriss anlegen

Hierzu wird die Zeile «Bedienstation» markiert. Anschließend mit der rechten Maustaste ein weiteres Fenster geöffnet, indem man dann mit der linken Maustaste die Zeile «Neues Elvis Dokument» selektiert. Bild 8.10 zeigt diese Fenster.
Nun erscheint das Vorlagefenster, in dem die Vorlage «Bild» markiert wird. Der Vorgang wird mit OK abgeschlossen.

Es erscheint eine Zeile in der der Name des Grundrisses eingegeben werden kann. In unserem Beispiel ist es der Name «Grundriss_Testanlage». Nach einem Doppelklick auf des neue Dokument erscheint ein Fenster in dem der Grundriss dann bearbeitet werden kann. Hier können Grafiken in den üblichen Formaten importiert werden. Hier war dies ein WMF-Format. Auch stehen hier natürlich Werkzeuge zum Erstellen oder Ändern von Grundrissen zur Verfügung. Bild 8.11 zeigt den Grundriss unseres Beispiels.

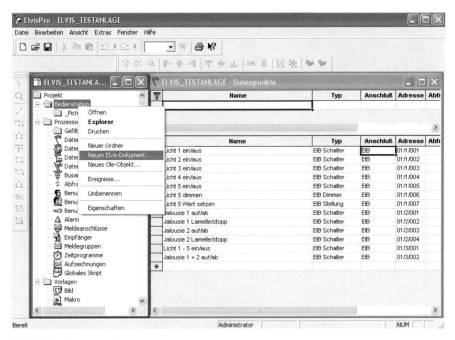

Bild 8.10a  Datenpunkte

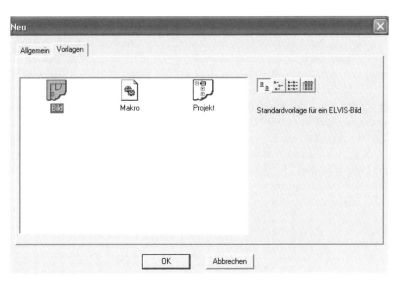

Bild 8.10b  Standardvorlage

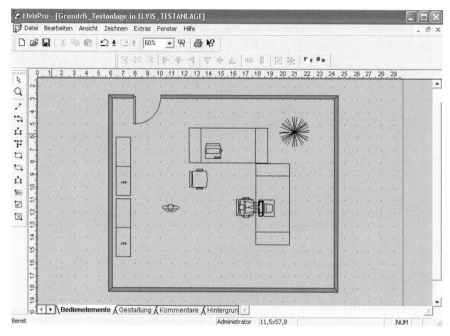

Bild 8.11    Fertiger Grundriss

## 8.5.6    Kontrollelemente erzeugen

Öffnen Sie die Datenpunktliste und das Grundrissbild. Zieht man nun einen Datenpunkt aus der Datenpunktliste, kann man ihn auf das Bild fallen lassen (drag & drop). Hierzu müssen die Datenpunkte selektiert werden (das gelingt indem man sich von unten an den Datenpunkt annähert – der Cursor verändert sich). Mit gedrückter linker Maustaste kann man dann den Datenpunkt auf den Grundriss schieben. Bild 8.12 zeigt die Vorgehensweise.

Nachdem das Kontrollelement platziert wurde, lässt es sich natürlich auch bearbeiten. Dazu muss das Element selektiert werden. Mit der rechten Maustaste kann man anschließend die Eigenschaften des Elementes aufrufen und bearbeiten. Bild 8.13 zeigt dieses Fenster.

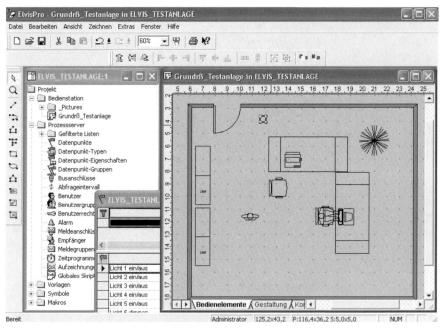

Bild 8.12 Kontrollelement platzieren

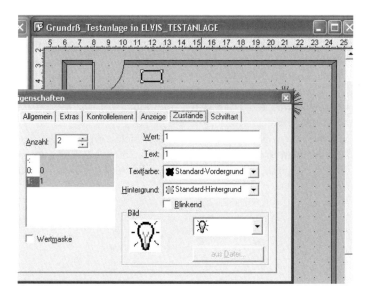

Bild 8.13
Fenster:
Kontrollelement

Nun werden alle notwendigen Datenpunkte bzw. Kontrollelemente auf die gleiche Art und Weise in den Raum gezogen und bearbeitet. Es stehen natürlich ein ganze Reihe von Kontrollelementen zur Verfügung. Dies sind im Einzelnen:

❑ Schalter,
❑ Analogeingaben,
❑ Statusanzeigen,
❑ Analoginstrumente,
❑ Digitalinstrumente,
❑ x/t-Schreiber,
❑ Textelemente,
❑ Videobildanzeigen,
❑ Zeitprogramme.

Wenn nun der Grundriss mit den Kontrollelementen und Texten soweit versehen ist, kann unser Grundriss wie folgt aussehen:

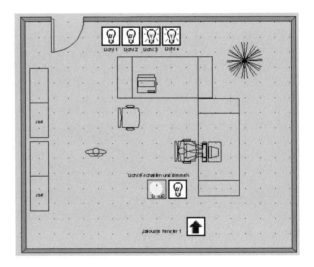

Bild 8.14
Kontrollelement im Grundriss platziert

### 8.5.7 Prozessserver starten

Als weiterer Schritt soll nun die Anlage und die Visualisierung einem ersten Testlauf unterzogen werden. Hierzu ist es notwendig den Prozessserver zu starten. Dieser wird auf der Windowsebene gestartet – wie ein normales Programm! Es erscheint ein Fenster, in dem das zu ladende Projekt selektiert werden muss. In der Windows-Menüleiste unten am Bildschirm erscheint nun das Symbol des Prozessservers. Mit der rechten Maustaste kann auf dem Symbol ein Dialogfenster aufgerufen werden, das den Status des Prozessservers widerspiegelt. Bild 8.15 zeigt dieses Dialogfenster. Bild 8.16 die Eigenschaften.

Bild 8.15
Fenster: Prozessserver

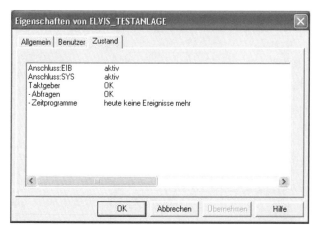

Bild 8.16
Eigenschaftsfenster:
Prozessserver

## 8.5.8 Bedienstation starten

Nun wird ebenfalls auf der Windows-Ebene das Programm Bedienstation gestartet. Nachdem das richtige Projekt ausgewählt wurde, startet die Bedienoberfläche, und die Anlage lässt sich per Mausklick bedienen, bzw. die Schaltvorgänge der Anlage können am Bildschirm beobachtet werden. Bild 8.17 zeigt das Ergebnis.

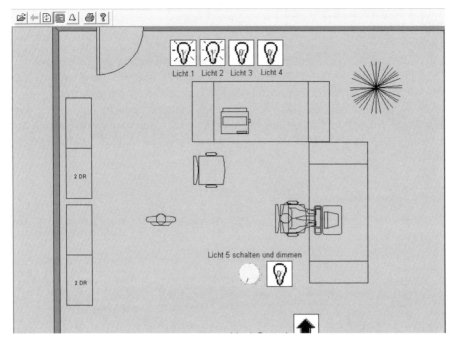

Bild 8.17   Ergebnis der Beispielanlage

### 8.5.9   Fazit

Wie hier gezeigt wurde ist die Erstellung einer Visualisierung mit etwas Übung zu realisieren. Man muss aber genau prüfen welches Produkt man beim Kunden einsetzen will oder kann. Die Visualisierung «Elvis» ist ein sehr mächtiges Programm mit unwahrscheinlich vielen Möglichkeiten. Alle diese Möglichkeiten darzustellen, würde den Rahmen des Buches bei weitem sprengen. Auch sei hier hingewiesen, dass Visualisierungsprogramme wie Elvis nicht in einem Tag zu lernen sind. Wenn man diese Software einsetzen möchte, muss man sich auch intensiv mit diesem Produkt auseinandersetzen. Kurz gesagt: Für alle, die die Zeit nicht scheuen, sich mit einem hochwertigen Produkt auseinanderzusetzen – empfehlenswert!

## 8.6   Visualisierung WinSwitch

Das Programm WinSwitch dient ebenfalls zur Visualisierung, Steuerung und Automatisation von Projekten unter Microsoft Windows.

Das Programm WinSwitch 2 besteht aus den folgenden 2 Teilprogrammen:

❏ dem WinSwitch-Editor und
❏ dem WinSwitch-Runtime-Programm.

Mit dem WinSwitch-Editor wird die eigentliche Visualisierung erstellt und getestet. Jedes Projekt wird mit dem WinSwitch-Editor erstellt, später in der Kundenanlage wird dann zum Abarbeiten das WinSwitch-Runtime-Programm gestartet.

Es werden hier, wie bereits in Abschnitt 8.4, ein paar einfache Funktionen dargestellt. Selbstverständlich ist es nicht möglich, den vollen Funktionsumfang des Programmes vorzuführen. Es werden nur exemplarisch wichtige Grundfunktionen dargestellt.

### 8.6.1 Startbild anlegen

Nachdem der WinSwitch-Editor gestartet wurde, kann ein neues Projekt begonnen werden, indem man (wie von Windowsoberflächen gewohnt) die Schaltfläche «Neu» betätigt. Bild 8.18 zeigt den Bildschirm.

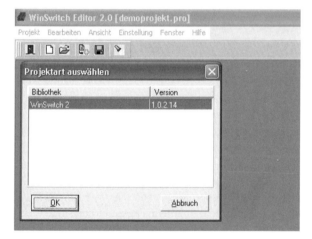

Bild 8.18
Startfenster: WinSwitch

Ist das Projekt angelegt, erscheint ein Fenster «Projektverwaltung». In diesem Fenster kann dann das Startbild definiert werden. Spätere Bildgröße, Hintergrundfarbe sowie Name usw. werden hier festgelegt. Auf diese Weise lassen sich nun mehrere Seiten anlegen. Wie bereits erwähnt, wäre es sinnvoll, sich eine Struktur zu überlegen, wie in den Bildern untereinander gewechselt werden soll. Wichtig für den späteren Betrachter ist die Übersicht, in welchem Bild er sich gerade befindet und wie er wieder zurück zum Hauptbild findet. Bild 8.19 zeigt den Bildausschnitt «Startseite anlegen».

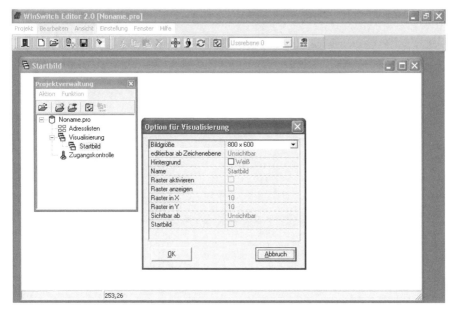

Bild 8.19   Grundeinstellung in der Projektverwaltung

Um nun zwischen den einzelnen Seiten wechseln zu können, ist es notwendig, eine Sprungmarke zu setzen. Aus der Menüleiste wird die Option «Ansicht» gewählt. Hieraus der Befehl «Elemente». Nun sieht man den Baukasten in dem die einzelnen Elemente zur Visualisierung aufgerufen werden. Für den Seitenwechsel benötigt man aus den Standardelementen den «Bildwechsel». Wenn die Schaltfläche «Bildwechsel» aktiviert wurde, erscheint dieses Element links oben im Startbild (jedes aktivierte Element erscheint links oben auf der entsprechenden Seite). Um dieses neue Objekt nun bearbeiten zu können, muss der Elementinspektor aktiv sein. Dieser wird ebenfalls aus der Menüleiste «Ansicht» – «Elementinspektor» gestartet. Bild 8.20 zeigt den nun entstandenen Bildschirmaufbau.

Im Elementinspektor kann in der untersten Zeile (Zielbild) der Sprung eingegeben werden, wohin gewechselt werden soll. Es lassen sich alle bereits angelegten Bilder aktivieren. In der Demoversion des Herstellers sind hier sehr gute und nachvollziehbare Beispiele vorhanden.

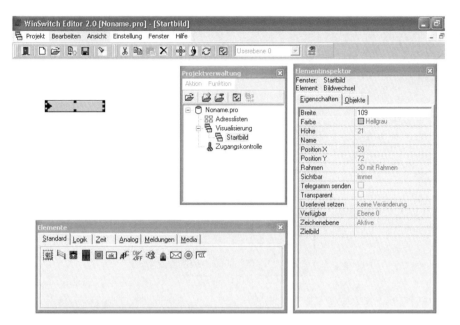

Bild 8.20   Komplettübersicht mit Elementauswahl und Elementinspektor

### 8.6.2 Licht ein- und ausschalten per Bildschirm

Es wird mit einem ganz einfachen Beispiel begonnen, in dem Licht über die Visualisierung ein- und ausgeschaltet wird. Dazu verwendet man fertige Elemente, die ausgewählt und parametrisiert werden. Das Zeichnen eigener Elemente ist möglich, bedeutet aber einen entsprechenden Zeitaufwand, den man sich sparen kann.

Vom Grundgedanken kann die Erstellung einer Ein-Aus-Funktion mit den Funktionen am Bus verglichen werden. Auch hier muss ein Sender (Sensor, Taster) eine Gruppenadresse senden und (in der Visualisierung und auch auf dem Bus) einen Empfänger (Aktor) ansprechen.

Zunächst wählt man den Sensor an (Taster) und platziert ihn an der Stelle des Bildes, wo er funktionstechnisch hingehört. Sobald der Teilnehmer markiert ist, können alle Einstellungen wieder im Elementinspektor vorgenommen werden. Wie hier zu sehen ist, kann in einer Visualisierung nicht jede Applikation eines jeden Herstellers nachgebildet werden. Dies ist im Normalfall auch nicht notwendig, da hier die Funktionszustände in der Regel komplett dargestellt werden und die gewünschte Funktion somit anders lösbar ist. Weiterhin besteht in einer Visualisierung die Möglichkeit, mit Verknüpfungen zu arbeiten, und somit ergeben sich wieder weitere Varianten, die mit den Applikationen der Sensoren nicht mehr vergleichbar sind.

Der Aktor als Gegenstück der Schaltung wird in gleicher Weise eingestellt. Zunächst wird eine Lampe ausgewählt. Im Elementinspektor werden ebenfalls die

Gruppenadressen eingetragen. Über eine Farbauswahl für den eingeschalteten und ausgeschalteten Zustand können die Lampen farbig gestaltet werden. Auf diese einfache Art und Weise kann eine Ein/Aus-Schaltung erstellt werden. Da bei einer Visualisierung i.d.R. nur die Information *«Lampe brennt»* oder *«Lampe ist ausgeschaltet»* interessant sein dürfte, ist es hier sinnvoll, das Statusobjekt des Aktors auszuwerten – vor allem dann, wenn beim Hochlaufen der Visualisierung die einzelnen Schaltzustände abgefragt werden.

---

**Anmerkung**

*Statusobjekt*
Das Statusobjekt ist nicht mit dem Schaltobjekt eines Aktors vergleichbar. Auf das Schaltobjekt des Aktors laufen die Telegramme zum Ein- und Ausschalten des Aktors auf. Beim Statusobjekt wird vom Aktor ein Schalttelegramm mit dem Inhalt des Objektwertes gesendet. Zu beachten wäre, dass das Übertragen-Flag gesetzt wird, andernfalls kann eine Übertragung des Statuswertes auf den Bus nicht erfolgen.

*Sendeadresse beachten*
Bei manchen Aktoren steht nur ein kombiniertes Objekt Schalten/Status zur Verfügung. Hier muss besonders darauf geachtet werden, dass die zu sendende Adresse als 1. Adresse steht. Ist dies nicht der Fall, kann es passieren, dass die lokale Adresse von der Visualisierung abgefragt wird und der Aktor auf der 1. Adresse antwortet. Ist diese Adresse auch noch Zentralfunktion, so würde mit der Abfrage nach einem Zimmerlicht u.U. die komplette Anlage ein- oder ausgeschaltet. Bild 8.21 zeigt den eben beschriebenen Aufbau.

---

Zusammenfassend die Teilschritte noch einmal per Aufzählung:

❏ Wippschalterelement aus dem Baukasten holen
❏ markieren und mit dem Elementinspektor bearbeiten – Gruppenadresse vergeben
❏ Statuslampe aus dem Baukasten holen
❏ markieren und mit dem Elementinspektor bearbeiten
  – Gruppenadresse vergeben
  – Farben für Ein/Aus festlegen

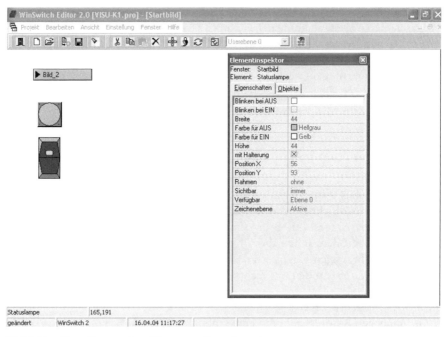

Bild 8.21   Einstellungen eines Elementes (Statuslampe)

### 8.6.3   Sammelmeldung bei Stockwerkbeleuchtung

Häufig kommt es vor, dass nur 1 Sammelleuchte (Licht in Büro 1–5) in die Visualisierung einer Stockwerksetage aufgenommen wird. Hier bietet sich folgender Lösungsansatz:

Auf einer separaten Bildseite werden die entsprechenden Verknüpfungen realisiert. In den Visualisierungen stehen dafür entsprechende Verknüpfungsglieder zur Verfügung. Somit können alle Statusmeldungen oder auch normale Telegramme über ein Verknüpfungsgatter gelegt werden. Diese Zusatzseite muss dem Nutzer nicht angezeigt werden. Bild 8.22 zeigt die Seite, die dem Betrachter/Kunden nicht angezeigt werden muss. Leuchten 1–5 sind in den Büros angeordnet (Gruppenadresse 5/1–5/5). Die Leuchte «Zentral» (5/0), die hier sozusagen hinter der Verknüpfung sitzt, wird auf eine Bildschirmseite gelegt, die für den Kunden gedacht ist. In der Grafik soll nur das Funktionsprinzip erläutert werden. Aus diesem Grund wurden auch die Gruppenadressen als Text hinterlegt, was sonst auch nicht üblich ist.

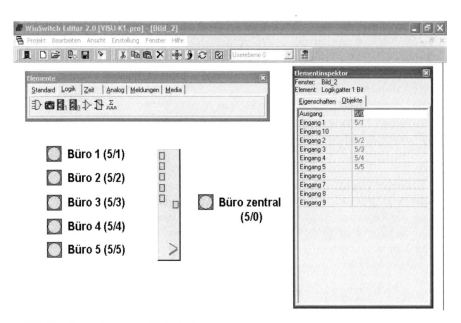

Bild 8.22   Darstellung einer Verknüpfung

Bild 8.23 zeigt das «Parameterfenster», nicht den «Elementinspektor» des Logikbausteins.

Bild 8.23
Einstellungsfenster: Logikgatter

Durch die Möglichkeit, Signale invertieren zu können, sind alle Varianten offen. Z.B. soll in der Nacht die normale Beleuchtung ausgeschaltet und die Nachtbeleuchtung eingeschaltet sein. In der Visualisierung soll aber in der Stockwerksetage nur die Meldung vorhanden sein, ob alle Schaltzustände in Ordnung sind.

273

Hier ist es sehr nützlich, Signale zu invertieren, um den gewünschten Erfolg zu erzielen. Auch ist es sinnvoll, in den Etagenbildern Taster zu setzen, die einen definierten Betriebszustand der Etage einstellen. Solche Funktionen können sein:

❏ alle Lampen aus,
❏ alle Lampen aus, Nachtbeleuchtung ein,
❏ alle Lampen aus, und alle Jalousien zu,
❏ alle Jalousien zu, und Nachtabsenkung aktivieren,

usw.

Um dies zu ermöglichen, müssen diese Funktionen bereits in der EIB-Anlage vorhanden sein, d.h., in allen notwendigen Aktoren müssen sich bereits diese Funktionen wiederfinden. Eine weitere Variante wäre es, aus 1 Befehl (Telegramm) mehrere verschiedene Befehle (Telegramme) zu erzeugen. Dies ist mittels Lichtszenenbausteinen zu realisieren.

### 8.6.4 Lichtszenen zur Grundeinstellung

Lichtszenenbausteine sind ursprünglich dazu gedacht, Stimmungsbilder mit Licht zu speichern und sie auf Tastendruck wiederzugeben. Da hier mehrere Aktoren von einem Taster angesprochen werden, wird nichts anderes als eine Telegrammvervielfältigung bewirkt. Wenn nun statt der Stimmungsbilder, die verschiedensten Aktoren angesteuert werden, ist es möglich, mittels eines einzigen Tasters komplette Grundeinstellungen vorzunehmen. Dies bietet sich insbesondere bei einer Visualisierung an, um Stockwerksetagen nach Betriebsschluss oder am Wochenende flexibel in einen definierten Zustand zu legen. Auf die Startadresse z.B. 3/8 wird die Lichtszene aufgerufen. Alle eingestellten Objektwerte werden nach der Reihe abgearbeitet (hier ab 3/10). In diesem Beispiel wird dies mit einer Verzögerung zwischen den Befehlen mit 2 s (Einstellungsmöglichkeiten: sofort bis 30 s) gearbeitet. Wobei hier nicht nur Lichter ausgeschaltet, sondern z.B. auch die Nachtbeleuchtung eingeschaltet oder Jalousien geschlossen werden können (siehe Bild 8.24).

Neben einer Szene kann auch ein Bitmuster hinterlegt werden, das dann im Zeittakt abläuft. Am Ende kann mit der dann gesendeten Endadresse der Ablauf erneut aktiviert werden, um eine Endlosschleife zu bilden, oder mit dem abgelaufenen Bitmuster eine Lichtszene usw. anzusteuern. Mit diesem Ablauf könnten Wegweiserleuchten bei Ausstellungen aktiviert oder die Beleuchtung von einem Büro zur Tiefgarage ein- und ausgeschaltet werden. Zur Anwendung kommen eigentlich alle Funktionen, bei denen sich die Sequenzen vorher feststellen lassen bzw. wiederholen. Bild 8.25 zeigt eine solche Endlosschleife.

Bei der Erstellung ist darauf zu achten, dass im Elementinspektor «Ende anzeigen» aktiviert wurde, so dass die Gruppenadresse in diesem Fall die 7/10 an einen Logikbaustein geführt wird. Ist diese freigeschaltet (Gruppenadresse 4/33) wird am Ausgang des Logikbausteins die Adresse 7/0 gesendet und damit der Prozess von

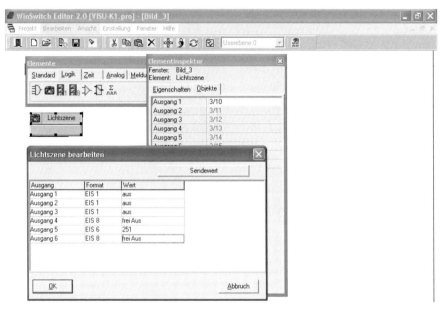

Bild 8.24   Einstellungsfenster einer Lichtszene

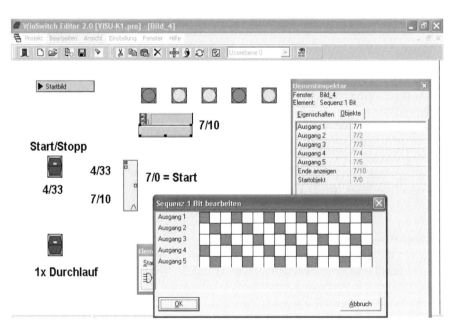

Bild 8.25

neuem gestartet. Dies geschieht so lange bis der Start-Stopp-Taster diese Eingangsbedingung am Logikbaustein verändert. Mit der Taste «1-mal Durchlauf» kann ein einmaliger Ablauf gestartet werden.

### 8.6.5 Texte bzw. Bilder ein- und ausblenden

Neben den Leuchtmeldern, die ein- und ausgeschaltet werden können, ist es in einigen Fällen sinnvoll, ja zum Teil notwendig, mehrere Informationen zu geben. So z.B.:

- Fenster ist geöffnet oder geschlossen,
- Tür ist noch nicht verschlossen,
- Heizung läuft auf Komforttemperatur oder Eco-Temperatur,
- Anwesenheit im Raum,
- Heizungsventil offen oder geschlossen.

Diese Funktionen kann man sicher auch mit Lampen darstellen. Nur wäre dann die Handhabung unübersichtlich. Aus diesem Grund bieten sich hier 2 weitere Varianten an.

*1. Möglichkeit*
Man legt 2 Bilder übereinander und schaltet das Bild, das den aktuellen Zustand signalisiert, nach vorne. Im Einzelfall bedeutet dies: Es werden 2 Heizkörper gezeichnet – einen in der Farbe Rot und einen in Blau. Wenn die Heizung aktiv ist, also das Ventil geöffnet hat, wird der Heizkörper mir der roten Farbe in den Vordergrund gestellt. Ist die Heizung deaktiviert, so wird der Heizkörper mit der blauen Farbe den Vordergrund bilden. Das lässt sich auch auf andere Objekte übertragen. *«Fenster offen»* oder *«geschlossen»*, *«Fenster normal»* und *«Fenster mit geschlossener Jalousie»* usw.

*2. Möglichkeit*
Man hinterlegt 2 verschiedene Texte mit entsprechendem Wortlaut. Nun kann – je nachdem, welcher Befehl am Bus gesendet wird – der eine oder der andere Text transparent geschaltet werden.

In gleicher Weise kann die Texteingabe vorgenommen werden. Durch einen Doppelklick auf die eingefügte Textzeile kann ein Fenster geöffnet werden, mit dem dieser Text ebenfalls mit einer Gruppenadresse verbunden werden kann. Der Hintergrund kann transparent erscheinen, und die Schriftart kann unter den windowsüblichen «True Types» ausgewählt werden. Somit sind die verschiedensten Möglichkeiten der Textgestaltung offen. Verschiedene Schriften, Größen und Farben sind kein Problem.

## 8.6.6 Analogwerte anzeigen

Mit der Einstellung «*Werte anzeigen*» kann direkt eine Raumtemperatur oder ein Helligkeitswert in einem Raum an der Visualisierung dargestellt werden. Bei der Visualisierung mancher Hersteller ist es sogar möglich, die Solltemperatur im Raumtemperaturregler des Raumes zu verändern – vorausgesetzt, der eingebaute Raumtemperaturregler verfügt über ein solches Kommunikationsobjekt. Bei allen gängigen EIB-Raumtemperaturreglern ist aber zumindest der aktuelle Temperaturwert des Raumes als Kommunikationsobjekt vorhanden. Es ist eigentlich kein Problem, diese Werte auf einer Seite der Visualisierung darzustellen. Je nach Hersteller der Visualisierungssoftware lassen sich Balkendiagramme, Digitalanzeigen oder Zeigermessinstrumente definieren. Auch hier kann vom Elementenkopf über die Zifferndarstellung frei gewählt werden. Es ist bei einigen Herstellern sogar möglich, die Farbe während der Anzeige zu wechseln. So können z.B. kritische Bereiche rot dargestellt werden. Leuchten können von dunkel nach hell gesteuert werden, um den abgegebenen Lichtstrom anzuzeigen, was gerade bei geregelten Leuchten empfehlenswert ist. Als Besonderheit ist hier zu nennen, dass auch Schwellwerte definiert werden können. Wenn ein bestimmter Temperaturwert über- oder unterschritten wird, kann ein Schaltvorgang ausgelöst werden. Dies gilt natürlich ebenso für entsprechende Lichtwerte. Man kann hier sehr schnell auf den Gedanken kommen, alle Verknüpfungen in der Visualisierung ablaufen zu lassen. Doch wenn man dies tut, höhlt man den Gedanken des dezentralen Systems, das ja die besondere Stärke des EIB darstellt, aus. Inwieweit man sich hier vorwagt, bleibt natürlich jedem selbst überlassen!

Als Beispiel wird hier die Rückmeldung der Position einer Jalousie aufgezeigt. Zunächst ist es hier notwendig, dass die Anlage existiert und bereits mit der ETS programmiert wurde. Es wurde ein Jalousien-Aktor verwendet, der eine Rückmeldung in Position und Lamelle senden kann. Aus Gründen der Überschaubarkeit wird hier nur das Auf-Ab-Objekt und die Endlage des Jalousien-Aktors ausgewertet. Die Information, die vom Bus zurückkommt wird einmal als 1-Byte-Wert und einmal als 1-Bit-Wert aufgenommen. Der Byte-Wert gibt die Position, der Bit-Wert die Endlage wieder. Im Bild 8.26 ist diese Darstellung bereits in der Version gezeigt, die später dem Kunden zur Verfügung gestellt wird.

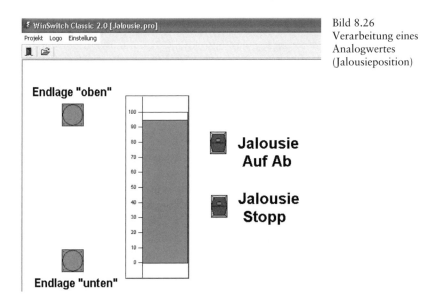

Bild 8.26
Verarbeitung eines
Analogwertes
(Jalousieposition)

### 8.6.7 Sonstige Funktionen

Mit diesen beschriebenen Funktionen ist dieses Thema natürlich noch lange nicht erschöpfend beschrieben. An dieser Stelle werden nicht alle, sondern nur die grundsätzlichen Möglichkeiten der Visualisierung des EIB beschrieben, auf weitere Möglichkeiten wird hingewiesen:

- ❑ Alle Vorgänge am Bus können mittels Drucker protokolliert werden, besonders Störmeldungen: Wer hat diese wann quittiert.
- ❑ Betriebsdatenerfassung: Welche Leuchten haben wie lange gebrannt, und welche müssen ersetzt werden?
- ❑ Überprüfung der Busteilnehmer im zyklischen Abstand.
- ❑ Meldungen werden am Bildschirm ausgegeben und Texte für den speziellen Anwendungsfall hinterlegt.
- ❑ Schaltuhren im Tages-, Wochen- oder Jahresformat.
- ❑ Alarm und Störmeldungen jeder Art.
- ❑ Vergabe von Kennwörtern und Benutzerstufen.
- ❑ Direkte Wertvorgabe mittels Eingabefeld.
- ❑ Sollwertänderung in Raumtemperaturreglern.
- ❑ Datenerfassung aus vorhandenen Projekten.
- ❑ Sensitive Flächen, die nicht sichtbar sind, aber bei Berührung einen Schaltbefehl auslösen.
- ❑ Videoeinbindung/multimediatauglich.
- ❑ usw.

Um dem Betrachter noch einige Ideen mit auf den Weg zu geben, sind exemplarisch die Bilder 8.27...8.34 abgedruckt. Diese Bilder sind aus dem «Demoprojekt» der WinSwitch entnommen und spiegeln die Vielfalt solcher Programme wider.

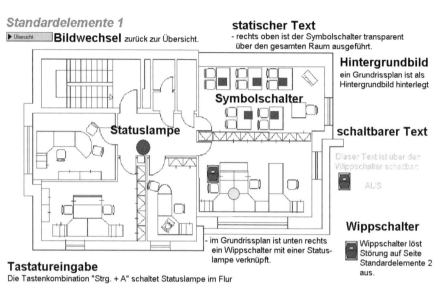

Bild 8.27    Beispiel: Grundriss

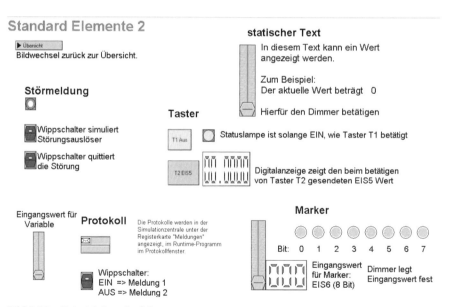

Bild 8.28    Beispiel: Standardelemente

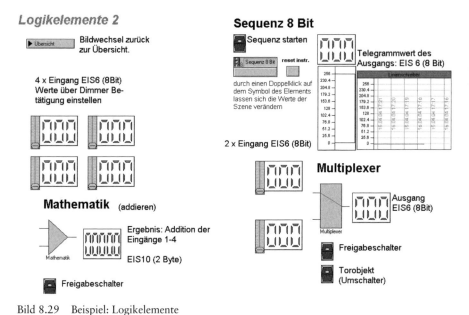

Bild 8.29  Beispiel: Logikelemente

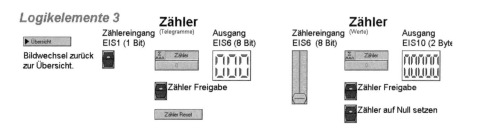

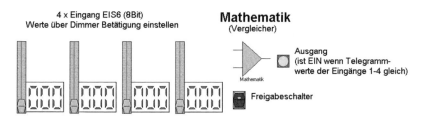

Bild 8.30  Beispiel: Logikelemente

## Zeitelemente 1

Bildwechsel zurück
zur Übersicht.

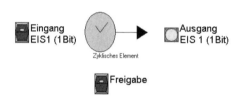

Bild 8.31  Beispiel: Zeitelemente

## Analogelemente 2

**Drehpoti**

**Digitalanzeige**

Bildwechsel zurück
zur Übersicht.

Ausgangswert des Drehpotis (EIS 10 / 2Byte)
wird von der Digitalanzeige dargestellt.
Betätigung über Drehrad mit Stellmarkierung.

Digitalanzeige zeigt den Ausgangswert
des Dimmers multipliziert mit 0,5 an.

**Temperaturregler**

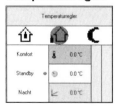

Die Demonstration des Temperaturreglers ist nur
in Verbindung mit einer echten EIB-Anlage und
einem RTR möglich. Im Elementinspektor müssen
hierzu die entsprechenden Gruppenadressen
eingetragenen werden.

Ist der WinSwitch-Rechner z.B. über eine RS232
oder Spool 64 Karte mit dem EIB und damit mit
dem RTR verbunden, lassen sich, nach Start der
Simulation, die Temperaturen ablesen und der
Basissollwert verändern.

Bild 8.32  Beispiel: Analogelemente

*Analogelemente 3*

Bildwechsel zurück
zur Übersicht.

**Linienschreiber**

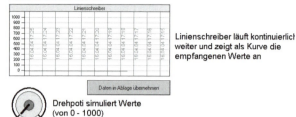

Linienschreiber läuft kontinuierlich weiter und zeigt als Kurve die empfangenen Werte an

Drehpoti simuliert Werte (von 0 - 1000)

Ausgabewert des Drehpotis ist EIS 10 (2 Byte)

**Wertspeicher**

<= zeigt den gespeicherten Wert an

<= zeigt den zuletzt empfangenen Wert an

Drehpoti simuliert kWh Wert (von 0 - 99999 kWh)

Bild 8.33  Beispiel: Analogelemente

*Meldungen 1*

Bildwechsel zurück
zur Übersicht.

Um die Elemente E-Mail und SMS nutzen zu können ist eine Netzwerkanbindung (ISDN bzw. LAN) des WinSwitch Rechners (Hardwareausstattung beachten), sowie die Installation der notwendigen Dienste, Treiber und Protokolle (z.B. TCP/IP) erforderlich!

Bild 8.34  Beispiel: Meldungen

Im Einzelfall muss geprüft werden, welche Visualisierung eingesetzt werden sollte. Prinzipiell kann jede der hier erwähnten Visualisierungen bedenkenlos eingesetzt werden, da alle im Vorspann genannten Fabrikate so gut wie keine Wünsche offen lassen.

### 8.6.8 Fazit

WinSwitch unterscheidet sich in Bedienung und Aufbau doch sehr von der Visualisierung «Elvis». Wobei beide Visualisierungen grundsätzlich das Gleiche tun, ein Prozessabbild zu visualisieren. Ein direkter Vergleich der Produkte ist auch nicht sinnvoll, da die Programmierer hier unterschiedliche Wege beschritten haben. WinSwitch zeichnet sich durch eine schnell erlernbare Oberfläche aus. Und eben dieser persönliche Umgang mit der Oberfläche (egal welches System) wird wohl dem Projektanten von EIB-Anlagen auch die Entscheidung vorwegnehmen mit welchem System letztlich gearbeitet wird. Ziel dieser Beschreibung war, 2 unterschiedliche Systeme kurz vorzustellen, von denen jedes ein Buch füllen würde.

# 9 Tools

Obwohl in der ETS eigentlich alle Funktionen enthalten sind, gibt es eine Reihe von Zusatzwerkzeugen. Hier werden exemplarisch einige vorgestellt, ohne Anspruch auf Vollständigkeit zu haben bzw. eine Wertung abzugeben.

## 9.1 Power-Project als Leitstelle TP

Powerline ist bereits in Abschnitt 4.2 beschrieben worden. Powerline lässt sich mittels ETS oder Controller programmieren. Dieser Controller kann in einer etwas anderen technischen Abwandlung als Leitstelle eingesetzt werden. Hierzu kann mit der kostenfreien Software Power Projekt gearbeitet werden. Diese Software dient dazu, Powerline-Projekte zu erstellen oder die Programmierung im TP-Betrieb als

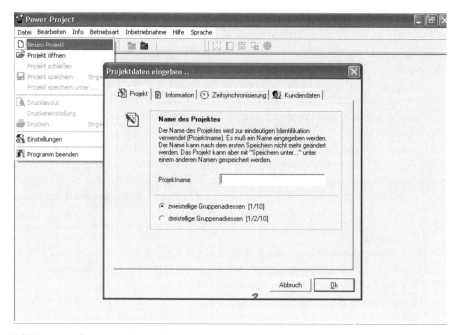

Bild 9.1   Eröffnungsmaske von Power-Project

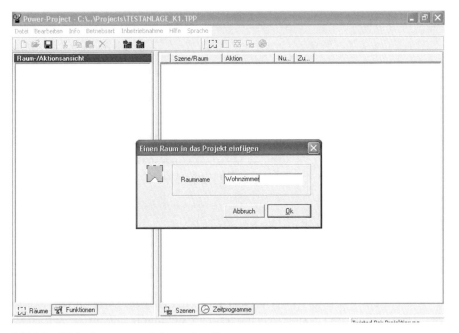

Bild 9.2   Dialogfenster zum Anlegen eines Raums

Leitstelle vorzunehmen. Ein Datenaustausch mit der ETS ist aber nicht vorgesehen. Sobald die Software gestartet ist, kann man aus der Menüleiste den Menüpunkt «Neues Projekt» auswählen. Es erscheint folgendes Eingabefenster, in dem man den Projektnamen eintragen muss. Hier kann man auswählen, ob im Projekt 2- oder 3-stellige Gruppenadressen verwendet werden sollen. Die Auswahl sollte analog zum ETS-Projekt passen. Nach erfolgter Eingabe mit OK bestätigen! Es erscheint das Hauptarbeitsfenster des Projektes. Bild 9.1 zeigt die Startmaske. Bild 9.2 das Einfügen eines Raumes.

Um sich im Projekt zurechtzufinden, wird eine Raumstruktur erstellt. Über die Menüleiste wird per «drag and drop» der Raum eingefügt. Als nächstes werden die Gruppenadressen/Aktionen einfügt. Alle im ETS-Projekt verwendeten Gruppenadressen müssen manuell in das Power-Project-Projekt übertragen werden.

> **Anmerkung**
> *Die Gruppennummer und der EIB-Typ müssen zwingend mit den im ETS-Projekt verwendeten Vorgaben übereinstimmen. Alle anderen Eingaben sind frei wählbar. Weiterhin ist zu beachten, dass in einem ETS-Projekt je nach Positionierung der TP-Leitstelle, ggf. für die Linien-/Bereichskoppler neue Filtertabellen erstellt werden müssen, damit die Anlage einwandfreie funktioniert.*

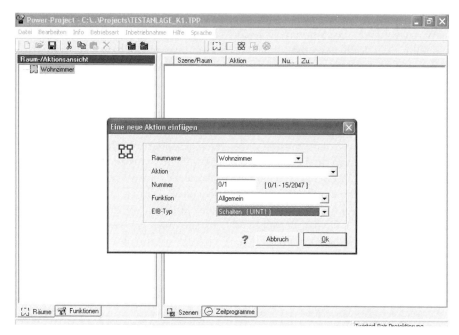

Bild 9.3  Dialogfenster zum Erzeugen einer Aktion

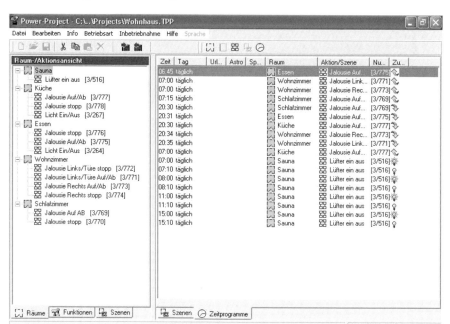

Bild 9.4  Übersicht eines Projektes (Wohnhaus)

287

In dieser Software lassen sich natürlich auch Lichtszenen oder Zeitprogramme generieren (Bild 9.3). Die Software ist leicht verständlich aufgebaut und kann im Prinzip ohne lesen des Benutzerhandbuches bearbeitet werden. Alle Befehle und Strukturen sind klar aufgebaut, so dass jemand, der bereits ein ETS-Projekt erstellt hat, hier keine Schwierigkeiten haben dürfte. In Bild 9.4 ist bereits eine kleinere Anlage dargestellt.

Nun wird die neu programmierte Anlage gespeichert. Achtung: Die Daten sind nur auf dem Rechner, auf dem auch die Projektierung erfolgte. Bei einer späteren Datensicherung der Anlage müssen diese Daten gesondert gesichert werden. Wenn man nun die Daten in die Leitstelle übertragen möchte, muss der PC mit der Leitstelle verbunden sein. Dies geschieht über eine handelsübliche 9-polige Verbindungsleitung. Der spätere Anschluss kann nicht über diese Leitung erfolgen, da Stecker und Buchse getauscht sind: also 2 verschiedene Leitungen – 1 zum Programmieren der Leitstelle und 1 für den Betrieb. Die Leitstelle muss sich vor der Übertragung der Daten im Leitstellenmodus befinden. Auch sollte nochmals kontrolliert werden, ob der richtige Port (z.B. Com1) eingestellt wurde. Nun lassen sich die Daten in den Controller übertragen, und die Leitstelle ist fertig programmiert und funktionsfähig.

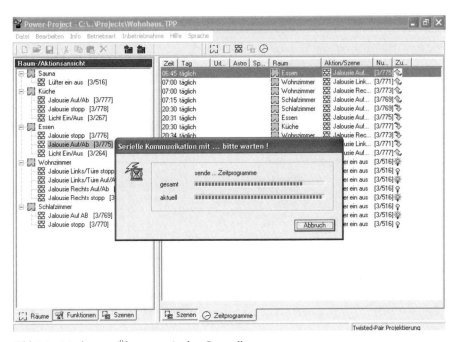

Bild 9.5   Maske zum Übertragen in den Controller

## 9.2 Rekonstruktion

Mit dem Rekonstruktions-Tool der IT-GmbH lassen sich nicht nur vorhandene Projekte auslesen, sondern auch vorhandene Projekte mit anderen Projekten vergleichen. So kann z.B. überpüft werden, ob eine Installation nachträglich verändert wurde und wo dies geschah (welches Gerät/Adresse/Applikation/Parameter usw.). Dieses Programm ist ein Zusatzwerkzeug und nicht im Lieferumfang der ETS vorhanden. Zunächst wird das Programm gestartet. Es erscheint die Struktur von Bild 9.6. Als erstes wird die Installation ausgelesen. Hierzu wird der Befehl aus der Menüleiste aktiviert (siehe Bild 9.7).

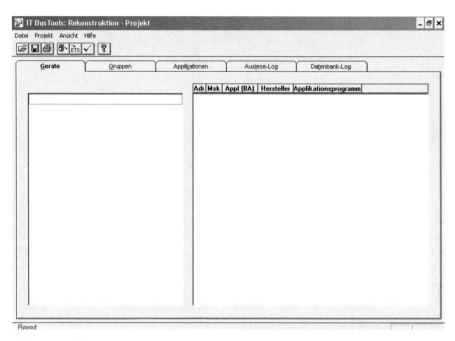

Bild 9.6   Eröffnungsbild: Rekonstruktion

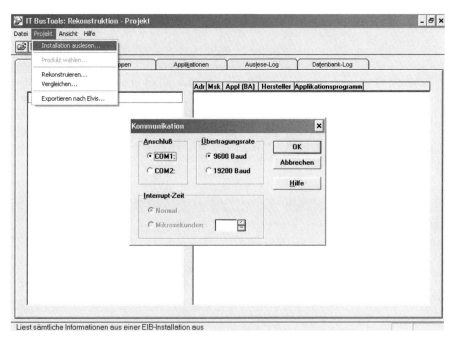

Bild 9.7   Dialogfenster zum Auslesen eines Projektes: Kommunikation

In einem weiteren Fenster kann eingegrenzt werden, welcher Bereich auszulesen ist. Hier soll der Bereich 1 Linie 1 ausgelesen werden. Nun wird die Anlage ausgelesen – dieser Vorgang kann einige Minuten dauern. Im unteren Bildbereich erscheint eine Fortschrittanzeige in %. Wenn die Anlage ausgelesen ist, erscheint Bild 9.9. Dieses Bild zeigt die Bereichs- und Linienübersicht; die Gruppenübersicht veranschaulicht Bild 9.10.

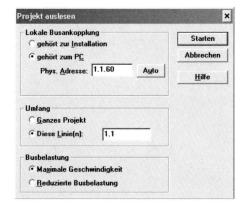

Bild 9.8
Dialogfenster zum Auslesen eines Projektes: Umfang

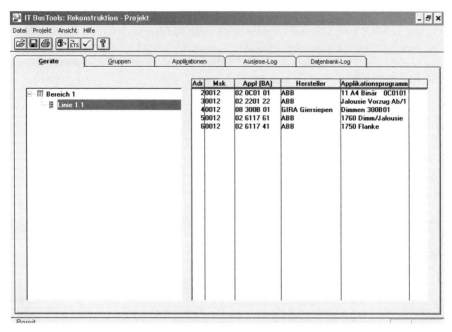

Bild 9.9  Informationen zum ausgelesenen Projekt: Linienübersicht

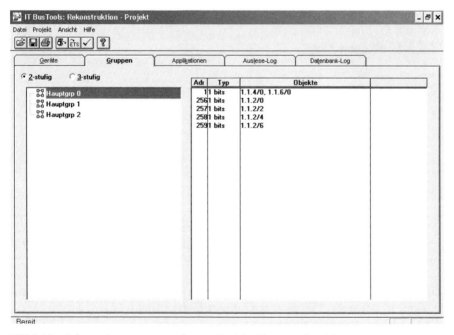

Bild 9.10  Informationen zum ausgelesenen Projekt: Gruppenübersicht

Diese Informationen sind zunächst nicht sehr vielsagend, aber aus diesen Informationen kann dann eine ETS-Projekt generiert werden und in die ETS eingebunden werden. Dann erscheinen alle Informationen wieder in der gewohnten Weise. Voraussetzung ist allerdings, dass die Applikationen der entsprechenden Produkte auf dem Rechner eingepflegt wurden.

## 9.3 Design

Mit dem Design-Tool können vorhandene Anlagen grafisch nachgearbeitet und auch neue Anlagen erstellt werden. Der Zugriff erfolgt über die Datenbank der ETS. Bild 9.11 zeigt die Startmaske beim Anlegen eines neuen Projektes.

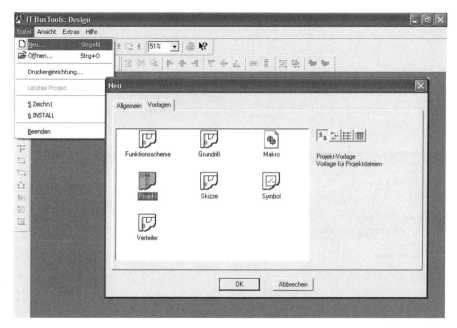

Bild 9.11   Eröffnungsbild: Design-Tool

Nun kann entweder ein komplett neues Projekt gewählt werden, oder man überarbeitet das vorhandene Projekt grafisch. In diesem Fall wird ein vorhandenes ETS-Projekt weiterverarbeitet. Bild 9.12 zeigt ein geöffnetes Projekt.

Wenn man nun im Ordner «Dokumente» das 3. OG markiert und die Maus in das rechte Fenster bewegt, kann man mit der **rechten** Maustaste ein neues Design-Dokument aktivieren. Bild 9.13 zeigt diesen Bildausschnitt. Nun kann ein Dokument angelegt werden in dem z.B. der Grundriss eines Gebäudes verwaltet wird. Der Grundriss kann über «.dxf-» oder «.wmf-Format» eingelesen werden. Nun

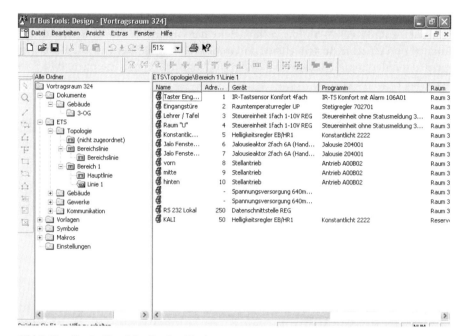

Bild 9.12   Geräteübersicht: Design-Tool

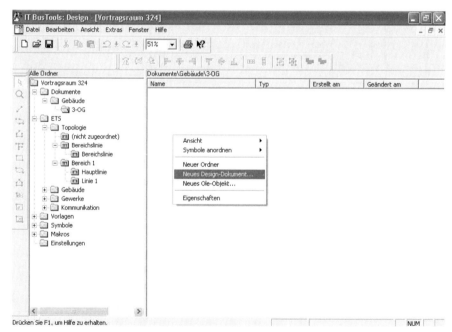

Bild 9.13   Erzeugen eines neuen Design-Dokumentes: Grundriss

lassen sich beide Fenster am Bildschirm darstellen. Auf der linken Seite die Informationen zum Projekt – auf der rechten Seite der Grundriss. Per «drag and drop» können nun einzelne Busteilnehmer im Grundriss platziert werden. Die Busgeräte werden mit der linken Maustaste markiert und in den Grundriss gezogen. Bild 9.14 zeigt das Ergebnis.

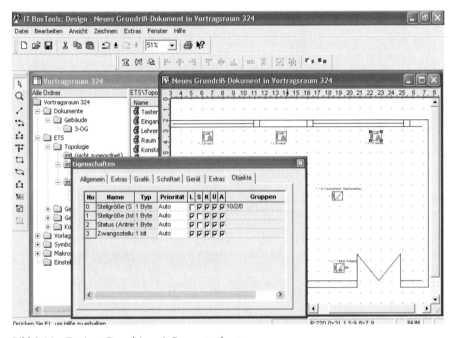

Bild 9.14   Fertiger Grundriss mit Parameterfenster

Wie in Bild 9.14 zu sehen ist, lassen sich die im Grundrissplan verteilten Geräte markieren und bearbeiten. Alle Daten, die man hier verändert, werden zugleich in der Datenbank des Projektes gespeichert. Egal, ob Adresse oder Parameter, Flag oder Applikation – das Design-Tool bietet eine wunderbare Ergänzung zur ETS.

**Anmerkung**
Bei Fertigstellung des Buches konnte der **Datenbankzugriff** auf die ETS 3 nicht getestet werden. Die beschriebenen Funktionen konnten nur mit der ETS 2 getestet werden. Eine Funktion mit der ETS 3 wurde als wahrscheinlich angenommen!

# 10  Bilder aus der Praxis

In diesem Kapitel werden anhand von Bildern praktische Lösungen angeboten, die die Umsetzung des EIB in der Praxis erleichtern.

## 10.1  Montage eines Ventilkopfes

Am schwierigsten ist die Inbetriebnahme von Heizungsanlagen. Zunächst muss die Montage der einzelnen Ventile vorgenommen werden. Bild 10.1 zeigt das Funktionsschema des Ventils.

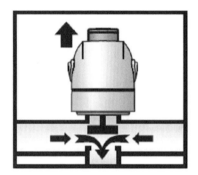 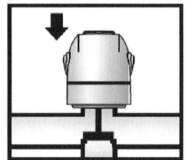

Bild 10.1   Funktionsweise: Ventilkopf

Um das alte Ventil zu demontieren, muss entweder eine Schraube oder eine Mutter gelöst werden (Bild 10.2 und Bild 10.3).

Bild 10.2  Alter Ventilkopf vor der Demontage

Bild 10.3  Demontage: Ventilkopf

Nachdem der Ventilkopf gelöst ist, kann man den Stößel sehen, der den Wasserzufluss reguliert. Keine Sorge: Das Ventil ist dicht.

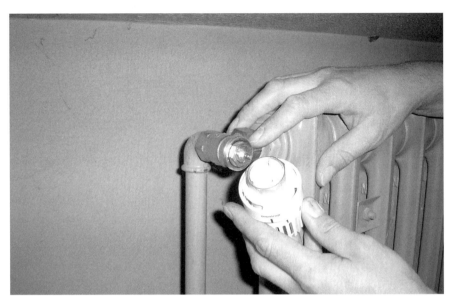

Bild 10.4   Demontage: Ventilkopf

Bild 10.5   Ventil geschlossen

Bild 10.6  Ventil offen

Bild 10.4 zeigt den demontierten Ventilkopf. Die Bilder 10.11 und 10.12 zeigen, wie sich der Stößel des alten Thermostatventils bewegt. Bild 10.6 zeigt: «Ventilkopf fordert Wärme an», Bild 10.5 «Heizkörper wird kalt». Bild 10.7 veranschaulicht, wie das neue Ventil aufgesetzt und ohne Zange festgedreht wird. Die Montage ist fertig.

Bild 10.7  Neues Ventil vor der Montage

Bild 10.8

Bei anderen Fabrikaten ist die Montage ähnlich: alten Ventilkopf abschrauben, Adapter aufsetzen und handfest festschrauben, Ventilkopf einklinken. Die Bilder 10.9 und 10.10 zeigen diesen Vorgang.

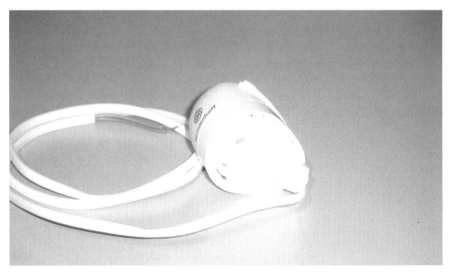

Bild 10.9   Thermoelektrischer 2-Punkt-Regler

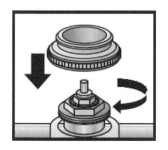 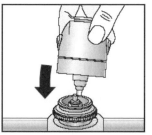

Bild 10.10
Montagebild: thermo-elektrischer Regler

## 10.2 Demontageschutz von Tastern

In manchen öffentlichen Gebäuden ist es notwendig, einen Demontageschutz von Tastern anzuwenden. Je nach Hersteller gibt es verschiedene Systeme, wovon hier exemplarisch ein System beschrieben wird. Bild 10.11 zeigt die Funktionsweise des Schutzes. Ein kleiner (roter) Bügel wird zur Verriegelung benutzt, indem er sich im Montagerahmen einhakt. Bild 10.11 zeigt dies.

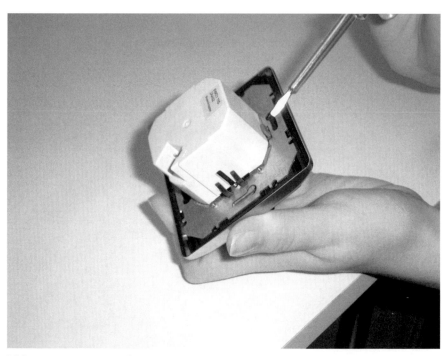

Bild 10.11 Demontageschutz: Taster

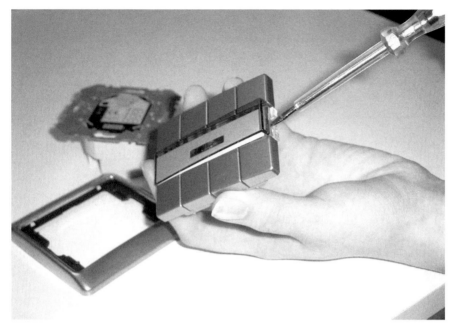

Bild 10.12  Demontageschutz: Taster

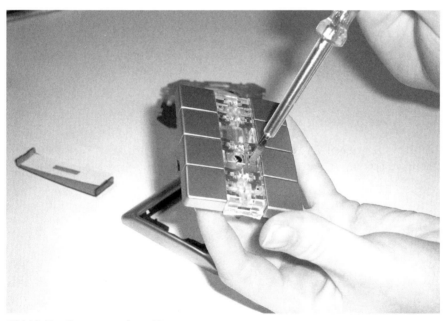

Bild 10.13  Demontageschutz: Taster

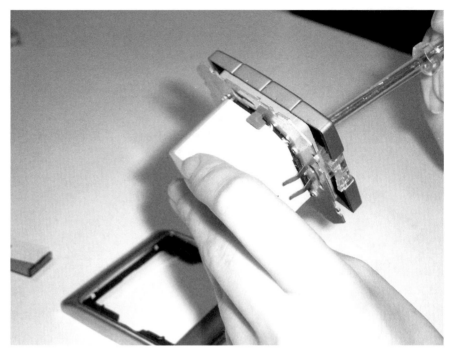

Bild 10.14   Demontageschutz: Taster

In Bild 10.12 wird das Beschriftungsfeld vor der Montage entfernt. Unter dem Beschriftungsfeld befindet sich das Gegenstück des (roten) Verriegelungshebels (Bild 10.13. Bild 10.14 zeigt nochmals den Mechanismus).

## 10.3   Verdrahtung im Verteiler

Bild 10.15 zeigt einen Verteiler mit vorkonfektionierten Brücken. Hier ist besonders darauf zu achten, dass nur an den Enden der Mantel abisoliert wird.

Bild 10.15
Verdrahtungsbrücken im
Verteiler, Quelle: ABB

## 10.4 Elektronikdose

Es stellt sich immer die Frage, wo kleinere Schaltaktoren oder Unterputzschnittstellen sowie Binäreingänge montiert werden können. Wenn dies von Anfang an geplant wurde, kann man sog. Elektronikdosen verwenden.

Bild 10.16
Elektronikdose unter Putz

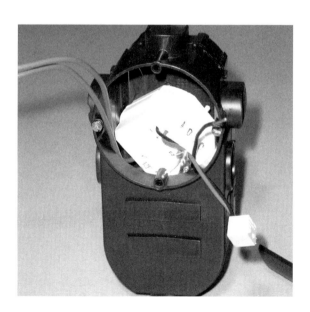

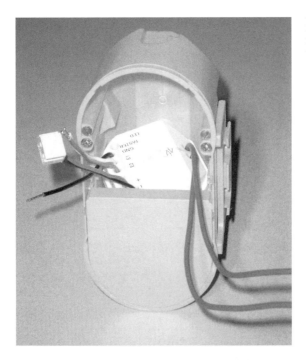

Bild 10.17
Elektronikdose:
Hohlraummontage

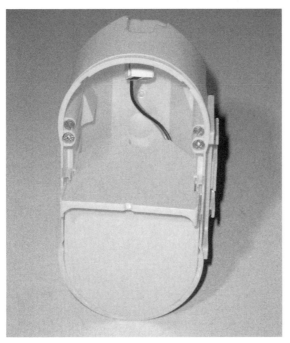

Bild 10.18
Elektronikdose: Hohlraummontage (verschlossen)

Bild 10.16 zeigt eine normale Unterputzdose, Bild 10.17 eine Dose für den Einbau im Hohlraumbau oder Trockenbau. In Bild 10.18 ist die Dose mit eingebauter Trennung zu sehen.

## 10.5 Kalibrierung einer Konstantlichtregelung

Wenn eine Konstantlichtregelung kalibriert werden soll, wird zunächst die Beleuchtung ca. 10 min eingeschaltet. Das Messgerät wird auf eine Messebene (Tischhöhe) von 0,85 m gelegt (Bild 10.19).

Bild 10.19    Beleuchtungsmesser

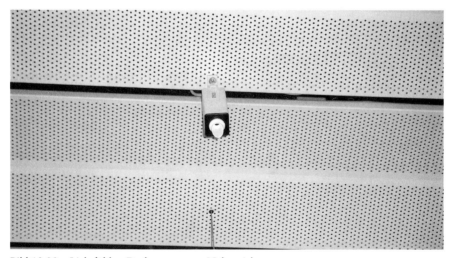

Bild 10.20    Lichtfühler, Deckenmontage: Nahansicht

Das Messgerät liegt genau unter dem Fühler (Bild 10.20). Bild 10.21 zeigt den Fühler aus größerer Entfernung. Eine etwas dezentere Lösung demonstriert Bild 10.22.

Bild 10.21   Lichtfühler, Deckenmontage: Fernansicht

Bild 10.22
Lichtfühler eines anderen Herstellers,
Quelle: ABB

## 10.6 Montage von Regen- und Windsensoren

Zunächst ist bei der Installation die Aderzahl zu beachten, da hier u.U. mehrere Signale zur Verfügung stehen. Betriebsspannung und Spannung für Heizung der Produkte müssen ebenfalls übertragen werden (siehe Bild 10.23).

Bild 10.23
Anschlussleitung:
Windsensor

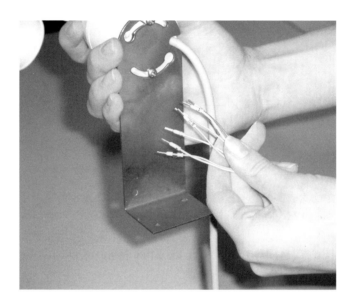

Bild 10.24
Montagewinkel:
Windsensor

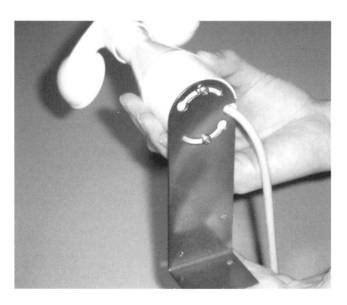

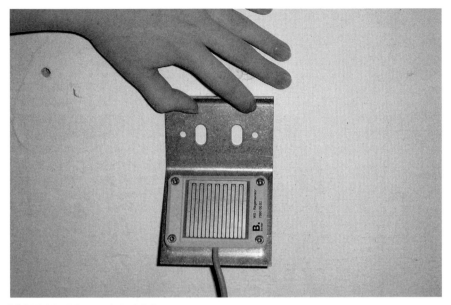

Bild 10.25   Montagebeispiel: Regensensor

Bild 10.24 und 10.25 zeigen die Montagemöglichkeiten der Produkte.

## 10.7   Montage von Tastsensoren

Die Bilder 10.26 bis 10.28 veranschaulichen verschiedene Einsatzmöglichkeiten von Tastsensoren.

Bild 10.26
Einbau von Tastsensoren: z.B.: Raumtemperaturregler in vorhandenen Kabelkanal

Bild 10.27  Kontrolle der Raumtemperaturanzeige mittels Thermometer

Bild 10.28  EIB: Feuchtrauminstallation

Auf Bild 10.27 ist ein Tastsensor mit Raumtemperaturangabe zu sehen. Viele Kunden überprüfen die Richtigkeit der Temperaturanzeige mit einem handelsüblichen Thermometer. Um Abweichungen auszugleichen, sollte man im Vorfeld den Taster auf die Raumgegebenheiten justieren. Dies geschieht im Parameterfenster des Teilnehmers in der ETS. Es ist besser, diesen Umstand zu beachten, bevor der Kunde Abweichungen bei der Temperaturangabe feststellt.

# 11 Schulungen

Dieses Buch ist als Studienbegleiter, zur Vorbereitung auf einen Kurs oder als Nachschlagewerk verwendbar. Wer sich mit der Materie EIB/KNX auskennen will, muss notwendigerweise eine entsprechende Schulungsmaßnahme besuchen. Für die Grundausbildung gibt es folgende Kurse:

- Einführung,
- Projektierung,
- Inbetriebnahme,
- Prüfung.

Im Anschluss daran sind entsprechende Produktschulungen bei einem Hersteller zu absolvieren. Bei Herstellerschulungen muss das erforderliche Grundwissen vorhanden sein.

Im Prinzip gibt es 3 Möglichkeiten, sich die erforderlichen Grundkenntnisse anzueignen:

- Besuch einer zertifizierten Schulungsstelle (Liste kann bei der EIBA angefordert werden)
  Der Kursteilnehmer kann am Ende der Kursmaßnahme eine Prüfung ablegen, die von vielen Planern oder Kunden bereits gefordert wird. Weiterhin ist es danach möglich mit der EIBA einen kostenfreien Partnerschaftsvertrag einzugehen und mit dem EIB-Partner-Symbol werben zu dürfen. Zur Zeit erhält jeder Teilnehmer, der bei einer zertifizierten Schulungsstätte die Prüfung ablegt, einen Preisnachlass von 50 €, der einmalig beim Kauf einer ETS-Vollversion angerechnet werden kann.
- Besuch einer nicht zertifizierten Schulungsstätte
  Die Kurse sind meist preislich günstiger, berechtigen aber nicht den Partnerschaftsvertrag mit der EIBA einzugehen.
- Bei fast allen Meisterschulen werden mittlerweile während der Meisterausbildung entsprechende Kenntnisse vermittelt, da bei vielen Schulungsstätten bereits Arbeitsproben im Bereich EIB/KNX gefordert werden.

Wenn man sein Wissen als Autodidakt erworben oder bei einer nicht zertifizierten Schulungsstätte den Kurs absolviert hat, ist es dennoch möglich, bei einem zertifizierten Veranstalter nur die Prüfung nachzuholen. Effektiv bedeutet das dann eine Gleichstellung mit einem zertifizierten Kurs.

Nach Abschluss entsprechender Schulungsmaßnahmen bieten viele Veranstalter Workshops an, um die vorhandenen Kenntnisse auf dem Stand der Technik zu halten. Diese Workshops werden in 1- oder 2-Tag-Veranstaltungen angeboten. Informationen darüber findet man bei den Herstellern und in entsprechenden Fachzeitschriften, wie *Bus-Systeme*, *Elektrobörse* usw.

Einige Kurs-Veranstalter bieten auch den von der EIBA forcierten Aufbaukurs an. Dieser Aufbaukurs dauert, wie der Grundkurs, ca. 40 Stunden und behandelt weiterführend folgende Themen:

❑ Sicherheitstechnik,
❑ Beleuchtungstechnik,
❑ Koppler,
❑ Betriebssicherheit von Anlagen,
❑ Heizung, Klima und Lüftung,
❑ Jalousietechnik.

Zurzeit ist für diese Kursmaßnahme keine EIBA-Prüfung vorgesehen, aber es wird darüber vom Bildungsträger ein Zertifikat ausgestellt.

Wenn man sich als Autodidakt diese Materie aneignen möchte, wird man sehr schnell feststellen, dass ohne entsprechende Hardware zum Testen der Schaltungen und Ideen der gewünschte Erfolg ausbleibt. Auch erfahrene Projektanten stellen immer wieder fest, dass komplexe Schaltungen zwar in der Theorie funktionieren müssten, aber in der Praxis der eine oder andere Parameter oder ein Flag noch entsprechend einzustellen sind.

Für entsprechende Tests eignen sich modulare Systeme wie z.B. von hps-Systemtechnik, siehe Bild 11.1 und 11.2,

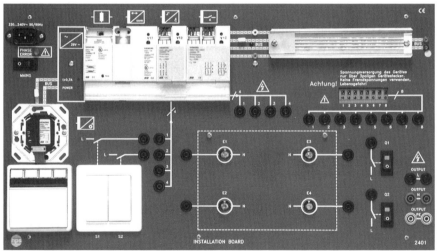

Bild 11.1 Übungsbord der Fa. hps zum Simulieren von eigenen EIB-Projekten
Quelle: hps

an denen man seine Schaltungen überprüfen kann. Gerade bei Aufgaben mit Jalousien, die positioniert werden sollen, eignen sich solche Systeme hervorragend.

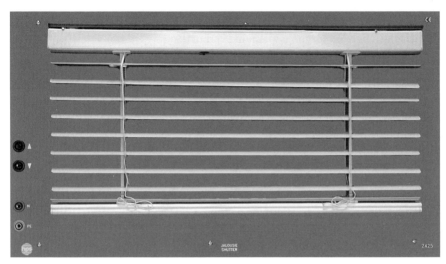

Bild 11.2 hps-Simulationsmodell einer Jalousienanlage
Quelle: hps

Eine weitere Möglichkeit preisgünstig einen Versuchsaufbau zu gestalten, bietet der Raum-Controller von ABB. Durch den modularen Aufbau des Raum-Controllers können die verschiedensten Aufbauten relativ einfach umgesetzt werden.

Der Raum-Controller wurde eigentlich als dezentrales Installationskonzept (Zwischendecke oder Doppelboden) entwickelt. Er stellt die Funktionalität direkt im Raum zur Verfügung und sorgt für kurze Montage- und Inbetriebnahmezeiten sowie kürzere Leitungswege, die die Brandlast reduzieren.

Bild 11.3
Offener Raum-Controller
Quelle: ABB

Der Raum-Controller besteht aus einem Grundgerät, in das bis zu 8 beliebige Module eingesteckt werden können. Das Grundgerät steuert die Modulfunktion und kommuniziert mit dem EIB/KNX. In jeden Steckplatz kann ein beliebiger Modultyp eingesteckt werden. Das eingesteckte Modul wird automatisch erkannt und mit der Einspeisungs- und Versorgungsspannung verbunden.

Folgende Module stehen zur Verfügung:

- Binäreingangsmodul, 4-fach, 230 V AC/DC
- Binäreingangsmodul, 4-fach, 24 V AC/DC
- Binäreingangsmodul, 4-fach, Kontaktabfrage
- Schaltaktormodul, 2-fach, 6 A
- Jalousieaktormodul, 2-fach, 230 V AC
- Jalousieaktormodul, 2-fach, 24 V DC
- Schalt-/Dimmaktormodul, 2-fach, 6 A
- Lichtreglermodul, 1-fach, 6A
- Universal-Dimmaktormodul, 1-fach, 300 VA
- Elektronisches Schaltaktormodul, 2-fach, 230 V AC
- Elektronisches Schaltaktormodul, 2-fach, 24 V DC

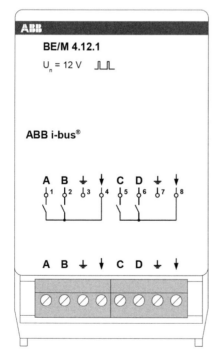

Bild 11.4
Moduleinsatz eines Binäreingangs
Quelle: ABB

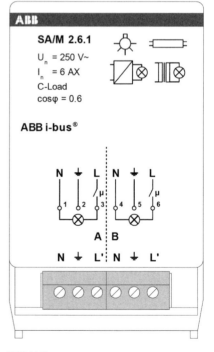

Bild 11.5
Moduleinsatz eines Schaltaktors
Quelle: ABB

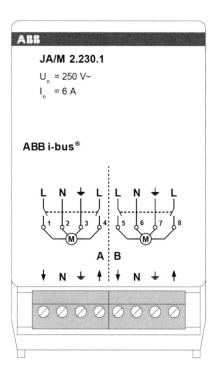

Bild 11.6
Moduleinsatz eines
Jalousieaktors
Quelle: ABB

Für den Geräteanschluss ist im Normalfall nur die 230-V-Einspeisung und der Busanschluss notwendig. Die Einspeisung kann 1-, 2- oder 3-phasig erfolgen. Hieraus erzeugt das Gerät die interne Versorgungsspannung. Über den Modulplatz M1...M8 kann ein Modul einer bestimmten Phase der Einspeisung zugeordnet werden.

Installation der Module:

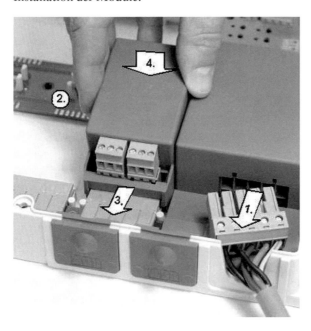

Bild 11.7
Einbau der Module
Quelle: ABB

1. Raum-Controller-Grundgerät spannungsfrei schalten,
2. Schutzfolie von den Steuerleitungs-Kontaktflächen entfernen,
3. Einstecken des Moduls,
4. Einrasten.

Bild 11.8
Detailaufnahmen
einzelner Module
Quelle: ABB

Bild 11.9
Detailaufnahmen
einzelner Module
Quelle: ABB

Entfernen der Module:

Bild 11.10
Entfernen der
Module
Quelle: ABB

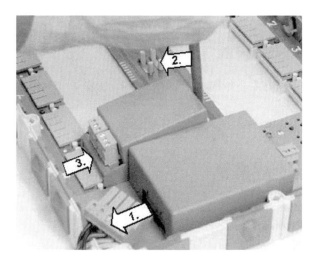

1. Raum-Controller-Grundgerät spannungsfrei schalten,
2. Mit Schraubendreher Modul ausrasten,
3. Gerät leicht anheben und durch Schieben in Pfeilrichtung von der Einspeise-Kontaktierung lösen.

## 11.1 Parameterfenster des Raum-Controllers

Wenn der Raum-Controller aus der Datenbank geladen wurde und das Parameterfenster geöffnet ist, erscheint das Hauptparameterfenster in dem die einzelnen Module angezeigt werden. Hier kann ausgewählt werden, welche Modulbestückung vorgenommen werden soll. Im linken oberen Fensterteil zeigt das Parameterfenster die Modulbestückung, im linken unteren Fensterteil die zurzeit aktiven Objekte (ändern sich je nach Einstellung im rechten Fensterteil). Im rechten Fensterteil kann die Modulauswahl vorgenommen werden, bzw. die Einstellung der einzelnen Module. Bild 11.11 zeigt die Grundeinstellung.

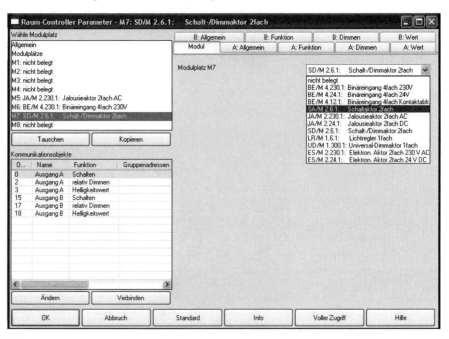

Bild 11.11

Wenn man sich nun Bild 11.12 ansieht, erkennt man die Möglichkeiten, die in einem solchen Gerät stecken. Seit etwa 2 Jahren haben viele Hersteller ihre Produkte (Größe des Speichers / Prozessor) überarbeitet. Das Ergebnis sind sehr leistungsfähige Geräte, die keine Kundenwünsche mehr offen lassen.

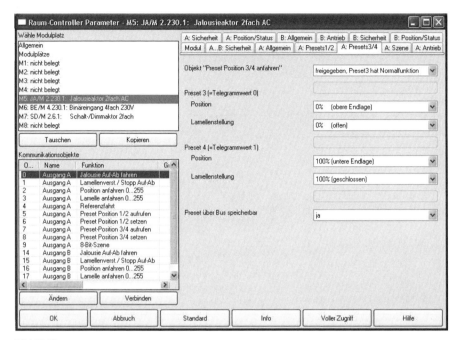

Bild 11.12

Mit dem Raum-Controller wurde ein Gerät entwickelt, das eine sehr hohe Akzeptanz im Zweckbau hat und daher für Schulungsmaßnahmen besonders gut geeignet scheint.

# Anhang

## 150 Prüfungsfragen und Lösungen zum EIB

Prüfungen werden von einzelnen zertifizierten Schulungsstätten angeboten.

In einer solchen Prüfung werden dem Prüfling 50 Fragen in Schriftform gestellt. Von diesen 50 Prüfungsaufgaben müssen min. 50 % korrekt gelöst werden. Nach dem «Multiple-Joice-Verfahren» muss der Prüfling aus mehreren Antwortmöglichkeiten die richtige bzw. richtigen ankreuzen. Wenn eine Prüfungsaufgabe z.B. aus 5 möglichen Lösungen besteht, und Lösung 1 und 3 ist richtig, aber 4 und 5 falsch, muss genau dies auch angekreuzt werden. Werden z.B. 1 und 3 statt 1 + 2 angekreuzt, ist die Aufgabe mit «0» Punkten zu werten! Unter diesen Voraussetzungen sollte man sich gut auf diese Prüfung vorbereiten. «Als kleiner Tipp»: Es sind Hilfsmittel in Schriftform erlaubt, und man kann in der Prüfung auch mal nachsehen. Natürlich können die Prüfungsaufgaben der EIBA hier nicht veröffentlicht werden, aber letztlich geht es nur darum, ob das «System» verstanden wurde.

1. Was versteht man unter einem Sensor?

Ein Sensor ist ein Busteilnehmer, der eine externe Größe aufnimmt und dann als Folge davon ein Bus-Telegramm sendet. Sensoren können sein:

❏ Taster,
❏ Lichtsensoren,
❏ Temperatursensoren,
❏ Binäreingänge.

2. Was versteht man unter einem Aktor?

Ein Aktor ist ein Bus-Teilnehmer, der Telegramme aufnimmt und als Folge davon z.B. einen Kontakt schließt. Aktoren können sein:

❏ Schaltaktoren,
❏ Binärausgänge,
❏ Infodisplays.

3. Ist ein Taster mit Statusanzeige ein Sensor oder ein Aktor?

Der Taster allein wäre ein Sensor, die Leuchtdioden sind wiederum Aktoren. Da dieser Teilnehmer aber im Prinzip ein Eingabegerät darstellt, muss man hier von einem Sensor sprechen!

4. Worin liegt der Unterschied zwischen einem zentralen und einem dezentralen Bussystem?

Bei einem dezentralen System, wie dem EIB, ist jeder Teilnehmer im System gleichberechtigt. Die Teilnehmer sind alle mit einem Prozessor ausgerüstet, der eigenständig Telegramme empfangen und auch senden kann.

Bei einem zentralen System wird die Zusammenarbeit der einzelnen Teilnehmer durch einen Master bestimmt. Bei Ausfall des Masters liegt das ganze System lahm!

5. Zu welcher Art von Bussystemen (zentral oder dezentral) gehört der EIB?

Er ist ein dezentrales Bussystem!

6. Mit welcher Spannung wird der instabus® betrieben? Nennen Sie Größe und Art der Spannung!

ca. 28 V DC

7. Warum benötigt das Netzteil eine Drossel?

Die Telegramme, die sich auf der Busleitung befinden, müssen zwangsläufig Wechselsignale sein, somit wirkt der Glättungskondensator des Netzgleichrichters als Lastwiderstand für das Signal. Je höher die Frequenz, desto niedriger ist der Kondensatorwiderstand. Wird nun eine Spule dazu in Reihe geschaltet, kann die Gleichspannung passieren, während für Wechselsignale an der Spule ein erheblicher Widerstand besteht. Des weiteren wird die von der Spule erzeugte Gegenspannung zur Telegrammauswertung benutzt.

8. Wie wird die beim instabus® benutzte Spannung nach DIN VDE genannt?

Schutzkleinspannung oder SELV

9. Erklären Sie folgende Begriffe:

❏ Teilnehmer
❏ Linie
❏ Bereich

*Teilnehmer* heißt jedes Gerät im System, das einen Busankoppler besitzt und damit auch eine physikalische Adresse. Hier spielt es keine Rolle, ob dies ein 1fach- oder ein 4fach-Taster ist.

*Linie* ist ein Teil des EIB-Systems. Auf einer Linie werden normalerweise nicht mehr als 64 Teilnehmer untergebracht.

Von *Bereich* spricht man, wenn verschiedene Linien über Koppler zusammengefasst werden.

10. Wie viele Teilnehmer sollen und können auf einer Linie platziert werden?

In der Planungsphase sollten nicht mehr als 40 Teilnehmer pro Linie eingesetzt werden, um die Möglichkeiten der Nachprojektierung nicht unnötig einzuschränken.

Im Normalfall können bis zu 64 Teilnehmer auf einer Linie platziert werden.

Im Extremfall können bis zu 256 Teilnehmer projektiert werden. Zu beachten ist dann, dass die Linienverstärker auch Teilnehmer darstellen!

11. Wie viele Linien sind in einem Bereich möglich?

In der alten Ausführung wurden hier 12 Linien und die Linie 0 geplant, also 13 Linien in einem Bereich.

Mit Erscheinen der ETS 2 konnten hier bereits 15 Linien und die Linie 0, also 16 Linien, in einem Bereich erstellt werden. Die ETS 3 unterstützt dies selbstverständlich auch.

12. Wie viele Bereiche sind im gesamten System möglich?

15

13. Wozu werden Linienkoppler benötigt?

Um die Linie mit anderen Linien zu verbinden. Durch den Linienkoppler erfolgt eine galvanische Trennung der einzelnen Linien.

14. Was versteht man unter einer Gruppenadresse?

Man könnte hier auch von einer Schaltverbindung oder einer gleichen Zuweisung sprechen. Sensor und Aktor, die zusammen schalten sollen, müssen die gleiche Gruppenadresse besitzen.

15. Was versteht man unter einer logischen Adresse?

Logische Adresse und Gruppenadresse sind identisch (s. Antwort auf die Frage 14).

16. Wie setzt sich die logische Adresse zusammen (3 Ebenen)?

Hauptgruppe – Mittelgruppe – Untergruppe

Wobei hier folgende Empfehlung ausgesprochen wird:
Hauptgruppe = Etage,
Mittelgruppe = übergeordnete Funktion, z.B. Licht oder Heizung,
Untergruppe = dezentrale Funktion, z.B. Jalousie, Fenster 4, Lamelle/Stopp.

17. Was ist unter dem Begriff Busankoppler zu verstehen?

Der Busankoppler ist die Anbindung zwischen Bus und Anwendungsmodul. Er besteht aus einem Übertragungsmodul und einem Mikrocontroller (68HC05B6 o. ähnlich) und entsprechender Peripherie. Der Busankoppler stellt also die eigentliche Intelligenz des Teilnehmers dar.

18. Sind Busankoppler durch eine verpolte Busleitung gefährdet?

Nein, im Normalfall nicht. Im Übertragungsmodul ist ein Verpolschutz vorgesehen. Der Teilnehmer ist allerdings auch nicht funktionsfähig!

19. Welche Aufgabe hat die 10-polige AST (Anwenderschnittstelle) am Busankoppler?

Herstellen der Verbindung zwischen Busankoppler und Anwendungsmodul, z.B. der Tasterwippe.

20. Für welche Worte stehen die Abkürzungen EIB – EIBA – ETS im Zusammenhang mit dem instabus®?

EIB = Engl.: Abk. für European Installation Bus = Europäischer Installationsbus,
EIBA = engl.: Abk. für die Gesellschaft, die die Interessen der EIBA-Mitglieder vertritt, European Installation Bus Association,
ETS = engl.: Abk. für die Programmiersoftware (Engineering Tool Software).

21. Mit welchem Übertragungssystem wird beim instabus® gearbeitet?

seriell

22. Mit welcher Übertragungsgeschwindigkeit werden die einzelnen Bits beim instabus® übertragen?

9600 bit/s

23. Was versteht man unter einem Telegramm?

Die Informationen, die von einem Busteilnehmer auf den Bus gesendet werden, um z.B. Schaltvorgänge auszulösen.

24. Wie kann verhindert werden, dass beim gleichzeitigen Senden von 2 Telegrammen beide übertragen werden?

Durch Verwendung des CSMA/CA-Buszugriffverfahrens. Die Teilnehmer hören am Bus mit. Ist dieser frei, so beginnen sie zu senden. Während des Sendevorganges wird wieder mitgehört. Stellt sich hier eine Unstimmigkeit ein, bricht der Teilnehmer das Senden ab und wiederholt sein Telegramm.

25. Welche Funktionen hat die Leuchtdiode am Busankoppler?

1. Anzeigen der Betriebsspannung (nach drücken der Programmiertaste),
2. Anzeigen der Annahme der physikalischen Adresse,
3. Anzeigen beim Suchen des Teilnehmers.

26. Wozu wird die Programmiertaste, auch Lerntaste genannt, benötigt?

Zum Programmieren der physikalischen Adresse und zum Schalten der Leuchtdiode.

27. Welche Flags können im System gesetzt und rückgesetzt werden?

K = Kommunikation-Flag,
Ü = Übertragen-Flag,
S = Schreiben-Flag,
L = Lesen-Flag,
A = Aktualisieren-Flag.

28. Welche Aufgabe hat das Lesen-Flag?

Es ermöglicht, dass der Teilnehmer vom Bus ausgelesen werden kann. Der Teilnehmer gibt dann seinen aktuellen Objektwert wieder.

29. Welche Prioritäten können bei der Telegrammübertragung eingestellt werden?

❏ Auto,
❏ Hand,
❏ Alarm.

30. Welche Aufgabe hat die Filtertabelle im Koppler?

Sie filtert die Telegramme und lässt nur diejenigen durch den Koppler, die auch in der Filtertabelle gespeichert sind. Zu beachten ist die richtige Einstellung im Koppler, sonst wird unter Umständen die Tabelle nicht ausgewertet.

31. Welche Informationen werden in einem 1-Bit-Telegramm übermittelt?

1 oder 0 = Auf oder Ab = Ein oder Aus

32. Welche Informationen werden in einem 2-Bit-Telegramm übermittelt?

Zwangsführung aktiv oder inaktiv und der Zustand des Aktors, also Ein oder Aus.

33. Wie viele Bit hat ein Dimm-Telegramm?

4 Bit

34. Wie viele Bit hat ein Wertsetzen-Telegramm?

8 Bit = 1 Byte

35. Erklären Sie die Funktionsabläufe beim Dimmen mit Stopp-Telegramm!

Durch einen langen Tastendruck wird das Dimm-Telegramm gestartet, durch Loslassen der Taste wird ein Stopp-Telegramm gesendet.

36. Welche Aufgabe hat der Routingzähler?

Der Routingzähler zeigt an, wie oft ein Telegramm wiederholt wurde, bzw. wie viel mal ein Telegramm über eine Koppeleinrichtung gelaufen ist. Ist der Zählerstand 0, wird das Telegramm bei einem Koppler nicht mehr weitergeleitet.

37. Was versteht man unter einer sendenden und einer hörenden Gruppenadresse?

Die sendende Gruppenadresse ist die Adresse, die der Busteilnehmer auf den Bus sendet. Die hörende Gruppenadresse dient zur Synchronisation, z.B. beim Umschalten. Jeder Teilnehmer hat nur eine sendende, aber u.U. mehrere hörende Adressen.

38. Wozu wird die Datenschiene verwendet?

Zum Verbinden der REGs (Reiheneinbaugeräte) auf der Hutschiene.

39. Welche Aufgaben hat die EIBA?

Prüfstandards festlegen, gleich bleibende Qualität sichern, die Kompatibilität der Produkte untereinander sichern und Promotion durchführen.

40. Nennen Sie verschiedene Anwendungsbereiche des EIB!

❏ Lichtsteuerungen,
❏ Jalousiesteuerungen,
❏ Heizungsanlagen,
❏ Lastmanagement,
❏ Visualisierung.

41. Wie viele Teilnehmer sind mindestens nötig?

2

42. Wie viele Meter Leitung dürfen

❏ von Teilnehmer zu Teilnehmer,
❏ von Teilnehmer zur Spannungsversorgung,
❏ in einer Linie

verlegt werden?

Teilnehmer zu Teilnehmer = 700 m,
Teilnehmer zur Spannungsversorgung = 350 m,
je Linie = 1000 m.

43. Aus welchen Hauptteilen besteht ein Telegramm?

❏ Kontrollfeld,
❏ Adressenfeld,
❏ Datenfeld,
❏ Sicherungsfeld,
❏ Pause,
❏ Quittungsfeld,
❏ Pause.

44. Wie lange dauert im Durchschnitt ein komplettes Telegramm?

Etwa $1/_{50}$ s, d.h., je nach Art der Telegramme, 20...50 Telegramme/s

45. Welche Hauptteile befinden sich in einem Busankoppler?

Der Busankoppler besteht aus einem Übertragungsmodul und einem Mikrocontroller (68HC05B6 o. ähnlich) und entsprechender Peripherie (AST, Lerntaste, Leuchtdiode usw.).

46. Wann muss ein Linienverstärker eingesetzt werden?

Wenn mehr als 64 Teilnehmer auf einer Linie platziert werden müssen.

47. Welche Aufgaben hat ein Linienkoppler?

Er hat die Linie mit anderen Linien zu verbinden. Durch den Linienkoppler erfolgt eine galvanische Trennung der einzelnen Linien sowie ein Regenerieren des Signals.

48. Welche physikalische Adresse bekommt der Linienkoppler.

–.–.0

49. Aus welchen Teilen setzt sich die physikalische Adresse zusammen?

Aus einer Ziffer oder Ziffernfolge für den Bereich, Linie und Teilnehmer.

50. Wo und warum werden die Gruppenadressen 14 und 15 besonders behandelt?

Diese Gruppenadressen werden an den Kopplern gesondert behandelt. Diese Gruppenadressen werden auch nicht in den Speicher (Filtertabelle) übernommen. Der Speicherplatz reicht nur bis zur 13/2048. Somit bieten sich diese Adressen für Funktionen der Visualisierung an.

51. Welche Leitungen können als Busleitungen Verwendung finden?

Alle Leitungen, die von der EIBA bzw. von den Herstellern dafür zugelassen sind. Diese Leitungen sind geschirmt, verdrillt und haben bestimmte kapazitive und induktive Werte. Als Beispiel könnte hier PYCYM oder YCYM angeführt werden.

52. Wie führt man ein Bus-Reset durch, und welche Auswirkungen hat er auf den Bus?

Eine Möglichkeit, ein Bus-Reset durchzuführen, besteht darin, an der Drossel den Resetschalter zu betätigen. Dabei sollte sich der Schalter mindestens 8 s in dieser Position befinden. Der Reset kommt einem Abschalten der Spannung gleich. Damit verlieren u.U. die Teilnehmer den aktuellen Objektwert.

Mit Einführung der ETS 2 und auch ETS 3 ist es möglich, bei den Teilnehmern einzeln einen solchen Reset durchzuführen. In diesem Fall bleiben natürlich alle anderen Teilnehmer am Netz und behalten ihre aktuellen Werte.

53. Was versteht man unter Objektwert?

Z.B. den aktuellen Zustand eines Schaltaktors oder den einer Verknüpfung. Auch beim Toggeln von Tastern stellt der Objektwert den aktuellen Zustand dar.

54. Auf der Spannungsversorgung sind mehrere Leuchtdioden. Welche Funktionen haben sie?

Betriebsanzeige, Überspannung, Überlast und Bus-Reset.

55. An neueren Spannungsversorgungen wird eine Spannung geliefert (Steckklemme an der Oberseite), die nicht über die Drossel geführt ist. Wozu kann diese Spannung verwendet werden?

Diese Spannung (ungefiltert) kann über eine Drossel eine weitere Linie versorgen oder für einen Controller die Betriebsspannung übernehmen.

56. Wozu dient die Batterie im Linienkoppler?

Zum Zwischenspeichern der Filtertabelle bei Spannungsausfall.

57. Nennen Sie die verschiedenen Funktionsabläufe in einem Linienkoppler!

Mit einem Linienkoppler kann man Telegramme auffrischen, Linien miteinander verbinden, Linien galvanisch trennen und Telegramme, deren Routingzählerinhalt auf 0 steht, stoppen.

58. Wozu wird die RS232-Schnittstelle im System benötigt?

Sie dient als Verbindung von EIB und PC.

59. Was heißt «toggeln»?

Umschalten

60. Bei Binäreingängen steht die Entprellzeit auf 10 ms. Was versteht man unter «Entprellzeit»?

Jeder Taster «prellt», d.h., es entstehen mehrere Schaltvorgänge. Aus diesem Grund werden Taster oder Binäreingänge «entprellt».

61. Bei allen Produkten wird vom Hersteller eine maximale Anzahl der Gruppenadressen sowie der «Assoziationen» angegeben. Worin liegt der Unterschied?

«Assoziationen» sind Zuweisungen, also kann eine Gruppenadresse mehrfach zugewiesen werden. Die Anzahl der Gruppenadressen bezieht sich auf die maximale Anzahl von verschiedenen Gruppenadressen.

62. Erklären Sie den Unterschied zwischen Dimmen mit Stopp-Telegramm und Dimmen mit zyklischem Senden!

Beim Dimmen mit Stopp-Telegramm wird der Dimmvorgang mit dem Loslassen des Tasters beendet. Beim Dimmen «zyklisches Senden» wird, nachdem der Dimmvorgang eingeleitet wurde, ein bestimmter Helligkeitswert geändert.

63. Bei welchen Anwendungen wird zwischen einem langen und einem kurzen Tastendruck unterschieden?

Bei Dimm- und Jalousie-Funktionen

64. Was versteht man unter zyklischem Senden?

Wenn ein Telegramm ständig wiederholt wird (alle 10 min oder alle Stunde 1 Telegramm usw.).

65. Was zeigen die beiden gelben Leuchtdioden an einem Linienkoppler an?

Den Eingang von Bustelegrammen.

66. Welche Daten werden in der EIB.db gespeichert?

Alle Daten bezüglich der Projekte/Produkte.

67. Für was stehen die nummerierten Dateiordner im ETS-Verzeichnis?

Jeder Hersteller hat eine eigene Nummer und kann dort Daten (Hilfedateien oder Bilder) ablegen.

68. Was wird als EIS 1 bezeichnet?

Ein ganz normaler Schaltbefehl Ein/Aus.

69. Was wird als EIS 2 bezeichnet?

Ein Dimmbefehl.

70. Welche physikalische Adresse bekommt ein Liniekoppler, der im 7. Bereich die Linie 4 mit der Hauptlinie verbindet?

7.4.0

71. Was versteht man unter einer «lokalen Adresse»?

Die lokale Adresse ist die Adresse mit der über die RS232 auf den Bus zugegriffen wird. Normalerweise die Adresse der eingebauten Schnittstelle.

72. Was versteht man bei der Telegrammübertragung unter Quelladresse?

Die physikalische Adresse des Senders.

73. Wo werden die Projektdaten bei der ETS 3 gespeichert?

EIB.db

74. Mit welchen Bausteinen können Telegramme vervielfältigt werden?

Mit einem Lichtszenen- oder Logikbaustein.

75. Mit welchem Baustein können Verknüpfungen realisiert werden?

Mit dem Logikbaustein.

76. Ist es möglich, Dimm-Telegramme zu vervielfältigen?

Ja, mit speziellen Logikbausteinen für Lichtsteuerungen.

77. Wie viele Adern hat im Normalfall eine Busleitung, und welche Aderfarbe soll Verwendung finden?

4 Adern, Rot + und Schwarz – , Gelb und Weiß als Reserve.

78. Welche Aufgabe hat das Prüffeld in einem Telegramm?

Es dient zur Überprüfung einer korrekten Datenübertragung.

79. Was für eine Endung haben die exportierten Datenfiles eines Projektes, die mit der ETS-Version 3 erstellt wurden?

*.pr3

80. Werden in einem System 2 Netzgeräte eingesetzt, ist eine minimale Leitungslänge zwischen den einzelnen Netzgeräten nötig. Wie viele Meter müssen hier mindestens dazwischen liegen?

Mindestens 200 m.

81. Setzen Sie die Zahl 3Dhex in das duale Zahlensystem um!

3 = 0011 = 11
D = (13) = 1101
= 111101

82. Bei EIB spricht man beim Datenzugriffssystem vom CSMA/CA-Verfahren. Was bedeutet dieses System?

C = Carrier       (Träger),
S = Sense         (Verstand),
M = Multiple      (Vielfach),
A = Access        (Zugang),
/
C = Collision     (Zusammenstoß),
A = Avoidance     (Vermeidung).

Wenn 2 Telegramme gleichzeitig entstehen, wird ein Telegramm wieder eingestellt und anschließend erneut übermittelt.

83. Zeichnen Sie folgende Schaltzeichen:

❏ Netzteil,
❏ Linienkoppler
❏ Taster,
❏ Aktor,
❏ Datenschnittstelle.

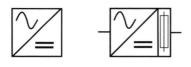

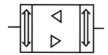

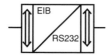

84. Nach einem Telegramm wird vom Empfänger ein ACK (acknowledge) oder ein NACK (no acknowledge) gesendet. Warum?

Sollte ein Teilnehmer das für ihn bestimmte Telegramm nicht verstanden haben, hat er die Möglichkeit, mit einem entsprechenden ACK den Sender zum Wiederholen des Telegrammes aufzufordern.

85. Als Quittung sind 3 verschiedene Datensätze möglich. Erklären Sie nachstehende Datensätze!

- 0C
- C0
- CC

0C = Übertragungsfehler,
C0 = Teilnehmer ist noch beschäftigt,
CC = Empfang ist korrekt.

86. Welche Daten werden im RAM bzw. im EEPROM eines Busankopplers gespeichert?

RAM = flüchtiger Speicher z.B. Objektwerte,
EEPROM = nicht flüchtig, z.B. Programmdaten, Gruppenadressen.

87. Welche Hardwareanforderung ist für die Programmierung einer EIB-Anlage notwendig?

❏ PC,
❏ eine freie serielle Datenschnittstelle (z.B. Com1, Com2),
❏ Datenleitung,
❏ Busankoppler mit Datenschnittstelle (an der EIB-Anlage).

88. Welche Softwareanforderung ist für die Programmierung einer EIB-Anlage notwendig?

❏ Windows-Betriebssystem,
❏ ETS 2 oder ETS 3,
❏ Datenfiles der Hersteller.

89. Kann eine Inbetriebnahme über einen Koppler durchgeführt werden? Worauf muss geachtet werden?

Ja! Die Adresse des lokalen Busankopplers muss mit dem Einbauort übereinstimmen. Die Koppler müssen an beiden Seiten angeschlossen sein.

90. Bei der Telegrammaufzeichnung werden Abkürzungen verwendet. Erklären Sie folgende Abkürzungen:

❏ ValRead,
❏ ValWrite.

ValRead = Leseanforderung,
ValWrite = Telegramm zum Schreiben des Objektwertes.

91. Wie kann der Inhalt eines 1-Bit-Telegrammes negiert werden?

Indem das Telegramm über einen Logikbaustein geführt wird.

92. Wie viel Strom nimmt ein Busteilnehmer unter normalen Bedingungen auf?

Ca. 5 mA. Es sind aber auch höhere Werte möglich. Controller, Linienkoppler und Stellantriebe können z.B. ein Vielfaches an Strom aufnehmen.

93. Wenn ein Busteilnehmer von einem anderen Teilnehmer ausgelesen werden soll, muss ein bestimmtes Flag gesetzt sein. Welches Flag ist hier gemeint?

Lesen-Flag

94. Erklären Sie den Begriff Lichtszene!

Eine Lichtszene ist eine Abfolge von Telegrammen mit verschiedenen Gruppenadressen. Diese Abfolge wird durch das Senden eines einzigen Telegrammes ausgelöst. Die Anwendung einer Lichtszene muss nicht auf die Steuerung von Lampen beschränkt bleiben!

95. In welchen Fällen werden beim EIB Analogeingänge verwendet? Nennen Sie Beispiele!

Immer dann, wenn der Eingangswert nahezu unendlich viele Werte annehmen kann. Beispiele können sein: Lichtwerterfassung für innen und außen, Temperaturerfassung und Erfassen von Helligkeitswerten.

96. In welcher Höhe ist ein Raumtemperaturregler zu montieren? Begründen Sie Ihre Antwort.

Der Raumtemperaturfühler ist zugluftfrei in einer Höhe von ca. 1,50 m anzubringen. In 1,50 m Höhe wird das menschliche Wohlempfinden bezüglich der Temperatur am stärksten angesprochen, der Blickwinkel des Auges auf die Anzeige ist optimal und Kleinkinder können den Regler nicht ohne weiteres erreichen.

97. Beim EIB gibt es Synchronuhren mit DCF-77-Signal. Welche Bedeutung hat dies für die Anlage?

Wenn eine Synchronuhr eingesetzt wird, müssen die Uhren im ganzen System nicht mehr einzeln auf die richtige Uhrzeit eingestellt werden. Wenn dann noch ein DCF-77-Signal vorliegt, wird per Funk die genaue Uhrzeit in das System übermittelt.

98. Wie viele Byte hat ein Telegramm mit dem Uhrzeit oder Datum übertragen werden?

3 Byte

99. Was versteht man bei der Heizungsregelung unter Pulsweitenmodulation (PWM)?

Mit einem 2-Punkt-Regler wird durch ständiges ein- und ausschalten ein Zustand (Öffnung des Ventils) erzeugt, das sehr nahe an das Verhalten eines 3-Punkt-Reglers kommt.

100. Erklären Sie den Begriff «zyklisch senden bei 0»!

Immer, wenn der Objektwert dieses Teilnehmers 0 wird, beginnt dieser zyklisch zu senden. Das bedeutet, dass der Teilnehme sein 0-Telegramm in einer vorher eingegebenen Zeit immer wiederholt.

101. Gibt es Vorschriften, nach denen der EIB in ein Haus eingebaut werden muss?

Nein. In der DIN 18 015 Teil 2 (1996) wird für Neubauten empfohlen, die Busleitung oder eine entsprechende Datenleitung zu installieren.

102. Was versteht man unter einer Zieladresse im Telegramm?

Als Zieladresse wird in der Regel ein Gruppenadresse übermittelt. Wenn ein Busteilnehmer neu programmiert wird, kann dies aber auch eine physikalische Adresse sein.

103. Wie reagiert ein Busteilnehmer, wenn man ihm das Kommunikationsflag zurücksetzt?

Der Busteilnehmer wird ein ankommendes Telegramm quittieren, aber den Objektwert nicht verändern.

104. Was versteht man unter einer BCU 2 oder BIM 112?

Einen Busankoppler der neueren Generation (mehr Speicherplatz).

105. Mit welcher Geschwindigkeit werden beim EIB (TP) Daten übertragen?

9600 bit/s

106. Was geschieht, wenn bei einem Tastsensor das Übertragenflag zurückgesetzt wurde?

Der Tastsensor kann beim Betätigen seinen Objektwert nicht mehr auf den Bus übermitteln.

107. Welche Vorteile bringt die Prüfung nach den EIBA-Richtlinien?
- ❏ einheitliches anerkanntes Prüfungszeugnis,
- ❏ Partnerschaftsvertrag kann eingegangen werden,
- ❏ Preisvorteil beim Kauf einer ETS-Vollversion
- ❏ Auflistung im Internet.

108. Welche Funktion hat der EIS 6?

Übertragung von Werten im Bereich 0...100 %, Licht oder Heizung.

109. Wozu wird die Programmiertaste (Lerntaste) benötigt?
- ❏ zur Vergabe der physikalischen Adresse,
- ❏ zum Einschalten der Leuchtdiode (feststellen der physikalischen Adresse).

110. Mit welchen Übertragungsmedien kann gearbeitet werden?

❑ Datenleitung TP,
❑ Netzleitung (Powerline) PL,
❑ Funk.

111. Was versteht man unter Visualisierung?

Das Anzeigen von Betriebszuständen auf einem Display oder Monitor.

112. Welche physikalische Adresse haben die Busgeräte im Auslieferungszustand?

15.15.255

113. Welche physikalische Adresse haben die Busgeräte nach dem Entladen?

15.15.255

114. Was versteht man unter einem Liniensegment?

Einen Teil einer Linie mit 64 Teilnehmern, die über Linienverstärker mit anderen Liniensegmenten verbunden sind.

115. Aus wie vielen Liniensegmenten kann eine Linie bestehen?

Aus maximal 4 Segmenten.

116. Welche Reaktion stellt sich ein, wenn ein Telegramm keine Rückmeldung (ACK) erhält?

Das Telegramm wird in der Regel 3× wiederholt.

117. Mit welcher mittleren Frequenz wird bei PL (Powerline) gearbeitet?

110 kHz.

118. Warum wird das Powerline-System auch PL 110 genannt?

Wegen der mittleren Frequenz (siehe Frage 117).

119. Mit welcher Übertragungsrate wird bei den Netzkopplern (PL) gearbeitet?

Definiert sind: 300 bit/s, 600 bit/s, 1200 bit/s und 2400 bit/s. Gearbeitet wird im Regelfall mit 1200 bit/s.

120. Welchen Vorteil bietet bei PL die System-ID?

Anlagen können nebeneinander betrieben werden ohne gegenseitige Beeinflussung.

121. Welche System-IDs stehen bei PL zur Verfügung bzw. können eingestellt werden?

ID 1 – 254

122. Was ist ein PL-Repeater, und wann kommt er zum Einsatz?

Ein Repeater ist eine Art Verstärker. Mit ihm kann der Übertragungsbereich ausgeweitet werden.

123. Welche Funktion hat eine Phasenkoppler bei PL?

Ein Phasenkoppler dient zur signaltechnischen (passiven) Kopplung der Außenleiter untereinander.

124. Müssen Bandsperren bei PL zum Einsatz kommen?

Ja. Die Signale dürfen die eigene Anlage nicht verlassen. Eine Bandsperre kann dies zwar nicht gänzlich verhindern, aber die Dämpfung einer Sperre beträgt 40 dB.

125. Können EIB, TP und PL miteinander kommunizieren, bzw. verbunden werden?

Ja, über sog. Medienkoppler.

126. Welche Messungen sollten an einer fertigen EIB-Anlage durchgeführt werden?

- Isolationsmessung (Achtung Geräte abklemmmen),
- Durchgängigkeit des Schirms,
- Spannungsmessung am Bus (längste Leitung im Betrieb),
- Messen der Leitungslängen.

127. Was ist beim Einsatz von Dimmaktoren bei Niedervolt zu beachten?

- Phasenanschnittdimmer,
- Phasenabschnittdimmer,
- Einsatz von Universal-Dimmaktoren (automatische Lasterkennung).

128. Ist es möglich in einen Schaltaktor der Fa. X die Applikation der Fa. Y zu laden?

Nein, die ETS verhindert dies.

129. Kann in einen Schaltaktor der Fa. X eine falsche Applikation der Fa. X geladen werden?

Unter Umständen ja, der Aktor würde aber dann nicht funktionieren.

130. Können mit dem Bus auch sicherheitsrelevante Aufgaben übernommen werden?

Im Prinzip ja, es gibt eine Reihe von Produkten (Meldegruppenterminal oder Rauchmelder). Auf eine VdS-Zulassung ist zu achten!

131. Können Zählerstände beim EIB übermittelt werden?

Ja, mit dem EIS 10 und 11 (EIB-Delta-Meter).

132. Was versteht man unter einer Dummy-Adresse?

Eine Adresse, die im System bei normalem Betrieb nicht benötigt wird. Solch eine Adresse kann zur Kalibrierung verwendet werden oder um Ausgänge (Rückmeldeobjekte) zu belegen, die nicht benötigt werden.

133. Worin besteht der Unterschied zwischen Steuern und Regeln?

- regeln: Regelkreis, ständiger Vergleich zwischen soll und ist.
- steuern: Auf eine Eingangsgröße folgt eine definierte Ausgangsgröße. Störgrößen werden nicht berücksichtigt.

134. Nach welchen Gesichtspunkten kann man Koppler bei EIB-Anlagen unterscheiden?

- Bereichskoppler,
- Linienkoppler,
- Linienverstärker.

135. Wozu wird die Gruppenadresse 0/0 bzw. 0/0/0 verwendet?

Diese Gruppenadresse ist eine Systemadresse und kann allgemein nicht verwendet werden.

136. Aus welchen Bauteilen bzw. Hauptgruppen besteht ein Koppler?

- 2 Microcontroller,
- 2 Übertragungsmodule,
- SRAM-Speicher mit Batterie.

137. Welche Daten werden im EEPROM eines Busankopplers gespeichert?

Daten, die auch nach einem Spannungsausfall verfügbar sein müssen. Applikation, physikalische Adresse und Gruppenadressen gehören im Wesentlichen hierzu.

138. Was geschieht nach einem Bus-Reset?

Alle Teilnehmer fahren ihr «Betriebssystem» neu hoch. Der Bus-Teilnehmer verhält sich wie nach einer neuen Programmierung. Alle Inhalte im RAM-Speicher gehen verloren.

139. Bei EIB-Analogeingängen findet man häufig 0...20 mA und 4...20 mA, wo liegt der prinzipielle Unterschied?

Bei 4...20 mA ist der Nullpunkt bei 4 mA und ein Ausfall der Sensorik (Drahtbruch) wird erkannt.

140. Worin liegt der Unterschied zwischen einem Verbinder 2fach und 4fach?

- 2fach-Verbinder kontaktieren die Datenschiene nur in der Mitte.
- 4fach-Verbinder kontaktieren in der Mitte und außen, also Bus und ungefilterte Spannung.

141. Kann EIB auch im Außenbereich eingesetzt werden (IP44)?

Ja, es gibt Hersteller mit einem FR-Programm, ansonsten normales FR-Programm mit Schnittstelle in der Schalterdose.

142. Was versteht man z.B. bei einem Jalousien-Aktor oder Dimmaktor unter einem Nebenstelleneingang?

Den Anschluss eines konventionellen Tasters (meist im Objektgeschäft).

143. Gibt es eine Lösung, wenn ein Schaltaktor keine Zeitfunktion integriert hat, dies aber benötigt wird?

Ja, externes Zeitglied verwenden.

144. Nach welchen Kriterien kann man Schaltaktoren unterscheiden?

- Schaltleistung,
- externe Spannung notwendig,
- Kanalzahl,
- modularer Aufbau,
- Relais oder Halbleiterausgänge.

145. Wenn die lokale Adresse der RS232 falsch einstellt ist und eine Programmierung über einen Linienkoppler vorgenommen werden soll, ist die Folge:

Der zu programmierende Teilnehmer wird u.U. nicht gefunden.

146. Manche LON-Busankoppler haben eine ähnliche Bauweise wie EIB-Geräte, können diese auch mit der ETS programmiert werden?

Nein.

147. Eine Gruppenadresse 1/1/1 lautet in 2-stufiger Darstellung:

1/257

148. Wenn der Routingzähler eines Telegrammes auf 4 steht, heißt dies:

Das Telegramm hat bereits 2 Koppler durchlaufen.

149. Der Inhalt der Nutzinformation einer EIS 8 ist 11. Was bedeutet dies?

Der Aktor befindet sich in der Zwangsführung, und das Licht ist eingeschaltet.

150. Welche Protokolle oder Daten müssen einem Kunden nach Fertigstellung übergeben werden?

❏ Pläne der Anlage,
❏ Ausdruck der Gruppenadressen,
❏ Übersicht der Topologie bzw. der physikalischen Adressen,
❏ Ausdruck der Parametereinstellungen,
❏ Informationen allgemeiner Art über die Anlage,
❏ sehr zu empfehlen: Objekt auf Datenträger.

# Glossar

**Abschirmung**
Ist eine leitende Umhüllung der Adern zu Vermeidung von Störimpulsen. Dieser Schirm wird beim EIB nicht angeschlossen, ist aber erforderlich zur Feldsteuerung.

**Abschlußwiderstand**
Abschlußwiderstände sind in manchen HF-Netzen erforderlich, um die Leitung abzuschließen. Beim EIB werden solche Widerstände nicht benötigt.

**ACK**
Ist das Quittungssignal das von allen Teilnehmern gleichzeitig gesendet wird. Hier ist die Information hinterlegt, ob der Teilnehmer das Telegramm übernehmen konnte.

**Adresse**
Kennzeichnung der einzelnen Busteilnehmer (physikalische Adresse) oder Kennzeichnung der Schaltfunktion (Gruppenadresse).

**Aktor**
Systemteilnehmer, der Telegramme empfängt und Schaltvorgänge auslöst. Es ist durchaus möglich, dass Aktoren auch Telegramme senden.

**A-Mode**
Automatische Konfiguration der Busteilnehmer. Diese Art ist in Deutschland fast nicht verbreitet.

**Analogwert**
Ein Analogwert kann unendlich viele Zwischenwerte annehmen. Als Beispiel wäre hier Helligkeit oder Temperatur zu nennen. Beim EIB sind die Zwischenwerte durch die Digitalisierung endlich.

**Anwendersoftware**
(AWS) Herstellersoftware, die in den Busankoppler geladen wird, damit dieser die gewünschten Funktionen ausführen kann. Die AWS ist nicht Bestandteil der ETS.

**Anwendungscontroller**
Busteilnehmer in Form eines Steuergerätes mit dem sehr komplexe Aufgaben gelöst werden können. Eine besondere Software zum Programmieren des Controllers ist erforderlich.

**Applikation**
Eine vom Hersteller vorgefertigte Software, mit der der Installateur die notwendigen Parametereinstellungen vornimmt.

**AST**
Anwenderschnittstelle. Eine 10-polige Verbindung zwischen dem Busankoppler und dem Endgerät (Anwendungsmodul).

**Baudrate**
Geschwindigkeitsangabe bei der Datenübertragung. 1 Baud = 1 bit/s.

**BatiBUS**
Bussystem, das in den EIB/Konnex mit einfließt.

**BCD-Code**
Im BCD-Code wird jede dezimale Ziffer mit 4 Stellen dargestellt (Beispiel: 7 dezimal = 0111 BCD-Code).

**Bereich**
Werden verschiedene Linien über Koppler zusammengefaßt, spricht man von einem Bereich.

**Bereichskoppler**
Hat die Aufgabe, die Hauptlinien mit der Bereichslinie zu koppeln.

**Binärzeichen**
Auch Digitalwert genannt, kann nur zwei Zustände annehmen.

**Bit**
Binärzeichen. Bit ist die kleinste Einheit, die den Wert 0 oder 1 annehmen kann.

**Braune Ware**
Bezeichnung von Geräten im Haushaltsbereich (Radio, Stereoanlage, CD-Player usw.).

**Bus**
Übertragungssystem, mit dem die Busteilnehmer ihre Informationen austauschen. Beim EIB wird hierüber auch die Spannungsversorgung gewährleistet.

**Busankoppler**
Im Busankoppler ist der Prozessor untergebracht. Er dient als Schnittstelle zwischen dem EIB und dem Endgerät (Anwendungsmodul).

**Busleitung**
Auf ihr werden die Daten übertragen. Hier wird eine verdrillte 2-Ader-Leitung angewendet (Typ YCYM oder J-Y (St) $2 \times 2 \times 0,8$).

**Busteilnehmer (Teilnehmer)**
Die Kombination aus Busankoppler und Endgerät. Dies kann ein Sensor oder ein Aktor sein.

**Byte**
Eine aus 8 Bit bestehende Informationseinheit.

**Datenbank**
Dient zum Hinterlegen von Datensätzen. Beim EIB werden folgende Segmente unterschieden:
EIBDATA = Zwischenspeicher ETS 1.3X
EIBROM = Datenspeicher für Produkte ETS 1.3X
EIBUSER = Datenspeicher für Projekte ETS 1.3X
PRJROM/PRJUSER Datenspeicher für exportierte Projekte ETS 1.3X
EIB.db = Datenspeicher für Projekte und Produkte ETS 2.0

**DCF-77-Signal**
Funksignal zur Zeit- und Datumsübertragung.

**Dezentrales System**
Der EIB ist ein dezentrales System, da er ohne übergeordnete Rechnereinheit auskommt.

**Dummy**
Ein Gerät oder eine Adresse, die nicht in der Anlage benötigt, aber aus Funktionsgründen oder Gründen der Übersicht als Platzhalter vergeben wird.

**EEPROM**
Elektrisch löschbarer, programmierbarer Festwertspeicher. Bei einem Ausfall der Versorgungsspannung bleibt der Inhalt des Speichers erhalten.

**EIB**
European Installation Bus (Eruopäischer Installation-Bus) auch unter den Warenzeichen instabus, tebis oder i-bus bekannt.

**EIBA**
European Installation Bus Association. Eine Organisation in der über 200 namhafte Hersteller zusammengeschlossen sind. Die EIBA vergibt nach strenger Prüfung Warenzeichen.

**EHS**
Elektronik Home System.

**E-Mode**
Easy Mode. Konfiguration der EIB-Geräte mittels Controller ohne Software.

**EMV**
Elektromagnetische Verträglichkeit.

**ETS**
Engineering Tool Software. Software zum Programmieren und Inbetriebnehmen des EIB.

**EVG**
Elektronisches Vorschaltgerät für den Einsatz von Leuchtstofflampen. EVGs mit 10-V-Schnittstelle sind Voraussetzung für den Dimmbetrieb.

**FELV**
Funktionskleinspannung nach VDE 0100 Teil 410. Sie findet beim EIB keine Anwendung.

**Flag**
Softwaremäßige Einstellmöglichkeit der Busteilnehmer, um bestimmte Optionen zu vergeben (z.B. *Lesen-Flag* – der Teilnehmer kann ausgelesen werden).

**Gateway**
Verbindungsmöglichkeit verschiedener Bussysteme miteinander.

**Gruppenadresse**
Auch logische Adresse genannt, gibt die Schaltfunktion bzw. Zugehörigkeit an.

**Hauptlinie**
Verbindet die 12 Linien eines Bereiches miteinander und versorgt, falls notwendig, den Bereichskoppler.

**Hutschiene**
Sie dient zur Aufnahme der Reiheneinbaugeräte. Darin wird die Datenschiene eingeklebt.

**Importiertes Projekt**
Importierte Projekte wurden fremdprojektiert, d. h., sie wurden auf einem unbekannten bzw. fremden Rechner hergestellt und werden auf den Rechner des Projektierers über Diskette eingelesen.

**Inverter**
Logikbaustein zum Vertauschen der Nutzinformation in einem Telegramm. Aus einem Ein-Telegramm wird ein Aus-Telegramm und umgekehrt.

**Kleinspannung**
Beim EIB wird die Schutzkleinspannung nach VDE 0100 Teil 410 verwendet.

**Koppler**
Koppler dienen zur galvanischen Trennung der Linien untereinander. Man unterscheidet Linienkoppler und Bereichskoppler.

**Kühldecke**
Kühlaggregat, das an die Decke des Raums montiert wird.

**Lerntaste (auch Programmiertaste)**
Sie ist an jedem Busankoppler zum Programmieren der physikalischen Adresse notwendig. Mit dieser Taste kann auch die Programmier-LED ein- und ausgeschaltet werden.

**Linie**
Ist ein Teil des EIB-Systems. Auf einer Linie werden normalerweise nicht mehr als 64 Teilnehmer untergebracht. Bei Verwendung eines Linienverstärkers kann diese Zahl überschritten werden.

**Liniensegment**
Teil einer EIB-Linie. Eine EIB-Linie kann aus 4 Teilsegmenten mit je 64 Teilnehmern bestehen, die durch Linienverstärker zusammengeschaltet sind.

**Linienverstärker**
Dient zur Verstärkung einer Linie, damit die maximale Teilnehmerzahl von 64 überschritten werden kann.

**LPT1**
Parallele Datenschnittstelle am PC zum Anschluss eines Druckers.

**Objektwert**
Der Objektwert ist der aktuelle Zustand des Busteilnehmers auf dem entsprechenden Kanal. Ist z.B. eine Lampe eingeschaltet, ist der Objektwert dieses Kanals logisch 1.

**Paritybit**
Ist ein Übertragungsprüfbit.

**PELV**
Funktionskleinspannung nach DIN VDE 0100 Teil 410, ähnlich wie FELV. Die PELV findet beim EIB keine Anwendung.

**Physikalische Adresse**
Die Adresse, die jeder Teilnehmer bei seiner Inbetriebnahme bekommt. Mit dieser Adresse wird der Teilnehmer angesprochen, wenn die anwenderspezifischen Daten geladen werden. Diese Adresse ist jederzeit änderbar.

**PI-Regler**
Heizungsregler, der nicht nur ein- und ausschalten, sondern «beliebig» viele Zwischenwerte annehmen kann.

**Powerline**
Ein von der Fa. Busch Jaeger für die EIBA entwickeltes System zur Datenübertragung. Diese Übertragung nutzt als Übertragungsmedium das 230-/400-V-Starkstromnetz.

**Powernet**
Siehe Powerline.

**Priorität von Telegrammen**
Die Priorität von Telegrammen gibt an, welches Datentelegramm sich bei gleichzeitigem Sendewunsch am Bus durchsetzt. Folgende Reihenfolge ist vorgegeben:
1. System, 2. Hand, 3. Alarm, 4. Automatik.

**PWM**
Pulsweitenmodulation. Ständiges ein- und ausschalten, um einen Mittelwert zu erzielen.

**Quelladresse**
Die Adresse des Busteilnehmers, der ein Telegramm sendet.

**RAM**
Random Access Memory. Dieser Speicher ist elektrisch programmierbar und löschbar. Bei einem Spannungsausfall geht der Inhalt verloren.

**REG**
Dies ist die Bezeichnung für Reiheneinbaugeräte. Diese Geräte werden in der Regel auf die vorhandene Hutschiene im Verteiler eingebaut.

**ROM**
Read Only Memory. Dieser Speicher ist ein Festwertspeicher auch Nur-Lese-Speicher genannt.

**RS232**
Bezeichnung der seriellen Schnittstelle.

**Routingzähler**
Der Routingzähler gibt an, wie viele Koppler ein Telegramm bereits durchlaufen hat. Der Routingzähler beginnt mit dem Wert 6 und wird in jeder Koppeleinrichtung um 1 verringert. Ist der Wert 0 erreicht, wird das Telegramm über keinen Koppler mehr befördert.

**Rückmeldung**
Siehe Status.

**SELV**
Safty Extra Low Voltage. Schutzkleinspannung nach VDE 0100 Teil 410. Diese Spannung findet beim EIB Anwendung.

**Sensoren**
Systemteilnehmer, der Informationen aufnimmt und sie in Telegramme umsetzt. Typisches Beispiel eines Sensors wäre ein Taster.

**Sequenz**
Eine Einteilung, in welcher Reihenfolge die Geräte zu programmieren sind.

**Serielle Übertragung**
Übertragung der einzelnen Bits nacheinander in zeitlicher Abfolge.

**Status**
Gibt den aktuellen Zustand des Objektwertes wieder. Wenn dieser ausgelesen wird, muss das Lesen-Flag aktiviert sein. Soll dieser Status eigenständig auf den Bus übertragen werden, muß das Übertragen-Flag gesetzt sein.

**Stellantrieb**
Ist die Bezeichnung für ein Heizungsventil, das von 0...100% stufenlos (256 Teilschritte) geöffnet werden kann. Stellantriebe werden über einen 8-Bit-Wert angesprochen.

**Systemkomponenten**
Bezeichnung aller Teilnehmer am Bus, sowohl Sensoren als auch Aktoren.

**Szenenbaustein**
Ein EIB-Gerät, das auf ein eingehendes Telegramm mit sehr vielen neuen abgehenden Telegrammen antwortet. Mit diesen Telegrammen können entsprechende Anlageneinstellungen vorgenommen werden. Meist sind dies Lichter, daher auch der Name Lichtszenenbaustein.

**Teilnehmer**
(s. Busteilnehmer)

**Telegramm**
Informationsübertragung der einzelnen Teilnehmer untereinander. Beim EIB sind folgende Felder im Telegramm untergebracht:
Kontrollfeld,
Adressfeld,
Datenfeld,
Sicherungsfeld,
Bestätigungsfeld.

**Tools**
Programmierhilfen.

**Topologie**
Leitungsführung und Anordnung der Busteilnehmer im EIB-System.

**Triggerimpuls**
Ein Signal, auf das ein Ereignis folgt. Anwendung beim Aufzeichnen von nur bestimmten Telegrammen.

**Twisted Pair**
Bezeichnung eines verdrillten Aderpaares.

**V.24**
Serielle Schnittstelle.

**Visualisierung**
Grafische Darstellung einer EIB-Anlage auf einem Bildschirm, von dem aus Schaltvorgänge überwacht und ausgelöst werden.

**Weiße Ware**
Bezeichnung von Geräten im Haushaltsbereich (Waschmaschinen, Kühlschränke, Trockner usw.).

**Zieladresse**
Die Adresse eines Teilnehmers, der ein Telegramm empfängt.

**Zyklisches Senden**
Ständige Wiederholung eines Telegrammes nach wiederkehrendem Verstreichen einer bestimmten Zeit (Zeitdauer, Telegramm, Zeitdauer, Telegramm, Zeitdauer usw.).

# Liste der DIN-/VDE-Vorschriften

Diese Aufzählung hat keinen Anspruch auf Vollständigkeit. Die hier genannten Vorschriften sind über den VDE Verlag in Berlin zu beziehen.

DIN VDE 0100, Teil 200: Begriffe.

DIN VDE 0100, Teil 410: Schutz gegen gefährliche Körperströme.

DIN VDE 0100, Teil 520: Auswahl und Errichtung elektrischer Betriebsmittel.

DIN VDE 0100, Teil 610: Erstprüfungen.

DIN VDE 0100, Teil 0710: Starkstromanlagen in Krankenhäusern und medizinisch genutzten Räumen außerhalb von Krankenhäusern.

DIN VDE 0100, Teil 725: Hilfsstromkreise.

DIN VDE 0108: Starkstromanlagen und Sicherheitsstromversorgung in baulichen Anlagen für Menschenansammlungen.

DIN VDE 0110, -1, -2: Isolationskoordination für elektrische Betriebsmittel in Niederspannungsanlagen.

DIN VDE 0160: Ausrüstung von Starkstromanlagen mit elektronischen Betriebsmitteln.

V VDE Blitzschutz – Teil 1:
Allgemeine Grundsätze.

V VDE Blitzschutz – Teil 2:
Risiko-Management: Abschätzung des Schadenrisikos für bauliche Anlagen.

V VDE Blitzschutz – Teil 3: Schutz von baulichen Anlagen und Personen.

V VDE Blitzschutz – Teil 4: Elektrische und elektronische Systeme in baulichen Anlagen.

DIN VDE 0606, Teil 514: Schutz gegen elektrischen Schlag.

DIN VDE 0800: Fernmeldetechnik.

DIN EN 50 090-9-1 (VDE 0829 Teil 9-1): Elektrische Systemtechnik für Heim und Gebäude (ESHG).

VDE 0829, Teil 230:
Elektrische Systemtechnik.

VDE 0843: Elektromagnetische Verträglichkeit.

DIN 18 015: Elektrische Anlagen in Wohngebäuden.

DIN 40 719: Schaltungsunterlagen.

DIN EN 50 022: Trageschienen, Hutschienen.

FTZ 732 TR1: Rohrnetze
(Fernmeldeanlagen).

BGV A2: Elektrische Anlagen und Betriebsmittel (Berufsgenossenschaftliche Vorschrift).

# Stichwortverzeichnis

10-V-Schnittstelle   82
2-Punkt-Regelung   89
3-Punkt-Regelung   89

**A**
Adaptertyp   247
Adresse   24
–, logische   24, 150
–, physikalische   24, 145, 161, 164
Adressfeld   29
A-Mode   13
Analogeingang   133
Antriebssteuerung   48
Anzeigeeinheit   105
Applikation   149
Applikationsbaustein   128, 185
Applikationsprogramm laden   162
Ausdruck   172
Ausschaltverzögerung   77, 182

**B**
Bandsperre   121
BatiBUS   13
BCU 2   66
Bereichskoppler   116
Bewegungsmelder   111
BIM 112   66
Binäreingang   187
Binärsystem   38
Busankoppler   66
Busankopplung, lokale   161
Busmonitor   165
Busspannungsausfall   245

**C**
Checkliste   17
CSMA/CA-Verfahren   37

**D**
Datenimport   140
Datenpunkte   141
Datenpunkttyp   45
Datenschiene   61

Datensicherung   172
Dauerlicht   178
DCF 77   112
Demontageschutz   300
Diagnosebaustein   126
Diagnosefunktion   162
Dialogbox   146
Dimmen   82
–, absolutes   83
–, relatives   83
–, zyklisches   197
Drossel   63 f.
Dualsystem   38

**E**
EHS   13
EIB EASY   125
Eigenschaftsfenster   146
Einschaltverzögerung   78, 181
Einzelraumregelung   213
EIS-Typen   45
Elektroinstallation, feldarme   56
Elektronikdose   303
E-Mode   13
Endgerät   66, 68
ETS   21
EVG   82

**F**
Faktor   104
Fehlerstrom   130
Fehlersuche   243
Fensterkontakt   211
Filterfunktion   98
Filtertabelle   22, 119, 158
Flag   43, 157
Frostalarm   211
Frostschutz   214

**G**
Gebäudestruktur   142
Geräteinfo   162
Gray-Code   189 f.

349

Gruppenadresse   24, 150
–, löschen   155
Gruppenkommunikation   163

**H**
Hauptgruppe   26
Hauptlinie   156
Helligkeitswert   47

**I**
Inbetriebnahme   243
Induktivität   64
Info-Display   105
Internetseite   115

**J**
Jalousien-Funktion   71, 209
Jalousien-Positionierung   211

**K**
Kalibrierung   205
KNX   13
Kollision   37
Kommunikation   159
Konstantlichtregelung   225
Kontrollfeld   28
Koppler   116

**L**
Lampentest   190
Längenfeld   33
Leitstelle TP   285
Leitungslänge, maximale   22
Lerntaste   24
Lerntaster   66
Lichtregelung   204
Lichtszene   86, 202
Lichtwerte   201
Linie   21
– 0   156
Linienkoppler   116, 248
Liniensegment   21
Linienverstärker   116
Lizenzschlüssel   138

**M**
Medienkoppler   121
Mehrfachbetätigung   188
Minitableau MT701   236
Mittelgruppe   26

**N**
Nachtabsenkung   215

**O**
Objektgeschäft   207
Objektwert   45
ODER-Verknüpfung   184

**P**
Parameter   148
Paritätsprüfung   33
Partnerschaftsvertrag   313
PCM/CIA-Karte   100
PI-Regelverhalten   216
PI-Regler   89, 217
Powernet   120
Präambelbit   28
Präsenzmelder   111
Praxis   295
Preset-Position   212
Priorität   29, 49
Produktkatalog   144
Produktsucher   143 f.
Programmiermodus, Geräte im   164
Programmiertaste   161
Programmierung   160
Projektierung   141
Prüffeld   33
Prüfung   55
Prüfungsfragen   313
Pufferzeit   63
Pulsweitenmodulations-Regelung
   (PWM)   89, 216

**Q**
Quittung   33

**R**
Regenalarm   211
Rekonstruktion   289
Repeater   121
Resetschalter   63
Reversierzeiten   244
Routingzähler   31
RS232-Schnittstelle   99
Rückmeldeobjekt   45, 191
Rückmeldung   191

**S**
Schaltfolge   189
Schreiben-Flags   189
Schulungen   313
Schutzkleinspannung   55
Senden, zyklisches   74
SFSK-Verfahren   120
SMS   114

Sollwertverschiebung  206, 245
Spaltenbreite  146
Spannungsversorgung,
   unterbrechungsfreie  125
Sperren  190
Stand-by-Temperatur  215
Starterversion  137
Status  191
Stopp-Telegramm  197
Strommodul  130
Supplementary-Version  138
Symbolleiste  171
Synchronisation  53

**T**
Tasterschnittstelle  187
tebis TS  125
Teilnehmer
– entladen  169
– zurücksetzen  170
Telegramm  26
– aufzeichnen  165
–, Priorität  29
Tools  285
Torfunktion  234
TP-Leitstelle  127
Treppenhausfunktion  78, 177
TÜV-Abnahme  19

**U**
Überspannungsschutz  58
Übertragungsgeschwindigkeit  27

Uhrzeit  50
UND-Verknüpfung  183
Untergruppe  26
USB  100

**V**
Ventilkopf  295
Verbinder  68
Verknüpfungsgerät  125
Visualisierung  251

**W**
Weiterleiten (nicht filtern)  154
Wert
– lesen  168
–, relative  47
Wetterstation  133
Windalarm  73, 234
Windwächter  210

**Z**
Zeitangaben  50
Zeitbasis  104
Zeitfunktion  98
Zentralfunktion  152, 195
Zieladresse  30
Zugriff
– Bus  160
– Lokal  160
Zwangsführung  192

[ *Fachwissen griffbereit* ]

## Elektrotechnik

bfe, Oldenburg (Hrsg.)

# Steuerungstechnik
## mit Schaltungssimulator

bfe-Lernprogramm
1998-2005, Version 2.0
ISBN 3-8343-**3045**-0

Das Lernprogramm zur Steuerungstechnik ermöglicht den einfachen Zugang zu Schaltgeräten und kontaktbehafteten Steuerungen. Entscheidend ist dabei die direkte Integration von Übungen in die Darstellung des Stoffs.
Nach Schaltzeichen, Zeichenregeln und Darstellungsarten werden wichtige Schaltgeräte im Überblick behandelt. Übungen begleiten die Einführungen zu Schalterarten, Relais, Schützen und Wächtern, Steckvorrichtungen und Schutzeinrichtungen. Die interaktiven Elemente des Programms erleichtern den praktischen Umgang mit den verschiedenen Schaltgeräten.

**Eine Demoversion ist kostenlos erhältlich!**

 Vogel Buchverlag, 97064 Würzburg, Tel. 0931 418-2419
Fax 0931 418-2660, www.vogel-buchverlag.de

# System-Software zur Gebäudeautomation

## IT Tools for ETS3

### Rekonstruktion

Die Rekonstruktion hilft Ihnen, verlorene oder nicht mehr aktuelle ETS-Projektdaten durch Auslesen der Geräte wiederherzustellen. Das Ergebnis kann automatisch mit einem bestehenden ETS3-Projekt abgeglichen werden oder als neues ETS3-Projekt gespeichert werden.

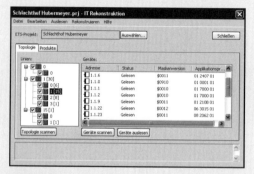

### Makros

Die Funktionen der ETS3 können durch kleine nützliche Programme (Makros) erweitert werden. Sowohl das Projektieren der Geräte und der Datenaustausch mit anderen Programmen als auch Prüf-, Dokumentations- und Sicherungsfunktionen können auf diese Weise nachgerüstet werden.

### Design

Das Design ist ein voll in die ETS3 integriertes CAD-Programm zur grafischen Dokumentation von EIB-Projekten. Durch Gerätesymbole in den Zeichnungen erlangen Sie den direkten Zugriff auf die Gerätedaten. Änderungen können dadurch automatisch in den Zeichnungen nachgeführt werden.

*Wir informieren Sie gern ausführlich über unsere Produkte. Demoversionen sind kostenlos erhältlich.*

## Visualisierung und Management des EIB

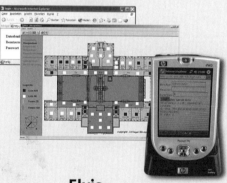

### Elvis

Elvis ist ein sehr leistungsfähiges System für die Visualisierung und das Management der modernen Gebäudetechnik.

*Gewinner arbeiten mit Elvis*

Gesellschaft für Informationstechnik mbH

IT GmbH
An der Kaufleite 12
D-90562 Kalchreuth

Telefon: (09 11) 5183 49-0
Telefax: (09 11) 5183 688
E-Mail: vertrieb@it-gmbh.de
Internet: www.it-gmbh.de